Python Web

自动化测试设计与实现

陈晓伍◎著

清华大学出版社

北京

内 容 简 介

本书是资深测试开发专家的经验结晶，由浅入深地阐释了 Web 自动化测试的相关技术，包括 Web UI 自动化测试、API 自动化测试及测试相关的基础开发。通过学习本书，读者可以基本掌握 Web 测试相关的大部分技术点。本书是测试相关人员必备的技术指导。书中每个技术点都有示例代码，理论与实践相结合的方式能够使读者快速理解 Web 自动化测试。

本书循序渐进地讲解了 Web 自动化测试的各项知识点，使任何层级的读者都能从中受益。绪论部分介绍自动化方面的基础知识，帮助读者少走弯路，正确学会自动化测试。第 1~3 章介绍 Selenium、Python 以及 Web UI 自动化的相关基础知识。第 4 章和第 5 章介绍 Selenium IDE 和 Selenium 常规对象接口。第 6 章介绍 Web UI 自动化特殊场景处理。第 7 章介绍 UnitTest 单元测试框架。第 8 章介绍分层框架设计与实现。第 9 章介绍测试脚本的部署。第 10 章和第 11 章介绍 Web API 相关基础知识。第 12 章介绍通过 Python 发送 HTTP 请求。第 13 章介绍 API 工具的设计与实现。第 14 章介绍 Web 服务的集成工作。第 15 章介绍 HTTP Mock 的开发。

本书适合 Web 测试人员、Web 自动化人员、Web 开发人员等初中级读者以及希望使用 Python 作为编程语言的软件测试工程师参考。

图书在版编目 (CIP) 数据

Python Web 自动化测试设计与实现 / 陈晓伍著. —北京：清华大学出版社，2019

ISBN 978-7-302-51929-4

Ⅰ . ① P… Ⅱ . ①陈… Ⅲ . ①程序开发工具—程序设计 Ⅳ . ① TP311.561

中国版本图书馆 CIP 数据核字（2018）第 288545 号

责任编辑： 杨如林 薛 阳
封面设计： 杨玉兰
责任校对： 徐俊伟
责任印制： 李红英

出版发行： 清华大学出版社
  网 址：http://www.tup.com.cn，http://www.wqbook.com
  地 址：北京清华大学学研大厦 A 座　　　　　　邮 编：100084
  社 总 机：010-62770175　　　　　　　　　　邮 购：010-62786544
  投稿与读者服务：010-62776969，c-service@tup.tsinghua.edu.cn
  质 量 反 馈：010-62772015，zhiliang@tup.tsinghua.edu.cn
印 装 者： 清华大学印刷厂
经　 销： 全国新华书店
开　 本： 186mm×240mm　　**印 张：** 23.25　　　**字 数：** 490 千字
版　 次： 2019 年 4 月第 1 版　　**印 次：** 2019 年 4 月第 1 次印刷
印　 数： 1 ~ 2000
定　 价： 79.00 元

产品编号：072314-01

为什么要写这本书

作为一名测试人员，从工作的第一天开始我就对自动化测试产生了独特的兴趣。而最初的理由也很简单，就像开发人员不愿意只写业务代码一样，测试人员也不希望只局限于手动测试。自动化测试对于当时还是新手测试人员的我而言，完全可以用"高大上"来形容。自此，我便在学习和实践自动化测试的道路上越走越远。

而随着计算机技术及互联网的发展，如今作为一名测试人员，不仅要掌握针对于业务流程的手动测试方法和理论；还要具备一定的自动化、性能的测试能力。甚至于在找工作时会写脚本，会使用自动化工具进行测试已经成为测试人员的一种标配。本书总结了作者在项目实践中的多年工作经验，梳理了自动化测试需要掌握的一些基本技能和知识，帮助初级测试人员快速掌握目前常用的自动化测试手段和方法，提高自身的综合技能水平。

自动化测试对于测试新人而言，往往会理解为手动功能测试的自动化实现。比如：UI 自动化测试。但从广义概念来看，自动化测试还要包括：接口自动化、性能自动化、白盒自动化、安全自动化、自动化工具 / 框架 / 平台等一系列可以通过开发脚本来实现的测试。而本书所讲到的自动化测试内容包括：UI 自动化、自动化框架、接口自动化、自动化工具、自动化持续集成等相关知识。目的是给读者打开一个通向更加广泛的自动化测试之门。

此外，对于一些刚开始接触自动化测试的人员而言，自动化测试几乎等同于高效测试。其实现项目中并没有想象的那么美好，自动化测试需要根据不同的场景和需求来定制不同的自动化测试方案。本书最开始的部分就介绍了自动化测试的方法论和最佳实践，避免测试新人误入自动化测试的"陷阱"。

另外，本书也是一本 Python 的基础学习教程，作为 Python 的铁杆粉丝，自然也希望能够将 Python 语言最大程度地推广到自动化测试领域中来。正所谓"人生苦短，我用 Python！"

本书特色

1. 附带读书兴趣小组，方便学习沟通

为了便于读者相互沟通，提高学习效率，作者专门为本书建设了读书兴趣小组，读者可以通过登录 testqa.cn 并加入 seleniumbook 小组来学习和交流。另外本书中的源码包也会在这个小组中支持下载。

2. 涵盖多种自动化测试方法

本书涵盖自动化测试中使用到的多种测试方法，除了 UI 的自动化，还包括接口自动化，测试工具开发、CI 的使用。

3. 对 Selenium 工具的历史和原理进行了分析与说明

除了对于 Selenium 工具，提供相关接口的实例代码外，还介绍了 Selenium 的历史和基本原理。使得读者在学习的过程中，知其然也知其所以然。另外对 Selenium IDE 的操作和使用也做了较为详尽的说明，使得初学者也可以快速上手和使用 Selenium 进行自动化测试的实践。

4. 介绍详尽框架的开发

本书除了介绍 Selenium 的一些基本接口之外，还介绍了在基于 Selenium 的情况下，如何搭建可用性较高的测试基础框架。使用分层架构、数据驱动、业务解耦、功能封装等方式，让 UI 自动化测试不再是"可远观而不可亵玩"的技术。

5. 总结自动化最佳实践

本书的开头并没有一上来就开展技术的介绍，而是先从方法论和最佳实践开始。目的是让读者先理解"道"，再学习"术"。这样才能更好地学习和真正地利用自动化的相关测试技术。避免测试新人误入自动化的"陷阱"。

6. 提供基础的 Python 教程

除了介绍自动化相关的测试技术，本书还涵盖了书中其他地方需要用到的 Python 编程基础知识。为的是让读者只需一本书就可以开始步入自动化测试的行列。

7. 提供完善的技术支持和售后服务

本书提供了专门的技术支持邮箱：five3@163.com。读者在阅读本书过程中有任何疑问都可以通过该邮箱获得帮助。

读者对象

- ❑ 希望学习自动化测试技术的测试人员；
- ❑ 希望提升自身技术的测试人员；
- ❑ 希望了解自动化测试技术的开发人员；
- ❑ 其他希望利用自动化技术的相关人员。

本书主要内容

本书分为三大部分。

第一部分为方法论，主要介绍入门自动化测试之前需要了解的相关方法论和最佳实践。

第二部分为 Selenium 介绍，着重讲解 Selenium 的历史、原理、IDE 和接口的使用，同时还介绍了基于 Selenium 的自动化框架搭建。

第三部分为工具开发介绍，通过一步步深入的介绍带领读者进行接口测试工具、mock 测试工具的开发，同时集成到 Web 服务中。

除了这三个主要部分之外，还会有一些其他的自动化相关知识，各自分散在不同的章节中。比如：CI 持续集成的使用，基础环境的搭建，Python 语言的学习等。如果你是一名初学者，建议从第 1 章开始学习。

阅读本书的建议

- □ 测试新手读者，建议从第 1 章顺次阅读。
- □ 有一定 Python 基础的读者，可以根据实际情况有重点地选择阅读各个技术要点。
- □ 在学习框架之前，需要保证对 Selenium 和 Python 语法章节有了一定的掌握；先通读一遍有个大概印象，然后将每个知识点的示例代码都在开发环境中操作一遍，加深对知识点的印象。
- □ 结合 github 中的完整代码来实际操作，这样理解起来就更加容易，也会更加深刻。

进一步学习建议

当您阅读完本书后，相信已经掌握了 Python Web 自动化测试的基本知识。但如果还要更进一步深入下去，还必须要进一步地掌握 Python 的开发技术，以及加深对自动化测试的理解。掌握了扎实的技术能力之后，针对项目中需要提炼的流程和事务，进行分析并有针对性地优化。做好自动化项目最重要的一点就是：结合实际业务需求，否则可能就成为"空中楼阁"。

此外还需要学习性能、白盒、安全等相关测试技术，结合自动化来提升这些测试过程中的效率。比如：测试数据的准备、mock 系统的开发、代理监听、信息采集等。

如果希望在 Python 编程方面有更多的提升，推荐去阅读 Python 核心编程方面的书籍，而对于项目中的效率提升则需要自己更多地去实践、学习和思考。

勘误和支持

由于作者的水平有限，编写时间仓促，书中难免会出现一些错误或者不准确的地方，恳请读者批评指正。为此，特意创建一个在线支持与应急方案的二级站点 http://www.testqa.cn/seleniumbook。你可以将书中的错误发布在 Bug 勘误表页面中，同时如果你遇到任何问题，也可以访问 seleniumbook 小组页面，我将尽量在线上为读者提供最满意的解答。书中的全部源文件除可以从 github（http://github.com/five3）下载外，还可以从 testqa 站点下载，我也会及时更新相应的功能。如果你有更多的宝贵意见，也欢迎通过清华大学出版社网站（www.tup.com.cn）与我们联系，期待能够得到你们的真挚反馈。

致谢

首先要感谢我的爱人、岳母，是她们的辛苦付出和支持才让我有时间来进行本书的写作。

感谢出版社的编辑老师，在这一年多的时间中始终支持我的写作，你的鼓励和帮助引导我能顺利完成全部书稿。

还要感谢职业生涯中给予过我帮助的同事们，没有你们的信任和无私的帮助就没有这本书。

最后感谢我的爸爸、妈妈、哥哥、姐姐，感谢你们将我培养成人，并给予我的一切！

谨以此书献给我最亲爱的儿子，希望他一直快乐成长！

陈晓伍

Contents 目　　录

绪论

自动化测试与其他技术工作相比有着自己的独特性，它不同于纯开发或者测试，在有工作量投入的前提下就必定有对应的产出，所以在正式学习这项技术之前，有必要对其进行一番真切的认识，让我们不仅能够学习这门技术，更能把这门技术运用到正确的项目中。

开发的直接产出、最终产出都是代码。测试的直接产出、最终产出都是测试覆盖的程序。自动化测试的直接产出是脚本，而最终产出却是效率。所以如果自动化测试没有产出效率则表示没有最终产出，此时的直接产出就没有意义了。这正是自动化测试的特殊之处。

因此，本书在一开始就针对如何更好地运用自动化测试技术展开了一番论述，把以前踩过的坑、趟过的河以及行业内的共同认知进行了整理归纳；希望能让新人在以后的项目中尽量避免这些误区，少走些弯路，这样才能让自动化技术真正地发挥它本来的作用。

如何学习自动化

近些年来作为一名软件测试人员，掌握一门过硬的自动化技术是必不可少的。无论是 UI 自动化、接口自动化还是性能自动化，至少需要掌握一种技术。对于此前以手工测试为主或者应届大学生而言，怎样才能学好自动化技术则是首要问题。由于本书主要介绍 UI 和 API 的自动化，所以接下来所讲的方法也是针对这些方面的。

首先，在学习自动化之前要有足够的意愿和信心，也就是说为了提升自己而主动学习，而非外力压迫去学习。这样在学习的过程中即使有困难和不顺你都可以坚持和跨越过去，否则可能一个小小的挫折就让你放弃甚至厌恶学习自动化。学习自动化技术是一件需要坚持的事情，只有不忘初心，才能方得始终！

其次，需要掌握一些编程基础，例如一门编程语言，如 Python、Java、C#、Ruby 等。具体需要掌握哪种语言主要取决于选择的自动化技术。例如，如果使用 QTP 则需要掌握 VBS，使用 Watir 则需要掌握 Ruby，而使用 Selenium 则上面提到的几种语言都可以。此外，可能还需要掌握数据库的基本使用方法，知道如何通过自己熟悉的语言去操作各种不同的数据库。还需要掌握一些基本的操作系统知识、基本算法等。

再次，需要了解所测试的对象使用的一些技术，例如，要对 Web 项目进行自动化测试，那么需要掌握 HTTP、HTML、JavaScript、CSS 等 Web 开发的相关知识，理解它的运行机制和原理，这样才能在进行自动化学习的过程中平稳而顺利地前进；否则，可能遇到很多莫名其妙、不得其解的现象或问题。

最后，如果满足了上述基本要求，那么恭喜你已经可以开始自己的自动化测试之旅了。可以从最开始的环境搭建，到 demo 样例，再到常用函数的学习、简单场景的实现、多个场景的实现、批量运行、框架设计等，一步步学习。这期间每一次的运行成功都会提升你的自信心，而每一次的执行失败则考验着你能否最终进阶到自动化测试工程师。在这里作者希望读者在学习时不要害怕、厌恶过程中出现的错误和问题，要积极主动地找到问题的原因并最终解决问题。每当解决一个问题之后，离成功就更进一步了。另外，如果你身边有技术大牛，可以向他请教学习，但切记不要一遇到问题就去寻找帮助，需要给自己一个思考的机会，也需要适度地消费技术大牛们的耐心和时间。

自动化项目选型

尽管软件测试人员对自动化技术趋之若鹜，但自动化技术本身不是万能的，并不是所有的项目都适合自动化测试；所以在进行自动化项目选项的时候就需要进行一下条件筛选，看下是否满足进行自动化的条件，这样不仅能让我们的自动化技术有施展的空间，也能让自动化测试技术带来实实在在的效益。下面就列出一些符合自动化测试技术应用的项目特点。

周期长且需求稳定

即项目本身是一个长期规划的，而不是短期的或者是新项目，因为开发测试脚本也是需要时间的，这个投入就需要在后期反复回归测试时补回来，如果项目周期不是足够长的话，可能脚本没有开发完项目就结束了；需求稳定指的是项目在长期的进行过程中不会大量或者频繁地修改需求，因为一旦需求改变了，意味着之前的测试脚本都将不可用，也就无法完成测试脚本的积累，最终也可能导致项目结束但脚本却没写完，或者真正在执行测试的脚本少之又少。

功能模块有回归需求

编写自动化脚本目的是提高测试效率，只有测试脚本被反复使用时，测试效率才能最大化地提升；试想如果测试脚本只被使用几次，即使效率提高了也是很有限的，但是开发脚本的成本却是很高的，所以被测试项目对功能模块回归的需求很大程度上决定了实施自动化测试的意义。

操作场景易于自动化

这里主要指的是某些特殊场景可能在人为的情况下很难实现，或不易完成的场景，例如，快频次的反复操作、大量的文本输入、精确的单击、大量的数字计算操作等。这些操作场景有些人为做不到，有些人为易出错，但是使用自动化技术则可以很容易实现这样的需求。如果项目中有大量这样的场景，那么自动化测试技术则是不二选择。

自动化的正确打开方式

上面只是从一个宏观的角度来审视一个项目是否适合自动化。接下来就从细节上来阐述下如何才能更好地实施自动化，在具体的自动化执行过程中需要关注哪些点，从而避免误入自动化测试的陷阱里。这里总结了 10 条参考建议。

考虑成本效益

成本效益即通常所说的 RIO（Return On Investment，投资回报率)，在自动化测试中这个概率必须要牢记，因为自动化测试的初衷是为了提高效率和节约成本，如果最终都没能达成则表示自动化是失败的。因此在考虑是否要进行自动化测试的时候，需要优先核算 RIO 而不能误入为了自动化而自动化的陷阱。

自动化测试的投资主要为测试脚本开发、维护的人力成本，而自动化测试的回报为每次执行脚本所节约的人力成本；做一个简单的计算就是脚本开发和维护的总成本不应大于自动化测试所能节约的总成本。可以简单地理解为如下公式：

自动化测试工程师总人天数 < 自动化单次平均节约人天数 × 执行次数

从公式中可以得出如下结论。

❑ 执行次数越多越好。

❑ 有一个收回成本的临界点。

❑ 执行次数至少大于这个临界点才能节约成本。

从这里可以得出为什么项目周期需要足够长，且项目功能需要稳定；因为项目周期越长、可回归的次数越多，则自动化脚本执行的次数就越多，自动化测试得到的回报就会越高，自动化测试才能真正地发挥价值。那么问题来了，如果你的老板或上司需要你开展自动化测试，你应该怎么跟他保证呢？

提示　这里需要辩证地对待这个问题，既不能打包票也不能一味儿推脱，因为 UI 自动化测试的风险还是有的，并不是任何一个项目都是适合进行 UI 自动化，所以一旦遇到类似的情况，我们需要询问在下面的几个场景中，作为自动化测试的效果来看，最低可以接受的选项是哪个？

❑ 提高测试工作的效率。

❑ 增加测试工作的覆盖率。

❑ 节约测试工作的总成本。

❑ 以上三者。

针对提示中提到的选项，相信大多数人的期望都是第 4 项，而实际的测试项目中能达到第 4 项的项目并不多，但是这并不意味着达不到这个效果就直接放弃掉 UI 自动化测试。因为有时候我们是需要付出成本来换取时间，例如，为了缩短项目的回归周期；有时候是需要付出成本来提高产品测试覆盖率，例如，银行系统的准确性。使用不同的需求来裁定自动化测试是否有效，才是正确的投资回报的体现。

选择合适的工具

正如前面所提到的广义的自动化测试包括很多：功能、性能和安全等，不同的自动化类型需要选择不同的测试工具。即便是本书中重点讲解的功能自动化也是如此，针对不同的项目类型需要进行最佳工具的选择。

功能自动化测试工具有很多，从是否收费来分可以分为：商业、开源工具；从被测对象来分可以分为：Windows、Web 工具；从测试阶段来分可以分为：白盒、接口、GUI 工具。因此，项目的诉求不同、类型不同、阶段不同，所选取的工具是不一样的。

如果是公司没有购买工具的预算，则开源工具是首选；如果是 Windows 的程序，则可能会考虑 QTP、Rational、UIAutomation 等；如果是 Web 程序，则大多会选择 Selenium、Watir 等；如果是接口测试，则可以选择 SoapUI；正常情况下，都是可以选择到一款合适的测试工具的。

在选择工具的时候,除了上面提到的项目属性之外,还需要考虑工具的脚本开发语言、可扩展性、支持的外部接口、与其他工具的集成度等方面的因素。

适当分层测试

在自动化测试领域有一个很出名的模型:倒三角模型,如图 0-1 所示。

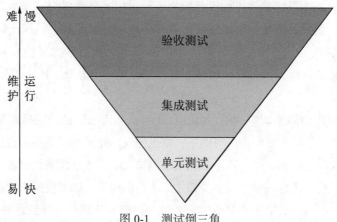

图 0-1　测试倒三角

图 0-1 中把自动化测试依据不同的测试阶段分为:单元测试、集成测试、验收测试;每个阶段自动化测试的维护成本是递增的,而奇怪的是我们通常的自动化覆盖程度也是递增的。即单元测试维护成本最低,它的覆盖率(阴影面积)也是最低的;虽然这是实际中经常发生的情况,但却不是所希望的情况。

正常情况应该是维护成本越低的层次,其覆盖率越高越好;理想的不同阶段测试覆盖率的关系如图 0-2 所示。

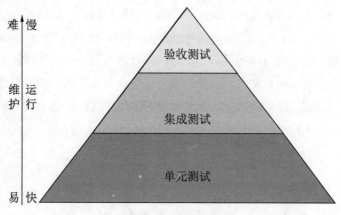

图 0-2　测试黄金三角

这就是分层测试的原型，我们在对项目进行自动化实施之前，都应该考虑分层测试的可能性和必要性，尽可能把需要测试的内容放在底层测试阶段，只有少部分的测试在上层的测试阶段，这样不仅提高了整体测试的稳定性和测试效率，同时也降低了自动化测试的难度。

提高被测系统的可测性

通常情况下，一个系统是否可测不仅取决于所采用的自动化测试技术，同时也取决于系统架构和开发对可测性的支持；对于标准的控件而言，需要开发人员在设计和编码阶段提供良好的自动化命名规范，例如，Web 控件添加 ID 属性；而对于大量使用非标准化控件的系统来说，如果要让它可以支持自动化测试，可以部分地考虑开放 API，部分使用 GUI 操作结合起来使用。

除了上述提到的被测系统本身的可测性，还有就是通过增强测试技能来提高系统的可测性。例如，测试某个系统的多线程读写同步，常规的自动化工具一般不支持这样的功能，那就要测试人员自己编写多线程读写的程序来调用被测试系统，通过控制线程的读写顺序来验证预期的结果。又如，被测场景是一个很多步骤之后才会出现的，如果按照正常操作会大大增加测试的不稳定性，这时可以利用一些 HACK 的方式绕过前面步骤，直接到达被测场景进行测试。

因此广义上的提高可测性是指能够使原本不容易测试、不可测试的系统变得可测所使用的一切方法和技术。

没有必要的完全自动化

很多时候刚开始使用自动化测试技术的测试人员都会掉进一个怪圈，认为做自动化测试理所应当就应该尽量全部地自动化，哪怕某些场景即使不是特别适合自动化。例如，某些场景的结果是动态变化的，或者某些场景需要跨越多个平台操作，这些就不适合自动化去进行测试。

人有人的优势，机器有机器的优势，在进行项目测试的时候也要辩证地考虑这个实际问题，不要一味地追求完全的自动化，而要酌情考虑哪些工作更适合机器去做，哪些工作更适合人去进行。例如，重复的固定流程、反复的单击操作等就比较适合自动化，而对于变化的或者需要思考逻辑的场景就需要测试人员来进行。

尽可能优化时间

对于单一的自动化用例而言，可能觉得执行的不是很慢，即使在用例中还使用了延时等待的技术；但是当自动化测试用例数量变得庞大的时候，就会发现自动化测试的执行时间开始成为瓶颈；因为总是希望尽可能早地获取到自动化测试的反馈结果，而当我们一旦完成了主功能的自动化之后，再加上对平台的兼容性的支持，那么自动化用例的数量就会成倍地增长，这时自动化用例的执行速度就会显得比较重要。

总而言之，不论对于大的系统还是小的系统，自动化用例一次回归执行时间不应大于一个昼夜的长度；通常就是下班前启动自动化测试的执行，到第二天早上上班后能收到自动化测试的测试报告邮件。对于用例数量较少的情况，通常都是很容易办到的，而对于用例数量较大的系统又该怎么办呢？

提示 提高执行脚本的效率可以从宏观和微观两个方面来考虑；宏观指的是从用例的执行策略上考虑，微观指的是从单个用例上来考虑。下面的优化项可以用来参考。

- ❑ 取消每一个用例中的过长等待时间，替换为 waitFor 函数。
- ❑ 尽可能减少到达最终测试场景的步骤。
- ❑ 单个用例中尽可能多地设置检查点，避免一个用例只设置一个检查点。
- ❑ 把没有互斥影响的用例分布到多台机器执行。
- ❑ 根据不同的测试需求划分不同数量级的用例集合，根据需求执行对应的用例集。
- ❑ 提高小数量用例集的执行频率，降低大数量用例集的执行频率。

最少步骤进入到被测场景

正常情况下人工执行测试时都是按照正常的业务场景来进行的，如果到达被测场景需要执行 10 步操作，我们就会完整地走完这 10 步；这种方式对于手动测试来说是没有任何问题的，因为测试人员会有能动性，他们会把前面 9 步走到场景全部顺带都测试一遍，然后到达第 10 步的场景。而我们在编写自动化脚本的时候就不能这样写代码，那样的话一个自动化用例就会变得很大，既不利于后期的维护，也不利于用例的顺利执行，因为如果执行没有一次性全部通过，整个用例就会中断后面的执行。

因此每一个自动化用例都是一个独立的场景，用例自身的失败不会干扰其他用例的正常执行；也因此导致很多场景的冗余和重叠，通常我们都是作为公共的业务场景进行提取出来，这样在代码层面上是可以理解的；但是在执行时冗余的场景还是会被不断重复执行，这样一方面会导致执行时间变长，另一方面也增加了用例执行的不稳定性；所以在设计自动化测试用例的时候，在保证覆盖了手工场景的前提下，要以最少的步骤进入到正式的被测场景。

持续进行集成测试

在上面提到的几条里面都有一个基本的前提，那就是用例的持续执行，因为如果不进行用例的持续执行，就不会知道执行的总体时间有没有超时，也不会知道哪些场景比较稳定，甚至都不会知道用例在批量执行的情况下能不能顺利地执行完。

所以自动化用例的持续执行与自动化用例的开发一样重要，如果只是开发了自动化脚本而没有持续的执行，那么工作最多只完成了 30%；后面更多的调试、维护工作才是自动化测试能否成功的关键所在，而一旦脱离了持续执行，那么一切将无从谈起。

快速修复失败脚本

持续地执行自动化测试的目的是为了尽早发现用例在运行时可能出现的问题，如果发现了问题，那么接下来要做的就是快速修复问题，毕竟有问题不修复其危害性就等同于没有持续地执行自动化测试。

持续执行自动化测试其实就是在分阶段地去发现问题，而跟它配套的就是紧跟之后的快速修复，它们的目的就是持续地一点儿一点儿发现问题并解决掉问题，从而避免一次性地突然来了很多的问题，导致整个自动化在需要执行的时候不能顺利地执行。

及时反馈报告结果

最后需要提到的就是当读者在埋头开发自动化脚本的时候，也要偶尔照顾下周边人的感受，也需要让测试、开发、产品等相关人员了解并知道读者的自动化测试进度及效果，因此一个简洁明了的自动化测试报告可以说是必不可少的，报告的内容不需要复杂和华丽，只需要把相关的统计数据、错误提示信息等收集起来就可以了，最好是能做到可以追溯历史。

当然，上面提到的这 10 条总结只是大多数项目会经常遇到的情况。除此之外，不同的项目可能还会有各自的一些特征，需要根据项目自身的特点来规划和调整。

CHAPTER
01

第 1 章
Selenium 基础

在绪论中，首先对自动化测试的概念进行了相关介绍，主要是为了帮助读者树立正确的自动化测试观，不仅是为了做自动化而自动化。从本章开始就要正式学习自动化测试的理论知识，而本章则主要介绍与 Selenium 相关的基础知识。Selenium 是 Web 自动化测试比较流行的一个框架，本章从 Selenium 的历史、特点、名词、原理及环境等几个方面来介绍 Selenium 的相关基础内容。

1.1 Selenium 的历史和分支

Selenium 是 Jason Huggins 在 2004 年发起的项目，当时他在 ThoughtWorks 公司开发内部的时间和费用（Time and Expenses）系统，该系统使用了大量的 JavaScript。虽然在 IE 下能够正常执行，但是当他们在其他浏览器上执行时就会经常出现 bug，纵然这是因为各浏览器对于 JavaScript 的兼容性不一致所导致的，而当时的测试工具并没有一个能够符合他们理想的要求，因此他们开始自己尝试寻找新的方法。

最终他们还是把注意力放到了 JavaScript 上，因为 JavaScript 是可以被所有浏览器支持的，并且具有驱动浏览器行为的能力，所以 Jason 和他所在的团队有理由采用 JavaScript 编写一种测试工具来验证被测应用的行为。他们受到 FIT（Framework for Integrated Test）的启发，使用基于表格的语法替代了原始的 JavaScript，这种做法支持那些编程经验有限的人在 HTML 文件中使用关键字驱动的方式来编写测试。该工具最初称为 "Selenium"，后来称为

"Selenium Core"，在 2004 年基于 Apache 2 授权发布。

因为 Selenium 过去使用纯 JavaScript 编写，它的最初设计要求开发人员把被测应用、Selenium Core 和测试脚本都部署到同一台服务器上以避免触犯浏览器的安全规则和 JavaScript 沙箱策略。其应用场景的结构如图 1-1 所示。

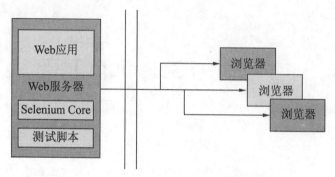

图 1-1　第 1 版 Selenium 的应用场景结构

这个版本的问题是，Selenium Core 和 Test Script 始终需要和被测试的 Web Server 同时放在一个服务器上，这在部署上就有局限性，测试脚本和被测系统的耦合性较大，而且对于线上环境也并不总是可以这么做。

为了解决这个问题以及其他问题，他们编写了 HTTP 代理，这样所有的 HTTP 请求都会被 Selenium 截获。使用代理可以绕过"同源"策略①的许多限制，从而缓解了首要弱点。这种设计使得采用多种语言编写 Selenium 成为可能：各语言只需把 HTTP 请求发送到特定 URL。而连接方法则是按照 Selenium Core 表格语法严格建模，称为"Selenese"。因为操作都是通过远程来控制浏览器的，所以该工具称为"Selenium Remote Control"或者"Selenium RC"。图 1-2 为第 2 版 Selenium 的应用场景结构。

从图 1-2 中可以看出，被测应用、Selenium Core、测试脚本都不再需要部署到同一台机器上，甚至可以把它们分别部署在不同的机器上。并且图中也给出了第 2 版 Selenium 的应用流程。

正当 Selenium 处于开发阶段的同时，另一款浏览器自动化框架 WebDriver 也正在 ThoughtWorks 公司的酝酿之中。WebDriver 项目的初衷是把端对端测试与底层测试工具隔离开。通常情况下，这种隔离手段通过适配器（Adapter）模式完成。WebDriver 尝试的就是对不同的浏览器进行原生绑定，通过直接驱动浏览器底层 API 的方式绕开了浏览器的安全模型，代价就是框架自身的开发投入显著增加，并且需要根据浏览器的版本更新而更新；而好处则是更加稳定，支持的浏览器操作更多。

————————
① 同源策略：一种约定，它是浏览器最核心也是最基本的安全功能，所有浏览器都对同源策略进行了实现。所谓同源是指域名、协议、端口都相同。

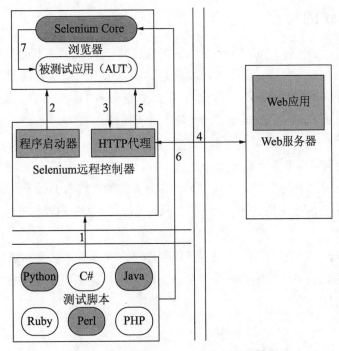

图 1-2　第 2 版 Selenium 的应用场景结构

　　结合两者的优势，最终在 2009 年 8 月他们的创建者共同决定合并这两个项目，称之为 Selenium WebDriver，这就是 Selenium 2。而最初的 Selenium RC 机制仍然维持，帮助 WebDriver 在某些浏览器不被支持的情况下提供支持。

　　图 1-3 为本地版的应用场景，因为没有了 Selenium RC，所以应用场景的流程就变得相对简单了。

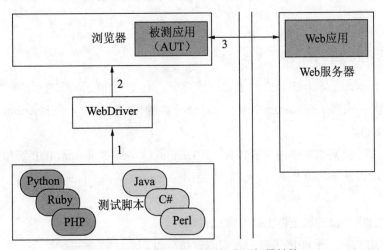

图 1-3　第 3 版 Selenium 的应用场景结构

1.2 Selenium 的特点

相信大多数人选择 Selenium 的原因都是被它的特点所吸引，不论是 Selenium 1 还是 Selenium 2 都是如此。Selenium 设计的初衷就是为了测试不同浏览器的兼容性，所以它天生就是支持多浏览器的。Selenium 官方支持的浏览器有 Firefox、IE、Safari、HtmlUnit、Android、iOS 等，而 Opera、Chrome 则是由第三方支持的。

Selenium 的另一大特点则是支持多个平台，包括 Windows、Linux、Mac 等在内的主流操作系统，一份代码可以多平台执行。

同时，Selenium 还支持多语言开发脚本，官方支持的语言有 Java、JavaScript、Python、Ruby、C#，而非官方的还支持 PHP、Perl 等，因此可以尽可能地选择自己所喜爱的语言来开发 Selenium 的脚本。

此外，Selenium 还有一个 IDE 工具，可以帮助部分初学者来熟悉和学习 Selenium 的脚本使用和开发。可以看到，Selenium 是一个真正的跨平台、跨浏览器，并且多语言支持的 Web 自动化测试工具。

1.3 Selenium 名词说明

1.3.1 Selenium RC

Selenium RC 是 Selenium Remote Controller 的简写，它是 Selenium 1 的重要组成部分，主要提供包括远程宿主浏览器的启动、HTTP 代理的配置、与测试脚本通信等在内的服务。与它一起组成 Selenium 1 的其他重要组件还有 Selenium Core、Selenium IDE、Selenium Grid。

1.3.2 Selenium Server

Selenium Server 是 Selenium 2 的重要组成部分，其主要功能是提供远程的与 WebDriver 进行通信的服务；相当于 Selenium 1 中 Selenium RC 的代理功能，只是 Selenium Server 不再进行 JavaScript 的注入了。

Selenium 2 还包括 Selenium WebDriver、Selenium Grid、Selenium IDE 等组件。通常情况下是不需要用到 Selenium Server 的，直接使用 Selenium WebDriver 就可以了，但以下三种情况除外。

❑ 需要在远程机器的浏览器上执行测试代码时。
❑ 需要使用 Selenium Grid 进行分布式测试执行时。

❑ 需要用到 HtmlUnit 驱动但却没有使用 Java 开发脚本时。

1.3.3　Selenium WebDriver

Selenium WebDriver 是 Selenium 2 中 驱 动 浏 览 器 的 组 件， 它 替 代 了 Selenium 1 中 Selenium Core 与部分 Selenium RC 的作用。也就是说，在 Selenium 2 中关于浏览器驱动的事情都是由它来负责，而不再需要其他组件的配合。而与 Selenium Core 不同的则是 WebDriver 不只有一个，对于支持的浏览器都会有一个对应的 WebDriver 来驱动。

1.3.4　Selenium Client

Selenium Client 即 Selenium 各种版本的语言绑定。官方支持的 Client 有 Java、C#、 Ruby、Python、JavaScript（Node）。通 过 安 装 这 些 Client 包， 对 应 的 语 言 就 可 以 调 用 Selenium WebDriver 来驱动真正的浏览器进行测试。而本书中主要讲解的则是如何基于 Python Client 来进行 Selenium 自动化脚本的开发与测试。

1.3.5　Selenium Grid

Selenium Grid 是 Selenium 中专门负责分布式执行测试代码的组件，主要起到的是一个类似 Hub 的作用。

首先，它会接受 Agent 的注册；这个 Agent 就是 Selenium Server，即可以提供测试能力的宿主机器。

之后，Selenium Grid 就可以接受来自 Client 端的调用；这个 Client 就是测试脚本，即驱动测试执行的指令。

最后，Selenium Grid 根据 Client 端的调用指令来驱动 Agent 的行为；它的特点是可以同时支持多个 Agent 和 Client，这样就可以同时有多份测试脚本在多个 Agent 上并行执行，从而达到分布式执行的效果。而并行执行测试的好处就是提高了测试效率。

1.3.6　Selenium IDE

Selenium IDE 是 Selenium 的一个测试用例开发工具，以 Firefox 插件的形式存在。测试人员在开启 Selenium IDE 后，就可以通过正常操作页面的方式来进行测试脚本的录制，并且可以在完成录制操作之后进行回放。

如果回放场景被正常执行，可以选择把录制场景转换为自己偏爱的编程语言的测试用例。例如，可以把 IDE 录制的场景转换为 Python 脚本的形式，这样就可以通过执行 Python 脚本来执行测试用例。同样，也可以转换成任意其他支持的脚本语言，例如 Java、Ruby 等。

1.4 Selenium 基本原理

Selenium 1 的实现机制是使用 Selenium RC 作为代理，通过 Selenium RC 向目标页面注入 JavaScript（Selenium Core）的形式，来达到驱动浏览器进行自动化测试的效果。由于 Selenium 1 现在已经很少被使用，所以这里只简要分析下 Selenium 2 的运行原理。

在 Selenium 2 中原来的 Selenium RC 的角色被 WebDriver 替代了，即不再需要使用代理的形式注入 Selenium Core 到目标页面，而是直接通过 WebDriver 来驱动浏览器。这里的 WebDriver 指的是可以驱动浏览器的程序或插件，每一种浏览器都有一个对应的 WebDriver，需要在执行测试脚本之前下载并安装好对应的 WebDriver 才能正常驱动对应的浏览器。

WebDriver 之所以能直接驱动浏览器而不再需要代理欺骗，是因为它们使用了各种方法来实现对浏览器底层 API 的调用，从而使得 WebDriver 绕过了同源策略和 JavaScript 沙箱的限制。此外，WebDriver 以提供服务的形式并通过 JSON Wire Protocol[①]协议来与测试脚本进行通信。图 1-4 则是 Selenium 2 完整的通信结构。

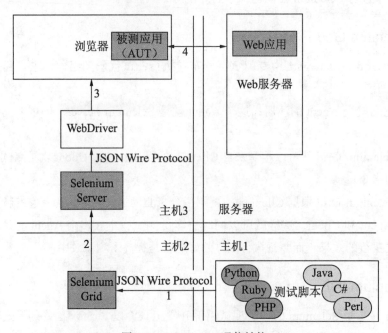

图 1-4　Selenium 2 通信结构

Selenium 1 能驱动浏览器是因为所有浏览器对 JavaScript 都是兼容的。而 WebDriver 驱动不同浏览器的原理已经有所变化了，它是针对每一种浏览器开发一个对应 Driver 程序，统

---

① JSON Wire Protocol：一种基于 HTTP 之上的命令式 URL 规范，客户端可以通过 URL 命令来与服务器进行通信。

称为 WebDriver。

这个 Driver 可能是 exe 文件，例如 IE 和 Chrome 的 Driver，也可能是一个插件，例如 Firefox 的 Driver。如果希望 Selenium 2 能在本地机器上执行，那么必须在本机上安装相应浏览器的 WebDriver。图 1-5 为 WebDriver 的驱动流程。

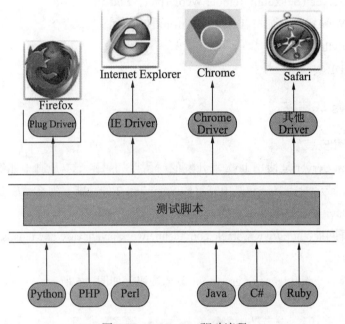

图 1-5　WebDriver 驱动流程

其中，每一个 Driver 都是一个 Server，它们启动后会监听一个默认的端口并等待测试脚本发送指令请求，并在接收到请求之后会根据指令进行相关的浏览器接口调用。

在执行测试脚本时并不需要手动启动这个 Driver 进程，实际上它会在测试脚本正式执行测试步骤之前自动启动。所以在执行测试脚本的时候虽然没有启动 Driver 进程，但在后台其实已经被启动了，可以通过在执行测试脚本期间查看进程管理器来验证它。

当然，也可以手动启动这个 Driver 程序，并使用测试脚本与之进行通信，来执行具体的测试步骤。具体的使用示例在后面章节会有介绍。

1.5　Selenium 环境搭建

由于 Selenium 2 版本相比于 Selenium 1 版本有了很多方面的提升和改进，并且 Selenium 1 逐渐开始不再得到维护，所以本书后面所讲解的关于 Selenium 的部分，若非特殊说明均指 Selenium 2 版本及其相关套件。

搭建 Selenium 环境需要的基础安装包如下，在具体安装之前最好已经下载好这些软件包的对应版本。

❑ Java；

❑ Python；

❑ Selenium Server（Selenium Remote WebDriver，Selenium Grid）；

❑ Selenium WebDriver（如 IE Driver、Chrome Driver）；

❑ Selenium Python Client；

❑ Pycharm IDE。

1.5.1　Windows 环境搭建

1. Java 下载和安装

由于 Selenium Server 是使用 Java 来开发的，所以如果希望本地脚本能够调用远程的测试机器进行测试；或者希望测试和使用完整的 Selenium 2 的功能，那么就应该安装好 Java 环境。下载和安装 Java 的步骤如下。

步骤 1　打开网址：http://www.oracle.com/technetwork/java/javase/downloads/jdk8-downloads-2133151.html。

步骤 2　选择 Accept License Agreement 单选按钮，如图 1-6 所示。

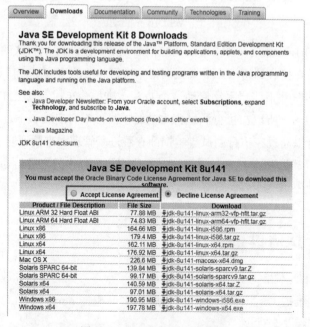

图 1-6　Java 安装包下载页面

步骤 3　选择 Windows 操作系统的 Java 安装包并下载到本地。

步骤 4　双击下载下来的二进制文件（这里是 Windows 下的 exe 文件）。

步骤 5　单击 NEXT 按钮进行默认安装，过程中可以选择安装路径。这里安装路径为 C:\Program Files\Java\jdk1.8.X_XX。

步骤 6　程序安装成功后，单击 Close 按钮关闭安装界面。

步骤 7　配置 Java 环境变量，把安装目录下的 bin 目录（C:\Program Files\Java\jdk1.8.X_XX\bin）加入到 path 环境变量。

步骤 8　把安装目录下的 lib 目录（C:\Program Files\Java\jdk1.8.X_XX\lib）加入到 classpath 环境变量，如果没有 classpath 环境变量则新建一个。

步骤 9　测试 Java 环境，进入 cmd 环境直接输入 "java -version"，如果能返回 Java 的正确版本号则表示 Java 环境安装成功，如图 1-7 所示。

图 1-7　Java 版本查看

2. Python 下载和安装

本书主要讲解如何使用 Python 进行 Selenium 脚本的开发，所以 Python 环境也是必须要安装的，具体的步骤如下。

步骤 1　进入 Python 的官网下载页（https://www.python.org/downloads/）。

步骤 2　选择最新的 2.7.× 的版本进行下载，如图 1-8 所示。

步骤 3　双击下载下来的 exe 文件。

步骤 4　单击 Next 按钮默认安装，此处安装路径为 C:\python27。

步骤 5　安装完成后关闭安装向导程序。

步骤 6　配置 Python 环境变量，把 Python 的安装路径（C:\python27）添加到 path 环境变量。

步骤 7　把 Python 安装目录下的 scripts 目录（C:\python27\Scripts）添加到 path 环境变量。

图 1-8　Python 下载页面

步骤 8　测试 Python 环境。进入 cmd 环境直接输入 "python" 并按回车键，如果可以正常进入 Python 解释器环境则表示环境安装成功，如图 1-9 所示。

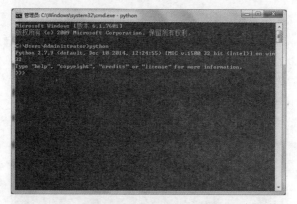

图 1-9　Python 命令行

步骤 9　使用 Python 包管理器查看第三方类库。进入 cmd 环境直接输入 "pip list" 并按回车键，一切正常则会回显当前已安装的第三方库的列表，如图 1-10 所示。

图 1-10　pip list 查看

注意　如果下载的是最新版本的 Python，则在正确安装并配置好 Python 之后，pip 包管理器命令是可以直接使用的；而如果下载的是较低版本的 Python，则可能需要自己额外安装 pip 程序。本书样例中下载的 Python 安装包就已经默认附带了 pip 包。

---

3. Selenium Server 下载和启动

Selenium Server 是 Selenium 2 中重要的组成部分，想要完整地学习和掌握 Selenium 2，Selenium Server 包就需要被下载到本地并配合使用，具体步骤如下。

步骤 1　进入 Selenium 官网的下载页面（http://docs.seleniumhq.org/download/）或者 http://selenium-release.storage.googleapis.com/index.html 下载页面。

步骤 2　找到最新且稳定的 Selenium 版本，下载即可。本教材选择的是 2.53.1 的版本，其对应文件名为 selenium-server-standalone-2.53.1.jar。

步骤 3　启动 Selenium Server。通过 cmd 命令行进入到 Selenium Server 的保存路径，运行命令 java-jar <download jar name> 启动 Selenium Server。本文中的命令为 java-jar selenium-server-standalone-2.53.1.jar，如图 1-11 所示。

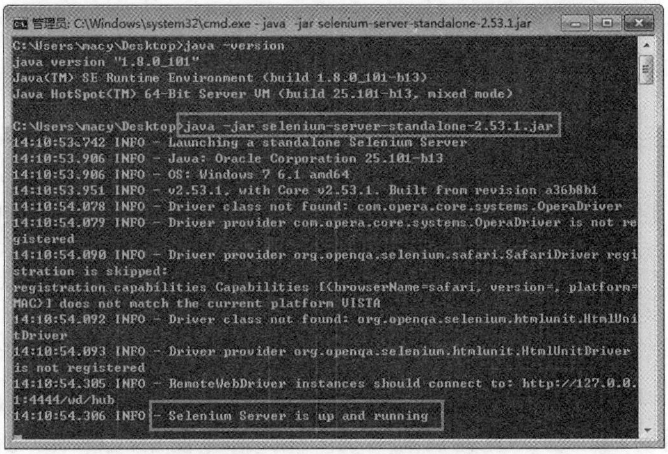

图 1-11　Selenium Server 启动

注意　由于国内网络环境的限制，部分读者可能无法打开 Selenium 的官网，那么这部分读者则可以在 www.testqa.cn/download/selenium 网站上找到对应的安装包和驱动文件。

4. Selenium WebDriver 下载与安装

Selenium WebDriver 是针对每一个浏览器的特定驱动程序。例如，IE 的驱动程序是 IEDriverServer.exe，Chrome 浏览器的驱动程序则是 chromedriver.exe。而 Firefox 的驱动程序则是一个 Firefox 的插件，它被直接集成到 Selenium Client 的 lib 包中，无须安装可直接使用。下载浏览器 Driver 的方式很简单，步骤如下。

步骤 1　进入页面 https://chromedriver.storage.googleapis.com/index.html?path=2.24/，如图 1-12 所示。

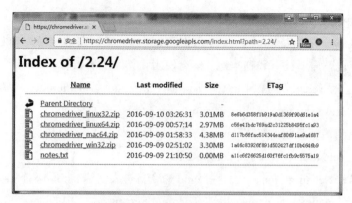

图 1-12　WebDriver 下载页面

步骤 2　选择下载 Windows 版的 WebDriver。

步骤 3　解压 zip 包并把 exe 程序存放到系统环境变量，例如，C:\python27\Scripts 目录下。

注意　由于浏览器的版本和功能是持续更新的，因此针对不同的浏览器其 WebDriver 也要选择对应的版本，否则可能会出现浏览器版本过高而 WebDriver 版本过低导致无法正常运行测试脚本。

本书中使用的 IE 浏览器版本为 IE8，对应使用的 IEDriverServer.exe 的版本为 2.53.1，其下载地址为：http://selenium-release.storage.googleapis.com/2.53/IEDriverServer_Win32_2.53.1.zip。

本书中使用的 Chrome 浏览器的版本为 V53，对应使用的 chromedriver.exe 的版本为 2.24，其下载地址为：http://chromedriver.storage.googleapis.com/2.24/chromedriver_win32.zip。

5. Selenium Python Client 下载与安装

Selenium Python Client 是 Selenium 的 Python 语言接口，同时也是开发 Selenium 脚本的基础类库。可以基于这个类库来开发 Python 测试脚本并驱动 Selenium 的 WebDriver 执行测试工作。Python Client 的安装方式有两种，一种是源码下载和安装，步骤如下。

步骤 1　进入 Selenium 官网的下载页。

步骤 2　浏览 Selenium Client 区域。

步骤 3　单击 Python 对应的 Download 链接进行下载，如图 1-13 所示。

步骤 4　解压下载到本地的 zip 文件。

步骤 5　通过 cmd 命令进入解压的目录，执行命令 python setup.py install 来安装 Python 的 Selenium 库。

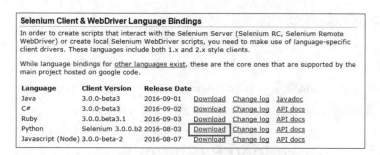

图 1-13　Python 下载页面

另一种安装方式是通过 pip 命令来进行安装，直接在 cmd 中执行命令：

```
>> pip install selenium
```

安装完成之后可以通过 pip 命令查看 Python 安装包中是否有 Selenium 包，命令为：

```
>> pip list
```

可以从输出的列表中查看到本书所使用的 Python Selenium 的版本为 2.53.6，其对应所驱动的 Firefox 的版本为 45.3，执行效果如图 1-14 所示。

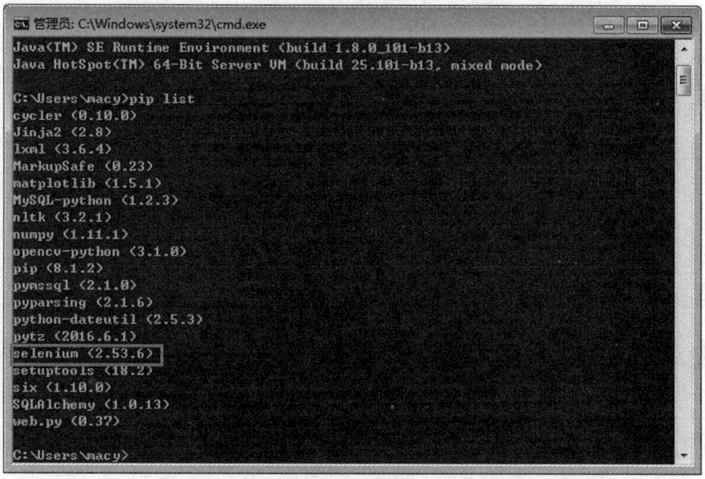

图 1-14　Python 安装包列表

注意　由于 WebDriver 和浏览器的版本没有严格意义上的同步，而且 Chrome 和 Firefox 的浏览器版本更新非常快，所以有时候会出现本来正常的脚本突然不能驱动浏览器的情况；一旦出现这种情况通常是浏览器被自动升级了，其解决方法有两种：首选是升级到最新的 WebDriver，其次是降低浏览器版本。

---

6. PyCharm 下载与安装

PyCharm 是 Python 的一个开源 IDE，在进行 Selenium 脚本开发的时候，可以选择熟悉的 IDE 作为开发工具，本书中推荐的是 PyCharm，其安装步骤如下。

步骤 1　进入 PyCharm 下载页 http://www.jetbrains.com/pycharm/download/。

步骤 2　选择 Windows 的社区版本进行下载，如图 1-15 所示。

图 1-15　PyCharm 下载页面

步骤 3　双击下载的 exe 程序并进行默认安装。

步骤 4　完成安装后双击桌面上的 PyCharm 快捷方式启动 IDE。

1.5.2　Ubuntu 环境搭建

Ubuntu 环境下安装 Selenium 环境的步骤与 Windows 基本是一样的。唯一有区别的是 Ubuntu 下默认会安装好 Python 程序，但是 Python 的包管理工具还是需要自己安装的。

1. Java 下载和安装

Unbuntu 下 Java 的下载和安装步骤如下。

步骤 1　进入网址 http://www.oracle.com/technetwork/java/javase/downloads/jdk8-downloads-2133151.html。

步骤 2　选择 Accept License Agreement 单选按钮。

步骤 3　下载 Linux 版本的 Java 安装包（注意操作系统位数），如图 1-16 所示。

步骤 4　解压到指定目录，如 /usr/jdk1.8.0。

步骤 5　打开 /etc/profile 文件，追加如下信息到文件尾部。

```
export JAVA_HOME=/usr/jdk1.8.0
export JRE_HOME=$JAVA_HOME/jre
export CLASSPATH=.:$CLASSPATH:$JAVA_HOME/lib:$JRE_HOME/lib
export PATH=$PATH:$JAVA_HOME/bin:$JRE_HOME/bin
```

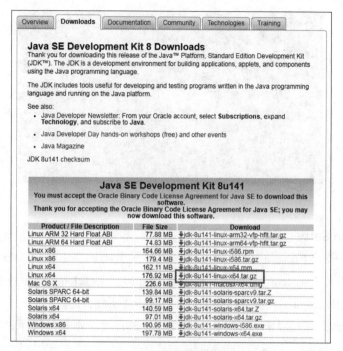

图 1-16 Java 下载页面

步骤 6 执行 source /etc/profile 命令使设置生效。

步骤 7 终端输入 java-version 命令查看是否安装成功，如图 1-17 所示。

图 1-17 Ubuntu 下 Java 版本查看

2. Python pip 命令安装

Ubuntu 下不需要安装 Python，但是需要安装 pip 命令环境，具体的步骤如下。

步骤 1 终端输入命令 sudo apt install python-pip。

步骤 2 输入"Y"确认安装。

步骤 3 输入 pip list 并按回车键查看已有 Python 安装包，如图 1-18 所示。

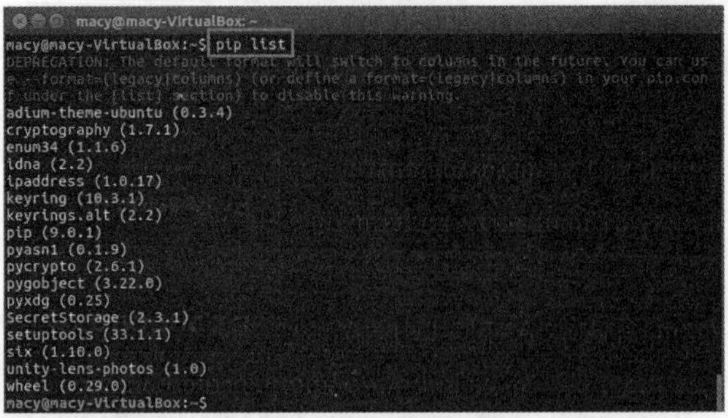

图 1-18　Ubuntu 下 pip 安装包查看

3. Selenium Server 下载和启动

Selenium Server 包下载与 Windows 一样，具体步骤如下。

步骤 1　进入 Selenium 官网的下载页面（http://docs.seleniumhq.org/download/）或者 http://selenium-release.storage.googleapis.com/index.html 下载页面。

步骤 2　找到最新且稳定的 Selenium 版本，下载即可。本教材选择的是 2.53.1 的版本，其对应文件名为 selenium-server-standalone-2.53.1.jar。

步骤 3　终端进入 Selenium Server 的 JAR 包保存路径。

步骤 4　运行命令 java-jar <download jar name> 启动 Selenium Server。本文中的命令为 java-jar selenium-server-standalone-2.53.1.jar，如图 1-19 所示。

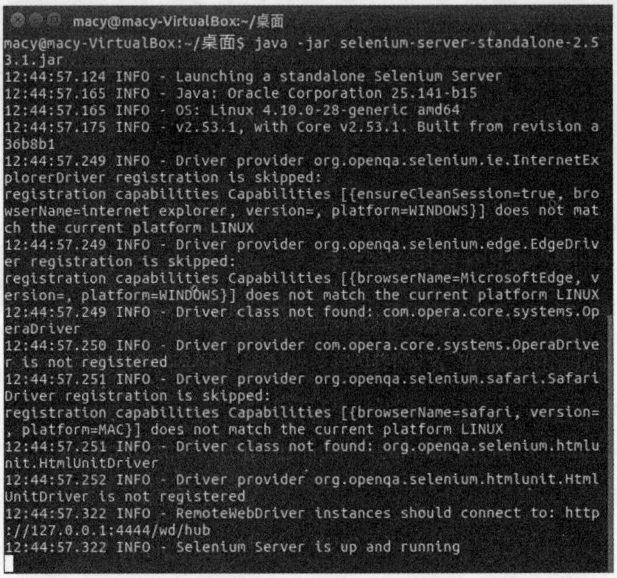

图 1-19　Ubuntu 下启动 Selenium Server

4. Selenium WebDriver 下载与安装

Ubuntu 下目前只支持 Chrome 和 Firefox，所以只需下载 Chrome 的 WebDriver。步骤如下。

步骤 1　访问 Chrome WebDriver 下载地址 https://chromedriver.storage.googleapis.com/index.html?path=2.24/。

步骤 2　下载对应的 Linux 版 WebDriver，例如，chromedriver_linux64.zip。

步骤 3　解压 zip 包，并把 bin 放到系统环境变量，例如，/usr/local/bin 目录下。

5. Selenium Python Client 下载与安装

Ubuntu 下可以通过 pip 命令直接安装 Selenium Python Client：

```
>> pip install selenium
```

安装完成之后可以查看是否安装成功，如图 1-20 所示。

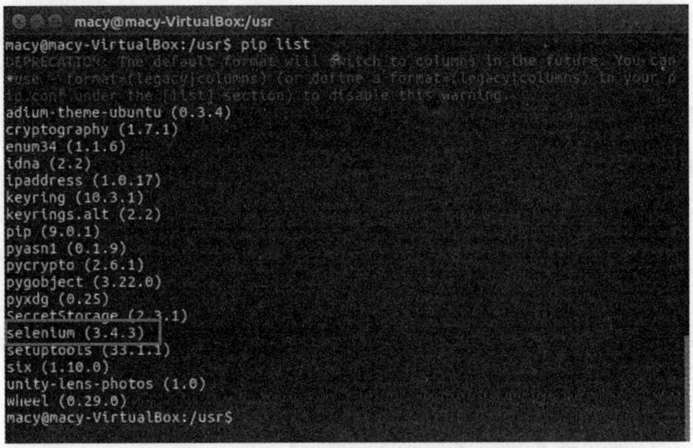

图 1-20　Selenium 安装包查看

6. PyCharm 下载与安装

Ubuntu 下 PyCharm 的安装步骤如下。

步骤 1　进入 PyCharm 的下载页 http://www.jetbrains.com/pycharm/download/。

步骤 2　选择 Linux 的社区版本进行下载，如图 1-21 所示。

步骤 3　使用 tar -xzf pycharm-xxx.tar.gz/usr/pycharm 命令解压到指定目录，如 /usr/pycharm。

步骤 4　终端进入到 bin 子目录。

步骤 5　执行 ./pycharm.sh 命令启动 IDE，如图 1-22 所示。

图 1-21　Linux 版本 PyCharm 下载页面

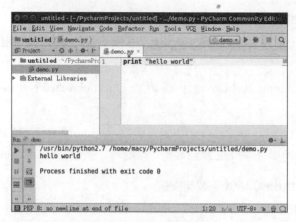

图 1-22　PyCharm 界面

1.5.3　MacOS 环境搭建

MacOS 环境下搭建 Selenium 环境的步骤与 Ubuntu 下基本一致。

1. Java 下载和安装

步骤 1　打开 http://www.oracle.com/technetwork/java/javase/downloads/jdk8-downloads-2133151.html。

步骤 2　选择 Accept License Agreement 单选按钮。

步骤 3　下载 MacOS 版本的 Java 安装包，如图 1-23 所示。

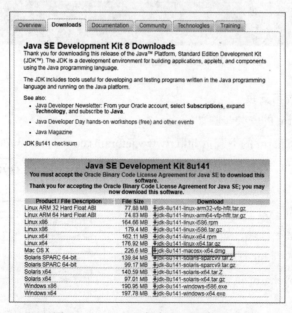

图 1-23　Mac OS 版本 Java 下载页面

步骤 4　单击 dmg 安装包进行默认安装。

步骤 5　使用 /usr/libexec/java_home 命令查看 JAVA_HOME 目录位置，如图 1-24 所示。

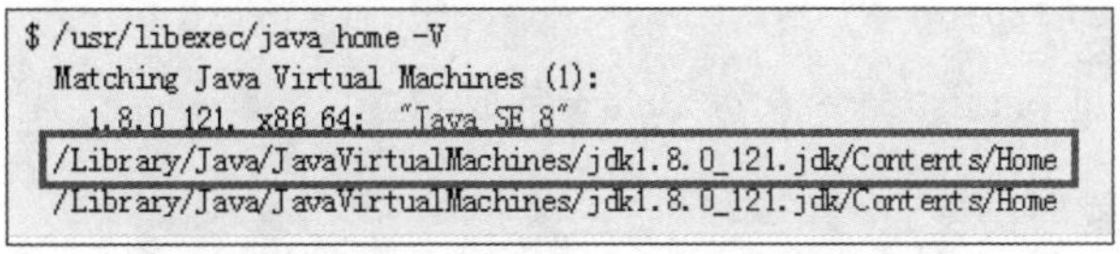

```
$ /usr/libexec/java_home -V
Matching Java Virtual Machines (1):
    1.8.0_121, x86_64:  "Java SE 8"
/Library/Java/JavaVirtualMachines/jdk1.8.0_121.jdk/Contents/Home
/Library/Java/JavaVirtualMachines/jdk1.8.0_121.jdk/Contents/Home
```

图 1-24　Mac OS 查看 JAVA_HOME 路径

步骤 6　编辑 /etc/profile 文件，配置 JAVA_HOME 及 PATH 信息。

```
JAVA_HOME="/Library/Java/JavaVirtualMachines/jdk1.8.0_121.jdk/Contents/Home"
CLASS_PATH="$JAVA_HOME/lib"
PATH=".:$PATH:$JAVA_HOME/bin"
```

步骤 7　执行 source /etc/profile 命令使修改生效。

步骤 8　终端执行命令 echo $JAVA_HOME 查看是否成功。

```
$ echo $JAVA_HOME
/Library/Java/JavaVirtualMachines/jdk1.8.0_121.jdk/Contents/Home
```

2. Python pip 命令安装

Mac 中也不需要安装 Python，直接安装 pip 命令即可。具体命令如下。

```
sudo easy_install pip
```

3. Selenium Server 下载和启动

Mac 下 Selenium Server 的下载步骤如下。

步骤 1　进入 Selenium 官网的下载页面（http://docs.seleniumhq.org/download/）或者 http://selenium-release.storage.googleapis.com/index.html 下载页面。

步骤 2　找到最新且稳定的 Selenium 版本，下载即可。本教材选择的是 2.53.1 版本，其对应文件名为 selenium-server-standalone-2.53.1.jar。

步骤 3　启动 Selenium Server。cmd 命令行进入到 Selenium Server 的保存路径，运行命令 java-jar <download jar name> 启动 Selenium Server（本文中的命令为 java-jar selenium-server-standalone-2.53.1.jar）。

4. Selenium WebDriver 下载与安装

Mac 下官方支持的只有 Chrome WebDriver，具体下载步骤如下。

步骤 1　进入下载页面 https://chromedriver.storage.googleapis.com/index.html?path=2.24/。

步骤 2　选择 Mac 版本的 WebDriver 并下载到本地。

步骤 3　解压 zip 包并把二进制文件存放到系统变量目录，例如，/usr/local/bin。

5. Selenium Python Client 下载与安装

Mac 下安装 Selenium Python Client 的命令如下。

```
>> pip install selenium
```

安装完成之后通过 pip list 命令查看是否安装成功。

6. PyCharm 下载与安装

Mac 下 PyCharm 的下载与安装步骤如下。

步骤 1　进入 PyCharm 的下载页 http://www.jetbrains.com/pycharm/download/。

步骤 2　选择 Mac 的社区版本进行下载，如图 1-25 所示。

图 1-25　Mac OS 版本 PyCharm 下载页面

步骤 3　双击下载的安装包进行默认安装。

步骤 4　安装完成后在 application 中查找 PyCharm 程序并运行。

1.6　Selenium 调用不同浏览器

1.5 节介绍了 Selenium 的安装流程，本节开始学习使用 Python 来开发 Selenium 脚本调用不同的浏览器，确保搭建的自动化环境能联调成功，为后面正式的脚本学习做好准备。

1.6.1　调用 Firefox 浏览器

为了后面代码开发和执行的规范和一致性，这里介绍如何在 PyCharm 中创建和执行 Python 文件，后面内容如没有特殊说明则以此流程为标准。具体流程如下。

步骤 1　打开 PyCharm 程序。

步骤 2　单击 Create New Project。

步骤 3　选择一个项目路径，单击 Create。

步骤 4　右击项目→ New → Python File →输入文件名如"ff"→单击 OK。

步骤 5　在新建的文件内输入具体的测试代码。

步骤 6　在文件内区域右击，选择 Run "ff" 执行 Python 文件。

步骤 7　查看运行结果是否与脚本场景所一致，如果一致则表示 demo 脚本运行成功。

在调用 Firefox 浏览器时，关键在于启动 Firefox 的 WebDriver 示例，关键代码如下。

```
driver = webdriver.Firefox()
```

而除了能正常启动 Firefox 浏览器之外，还需要测试下能否正常驱动浏览器的行为。为此，通过一小段测试代码来测试浏览器的调用行为。具体内容如下。

```
# -*- coding:utf-8 -*-
from selenium import webdriver
u''' 打开百度首页，输入 Selenium 进行搜索 '''
driver = webdriver.Firefox()
driver.get("http://www.baidu.com")
assert(u" 百度 " in driver.title)
driver.find_element_by_id("kw").send_keys("selenium")
driver.find_element_by_id("su").click()
assert(u"selenium_ 百度搜索 " in driver.title)
driver.close()
driver.quit()
```

这段代码所要执行的测试场景依次如下。

（1）启动 Firefox 的 WebDriver 实例。

（2）浏览 http://www.baidu.com 网址。

（3）检查浏览器标题中是否包含"百度"字样。

（4）查找搜索输入框（id=kw 的元素）并输入"selenium"字符串。

（5）查找搜索按钮（id=su 的元素）并执行"单击"操作。

（6）检查浏览器标题中是否包含"selenium_ 百度搜索"字样。

（7）关闭浏览器窗口。

（8）关闭 WebDriver 实例。

1.6.2　调用 Chrome 浏览器

同样的测试场景再来测试下 Chrome 的调用行为。这里需要把原本启动 Firefox 的代码替换为启动 Chrome 的代码。替换的内容如下。

```
driver = webdriver.Chrome()
```

另外新建一个 chrome.py 的文件，并输入完成的测试场景代码，具体如下。

```
# -*- coding:utf-8 -*-
from selenium import webdriver
u''' 打开百度首页，输入 Selenium 进行搜索 '''
driver = webdriver.Chrome()                          ## 修改的内容
driver.get("http://www.baidu.com")
assert(u" 百度 " in driver.title)
driver.find_element_by_id("kw").send_keys("selenium")
driver.find_element_by_id("su").click()
assert(u"selenium_ 百度搜索 " in driver.title)
driver.close()
driver.quit()
```

完成代码输入之后，在文件空白处右击并选择 Run "chrome" 执行 Python 文件。观察实际的运行结果与脚本场景是否一致。

1.6.3　调用 IE 浏览器

最后试一下 IE 浏览器的调用行为。同样需要把启动浏览器的代码替换掉。这里需要替换为启动 IE 浏览器的代码。关键代码为：

```
driver = webdriver.Ie()
```

另外新建一个 ie.py 文件并输入完整的测试场景代码，全部代码如下所示。

```
# -*- coding:utf-8 -*-
from selenium import webdriver
u''' 打开百度首页，输入 Selenium 进行搜索 '''
driver = webdriver.Ie()
driver.get("http://www.baidu.com")
assert(u" 百度 " in driver.title)
driver.find_element_by_id("kw").send_keys("selenium")
driver.find_element_by_id("su").click()
assert(u"selenium_ 百度搜索 " in driver.title)
driver.close()
driver.quit()
```

完成文件内容输入之后，在文件空白处右击并选择 Run " ie" 执行该 Python 文件。同样需要检查浏览器的行为与测试场景是否一致。

1.6.4　IE 浏览器安全机制设置

需要注意的是由于 IE 的安全机制策略，可能会导致启动浏览器异常。这里需要对 IE 浏览器进行预设置，即关闭 IE 的"启用保护模式"。

具体设置方法为：打开 IE 浏览器→选择"设置"菜单→打开" Internet 选项"对话框→切换到"安全"选项卡→依次单击 Internet、"本地 Intranet""受信任的站点""受限制的站点"→取消所有"启用保护模式"的选中状态→保存设置，如图 1-26 所示。

如果被测试页面中包含 frame，并且子 frame
与父 frame 不是同源的情况下，使用 Selenium 操作
子 frame 的时候，则需要进行"受信站点"设置。
具体设置步骤如下。

（1）打开 IE 浏览器的"Internet 选项"对话框
并切换到"安全"选项卡。

（2）单击"受信任的站点"图标，如图 1-27
所示。

（3）单击"站点"按钮，并在弹出框中输入子
frame 的 url 域名，如图 1-28 所示。

（4）单击"添加"按钮并保存设置。

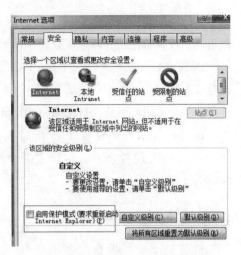

图 1-26　IE 取消启用保护模式设置

通常经过上述两项设置之后，IE 浏览器都可
以正常地被 Selenium 调用。如果设置之后启动 IE 浏览器仍有问题，则可能是 WebDriver 版
本与当前 IE 浏览器的版本不一致。另外，在学习过程中如果有遇到其他问题，还可以到
http://www.testqa.cn 上的 Selenium 小组中进行提问。

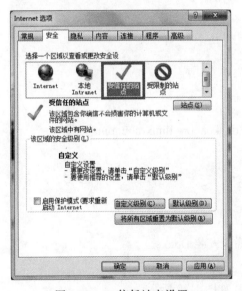

图 1-27　IE 信任站点设置

图 1-28　IE 信任站点添加

1.7　Selenium Docker 的使用

Docker 是一个开源的应用容器引擎，也是近年来比较热门的虚拟化技术。它让开发者可

以打包他们的应用以及依赖包到一个可移植的容器中，然后发布到任何流行的 Linux 机器上，也可以实现虚拟化。容器是完全使用沙箱机制，相互之间不会有任何接口。

Docker 之所以被人们热捧和关注，主要是因为它轻量级虚拟化和可移植的特性。环境搭建这类工作是 Docker 技术天然支持的使用场景。它可以很快地复制并启动一个完全一样的环境，并且关闭容器后会自动恢复到启动时的环境。

Docker 技术目前在各个行业都有很多的人在尝试和实践，很幸运的是 Selenium 也是 Docker 的实践者之一。本章主要介绍如何搭建 Docker 环境，并在 Docker 容器中运行 Selenium 脚本。

1.7.1 Docker 环境安装

目前 Docker 可以在很多的平台下进行安装，包括 Linux、MacOS、Windows、AWS、Azure。这里只针对 Ubuntu、MacOS 和 Windows 环境搭建进行介绍。

1. Ubuntu 安装 Docker

Ubuntu 下可以安装的 Docker 有两个版本：Docker CE(社区版) 和 Docker EE(企业版本)。这里选择 Docker CE 版本。另外，Docker 只支持 64 位的 Ubuntu，且仅支持如下版本。

❑ Zesty 17.04（LTS）；
❑ Yakkety 16.10；
❑ Xenial 16.04（LTS）；
❑ Trusty 14.04（LTS）。

具体的 Docker 安装步骤如下。

（1）访问 Docker 下载页面 https://download.docker.com/linux/ubuntu/dists/。
（2）选择对应的 Ubuntu 版本，如 zesty。
（3）进入到 pool/stable/ 路径下。
（4）选择对应的 CPU 架构，如 amd64。
（5）下载 .deb 文件。
（6）执行 sudo dpkg -i /path/to/package.deb 命令安装 Docker。
（7）执行 sudo docker run hello-world 命令。
（8）出现如下界面则表示 Docker 安装成功，如图 1-29 所示。

2. Windows 安装 Docker

在 Windows 下要运行 Docker 也是需要条件的，具体如下。

❑ 64 位的 Windows。
❑ 仅支持 Windows10 的企业版和教育版。

❑ 支持 Microsoft Hyper-V。

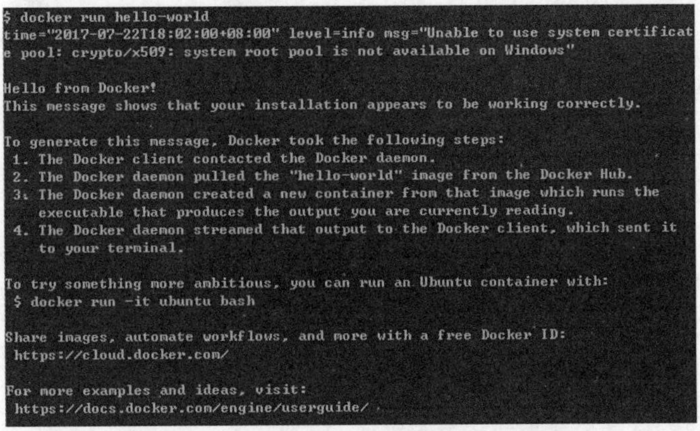

图 1-29　Ubuntu 下启动 Docker 成功界面

在 Windows 下安装 Docker CE 的具体步骤如下。

（1）下载 Docker 安装包 https://download.docker.com/win/stable/InstallDocker.msi。

（2）双击 InstallDocker.msi 安装文件。

（3）依次确认安装向导中的许可、授权等操作。

（4）完成安装并启动 Docker。

（5）启动一个命令行，输入 docker run hello-world 命令。

（6）出现如下界面则表示安装成功，如图 1-30 所示。

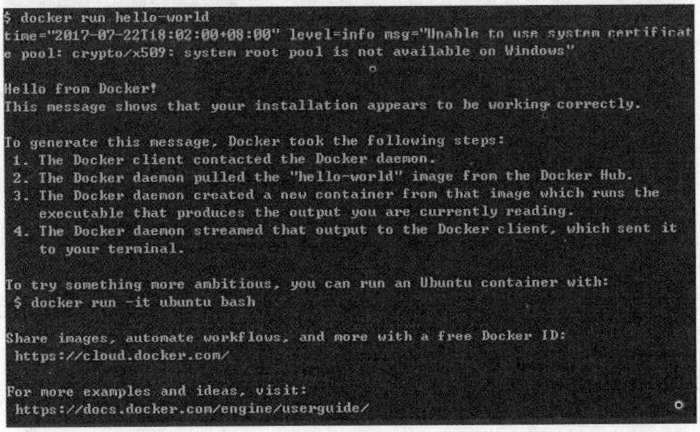

图 1-30　Windows 下启动 Docker 成功界面

3. Mac OS 安装 Docker

在 Mac OS 下安装 Docker CE 具体的系统需求如下。

❑ 2010 年之后发行的 Mac。

❑ 硬件支持 Intel 的 MMU 虚拟化技术。

❑ OS X 的版本为 El Capitan 10.11 或更高。

❑ 最少 4GB 内存。

❑ 不能安装 4.3.30 之前版本的 VirtualBox。

具体的安装步骤如下。

（1）下载安装包 https://download.docker.com/mac/stable/Docker.dmg。

（2）双击安装包。

（3）把鲸鱼图标拖放到 Applications 目录。

（4）双击 Applications 目录中的 Docker.app。

（5）为安装向导进行授权并完成安装。

（6）检查鲸鱼图标是否在头部状态栏出现。

（7）打开一个终端运行 docker run hello-world 命令。

（8）出现如下界面表示安装成功，如图 1-31 所示。

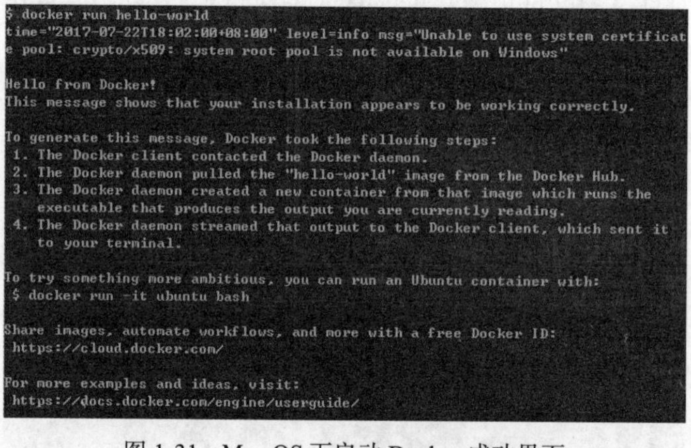

图 1-31　Mac OS 下启动 Docker 成功界面

4. Docker Toolbox

如果系统是 Windows 或 Mac，但硬件配置却没有满足要求，还可以通过 Docker Toolbox 来安装 Docker 环境。Docker Toolbox 是一组 Docker 工具的集合，是专门为那些硬件条件不够的老系统搭建 Docker 环境而提供的一个折中方案。

Docker Toolbox 安装包主要包括：docker、docker-compose、docker-machine、Docker GUI 和 virtualBox。

Docker for Windows、Docker for Mac 都是直接运行在硬件的虚拟化技术之上。而 Docker Toolbox 则是让 Docker 运行在一个 Linux 的 VM 之上，每次运行 Docker 之前都会先运行该 VM，然后在这个虚拟机之上运行 Docker 容器。

在 Windows 下安装 Docker Toolbox 可以参考页面：https://docs.docker.com/toolbox/toolbox_install_windows/。

在 Mac 下安装 Docker Toolbox 可以参考页面：https://docs.docker.com/toolbox/toolbox_install_mac/。

1.7.2　Selenium Docker 镜像下载

在完成 Docker 环境的搭建之后，想要运行 Docker 还需要下载对应的 Docker 镜像。Docker 镜像在 Docker 上运行之后，就会生成一个 Docker 容器，这个容器就是可以提供独立服务的载体。

Selenium Docker 项目有多个镜像文件，进入到它的 Github 项目页面，就可以看到这些具体的 Docker 镜像。访问 https://github.com/SeleniumHQ/docker-selenium，其包含的镜像文件及说明如下。

❏ selenium/base：包含 Java 运行时环境和 Selenium JAR 包，其他镜像的基础镜像。

❏ selenium/hub：Selenium Grid Hub 镜像。

❏ selenium/node-base：所有 Selenium Grid Node 的基础镜像，包含一个虚拟的桌面环境和 VNC 服务。

❏ selenium/node-chrome：Chrome 类型的 Selenium node，用于连接 Grid Hub。

❏ selenium/node-firefox：Firefox 类型的 Selenium node，用于连接 Grid Hub。

❏ selenium/node-phantomjs：PhantomJS 类型的 Selenium node，用于连接 Grid Hub。

❏ selenium/standalone-chrome：独立的 Selenium Chrome 测试环境。

❏ selenium/standalone-firefox：独立的 Selenium Firefox 测试环境。

❏ selenium/standalone-chrome-debug：独立的带调试功能的 Selenium Chrome 测试环境。

❏ selenium/standalone-firefox-debug：独立的带调试功能的 Selenium Firefox 测试环境。

❏ selenium/node-chrome-debug：带调试功能的 Chrome 类型的 Selenium node。

❏ selenium/node-firefox-debug：带调试功能的 Firefox 类型的 Selenium node。

从这个列表中可以知道，Selenium Docker 项目不仅提供了 Selenium Server 的 Docker 服务；还提供了 Selenium Grid 的 Docker 服务。其可以支持的浏览器包括 Chrome、Firefox、PhantomJS，其中，PhantomJS 不支持独立的版本。只有 Chrome 和 Firefox 支持带 Debug 的版本，该版本可以查看测试过程中的实际页面运行效果。

了解了 Selenium Docker 提供的服务之后，就可以根据自己的需求来下载对应的镜像。这里介绍下如何下载一个镜像文件。具体步骤如下。

步骤 1　在下载镜像之前，其实还可以通过关键字来搜索镜像文件。命令如下。

```
docker search selenium
```

 36 ≫ Python Web 自动化测试设计与实现

步骤 2 在确定有搜索结果之后，就可以开始下载具体的镜像了。下载独立的 Firefox 环境镜像的命令如下。

```
docker pull selenium/standalone-firefox
```

步骤 3 在镜像下载完成之后，使用如下命令查看本地已下载的镜像。

```
docker images
```

步骤 4 运行 Selenium 的镜像文件。

```
docker run -it -p 4444:4444 selenium/standalone-firefox
```

步骤 5 查看启动后的效果如图 1-32 所示。

图 1-32 Docker 下启动 Selenium

上面的步骤介绍的是下载独立 Firefox 环境的镜像，下载其他镜像的步骤也是相同的。只有使用 Selenium Grid 时，在启动镜像的命令上有一些区别。启动一个 Hub 和一个 Chromenode 的命令如下。

```
docker run -d -p 4444:4444 --name selenium-hub selenium/hub
docker run -d --link selenium-hub:hub selenium/node-chrome
```

1.7.3 Docker 下运行 Selenium 脚本

Docker 服务提供的 Selenium 环境都是远程环境，所以运行在 Selenium Docker 之上的测试脚本必须基于 remote WebDriver 而开发。以连接 Selenium Firefox 服务为例的样例代码如下。

```
# -*- coding:utf-8 -*-
from selenium.webdriver.remote import webdriver
from selenium.webdriver.common.\
            desired_capabilities import DesiredCapabilities

u''' 打开百度首页，输入 Selenium 进行搜索 '''
driver = webdriver.WebDriver(
    command_executor="http://192.168.99.100:4444/wd/hub",
    desired_capabilities=DesiredCapabilities.FIREFOX
)
driver.get("http://www.baidu.com")
assert(u" 百度 " in driver.title)
driver.find_element_by_id("kw").send_keys("selenium")
driver.find_element_by_id("su").click()
assert(u"selenium_ 百度搜索 " in driver.title)
driver.close()
driver.quit()
```

同连接真实环境一样，远程的服务地址既可以是 Selenium Server，也可以是 Selenium Hub。与真实环境不同的是，代码中的远程服务地址与 Docker 环境的不同。获取方式分为两种情况，具体如下。

1. 原生的 Docker 环境

所谓原生的 Docker 环境，是指按照 1.7.1 节中前三种方式安装的 Docker 环境。在这种情况下宿主机本身的 IP 地址就是 Selenium 的连接 IP 地址。

2. Toolbox 的 Docker 环境

如果安装的是 Toolbox 的 Docker 环境，则可以从 Docker 终端的启动信息中获取 Selenium 的连接 IP 地址，如图 1-33 中标红的 192.168.99.100。

图 1-33　Docker 中 Selenium 连接 HOST

注意　虽然 Selenium Docker 是 Selenium 官方开源的项目，但根据目前使用的情况以及 Github 上问题反馈的频率来看，Selenium Docker 项目还未到非常稳定的版本，可以作为实验和小范围试用。

1.8　Selenium 3 说明

在本书的写作和编辑过程中，Selenium 也在不停地发展和更新。从本书开始写作时的 Selenium 2 的 2.53.1 版本，到本书审核编辑时的 Selenium 3 的 3.1.1 版本。虽然在大版本上有所更新，但主要的更新还是集中在后台和底层方面。所以基于 Selenium 2 版本的测试脚本，基本上无须修改就可以直接兼容 Selenium 3 的版本。

本小节主要介绍 Selenium 3 相对于 Selenium 2 有了哪些更新，以便于读者根据自己的需求来选择使用哪个版本。

1.8.1　不再支持 Selenium RC

Selenium RC 是 Selenium 1 的产物，在 Selenium 2 的时候为了兼容一部分 Selenium 1 的项目，因此把 Selenium RC 集成到了 Selenium Server 中了，统一发布为 Selenium-standalone 包。而从 Selenium 3 开始将完全摒弃对 Selenium RC 的支持。

1.8.2　仅支持 JDK 1.8.0 以上版本

Selenium 3 开始需要 Java 支持的功能，都统一需要 JDK1 8.0 以上版本的支持。比如 Java 版本的 Selenium 脚本；或者 Python 版本脚本需要用到的 Selenium Server。

1.8.3　Selenium IDE 支持 Chrome 插件

在 Selenium 2 的时候，Selenium IDE 还只能支持 FireFox 插件，如今 Selenium 3 的 IDE 已经同时支持 Firefox 和 Chrome 插件了。下载地址分别如下。

Firefox 插件下载地址如下。

```
https://chrome.google.com/webstore/detail/selenium-ide/mooikfkahbdckldjjndioack
balphokd
```

Chrome 插件下载地址如下。

```
https://addons.mozilla.org/en-US/firefox/addon/selenium-ide/
```

1.8.4　FireFox 需要安装独立驱动

Selenium 2 的时候，Firefox 浏览器的驱动由 WebDriver 项目组开发，并且随各语言 Clent 的基础包同时发布，所以不需要额外安装就可以直接使用。而 Selenium 3 开始对于版本在 Firefox 47 及以上的浏览器，必须要安装 geckodriver 驱动才能正常运行。

geckodriver 驱动的下载和使用步骤如下。

（1）从 https://github.com/mozilla/geckodriver/releases 下载对应的驱动版本。

（2）把二进制文件解压到 Firefox 的安装目录。

（3）把 Firefox 的安装目录添加到系统环境变量。

（4）执行如下代码测试驱动安装。

```
import time
from selenium import webdriver


driver = webdriver.Firefox()
driver.get("http://www.baidu.com")

driver.find_element_by_id("kw").clear()
driver.find_element_by_id("kw").send_keys("Python")
driver.find_element_by_id("su").click()
time.sleep(5)
driver.quit()
```

（5）代码执行无错误表示驱动安装成功。

注意　geckodriver 驱动的不同版本对 Selenium 和 Firefox 都有版本要求。在下载驱动之前先确定待测试的 Firefox 版本，并升级相应的 Selenium 版本。而对于 Firefox 46 及以下的版本，则需要使用 Selenium 2 来支持测试。

1.8.5　仅支持 IE 9.0 以上版本

Selenium 3 对 IE 浏览器也进行了规定，仅对 IE 9 及以上的版本进行支持。对于需要测试低版本的 IE，则需要使用 Selenium 2 环境来支持覆盖。

1.8.6　支持微软的 Edge 浏览器

除了对 IE 的支持之外，Selenium 3 也开始支持微软的 Edge 浏览器。Edge 驱动的下载地址如下。

https://developer.microsoft.com/en-us/microsoft-edge/tools/webdriver/

需要注意的是，Edge 浏览器只有 Windows 10 才有，所以安装 Edge 驱动的前提是操作系统为 Windows 10。

1.8.7　支持官方的 SafariDriver

Selenium 2 的时候也有 SafariDriver，但并不是 Apple 团队开发的。Selenium 3 开始 Safari 官方推出了自己的 SafariDriver，相信在稳定性和兼容性上会有不少的提升。其下载地址如下。

```
http://selenium-release.storage.googleapis.com/2.48/SafariDriver.safariextz
```

另外，Selenium 3 也开始支持 Mac 系统。自此 Selenium 的兼容性将横跨 Windows、Linux、Mac 三大操作系统平台。

总体而言，Selenium 3 的升级有太多的结构上的变化，更多的是在底层支持上有所扩展的变化。读者在选择 Selenium 版本的时候，则需要根据自己的需求来确定。因为 Selenium 2 和 Selenium 3 在浏览器的支持上有所区别，针对老版本浏览器可能还是需要 Selenium 2 才能支持，而如果没有硬性要求则可以直接使用 Selenium 3。

第 2 章
Python 编程基础
CHAPTER
02

本书内容主要面向已有一定 Python 基础，并考虑在 Web 自动化领域深耕和发展的读者。但考虑到会有一部分读者可能之前并没有接触或使用过 Python，本章内容主要是为那些没有 Python 基础的读者编写的，以使得这部分读者在学习完本章内容之后，也能完全掌握和理解本书中所使用的 Python 技术和代码。

2.1 基础语法

2.1.1 Python 语句执行

Python 是一种脚本语言，它的代码需要在专门的解释器环境下运行，并且 Python 提供了两种运行方式：一种是在交互式解释器环境下运行语句，另一种是使用 Python 脚本运行语句。

进入 Python 的交互式解释器环境非常简单，直接在命令行中输入 python，然后按回车键即可，如图 2-1 所示。

```
C:\Users\macy>python
Python 2.7.13 (v2.7.13:a06454b1afa1, Dec 17 2016, 20:42:59) [MSC v.1500 32 bit (Intel)] on win32
Type "help", "copyright", "credits" or "license" for more information.
>>>
```

图 2-1　Python 解释器命令行

在进入 Python 的交互式环境之后，就可以输入并执行 Python 语句了。例如，著名的"Hello World"语句在 Python 中的语法格式如下。

```
print "Hello World"
```

执行效果如图 2-2 所示。

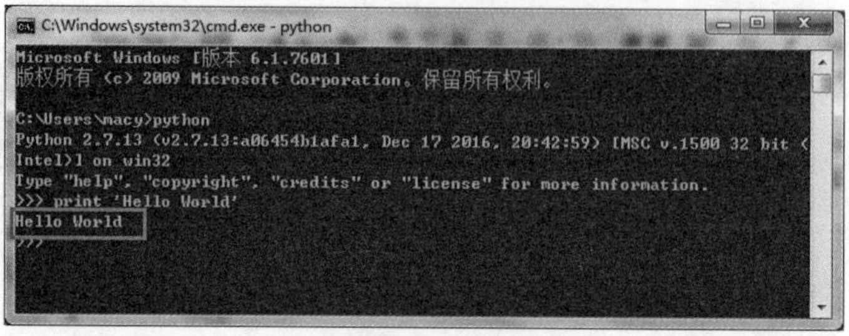

图 2-2　Python 执行语句

如果希望使用 Python 脚本的方式来执行语句，那么需要先新建一个空白的文档，并输入下面的代码。

```
print "Hello, Python!"
```

最后将文档保存为以 .py 结尾的 Python 脚本文件，如 test.py。之后就可以执行这个 Python 脚本，在命令行输入如下命令即可。

```
python test.py
```

运行效果如图 2-3 所示。

图 2-3　Python 脚本执行

注意　执行上述代码时，请确保 Python 已经安装完成，并已配置好环境变量。在执行脚本文件的时候，需要先进入 Python 脚本文件所在的目录。

2.1.2　Python 语法格式

Python 的语法格式比较简单，它不像 C、C++、Java 那样使用 {} 来标识代码块。Python

直接使用缩进作为代码块标识，缩进的方式可以是两个空格、4 个空格、一个 Tab 等。通常推荐的是以 4 个空格来作为一个缩进。如果习惯使用 Tab 来缩进的话，那么可以设置 IDE 的 1 个 Tab 代表 4 个空格。

值得注意的是，并不是所有的 Python 缩进都会被视为代码块。只有那些以冒号结尾的语句之后的缩进才被认为是代码块。一个典型的 Python 脚本语法如下所示。

```
#Python 语法演示
if True:                        # 以冒号结尾的语句
    print "True"
else:
    print "False"
```

从上述代码中可以发现，Python 的控制语句是不需要包含在 () 之中的，这也是与 Java 等编译型语言不一样的地方。

在 Python 的语法中使用"#"开头的内容来表示注释。如果是多行注释，则可以直接使用三个引号来表示，代码如下。

```
'''Python
         多行
         注释
'''
print "Hello Python!"
```

在 Python 中一条语句默认以新的换行来表示结束。除此之外，还可以以分号来显式地表示结束。更可以通过"\"作为续行符来跨行表示一条语句。示例如下。

```
a = 1                          # 默认以换行结束语句
b =2; c=3;                     # 以分号显式结束语句
d = a + \                      # 使用续行符跨行显示一条语句
b + \
c
```

最后，Python 标识符是由字母、数字、下画线组成。所有标识符可以包括英文、数字以及下画线（_），但不能以数字开头。典型的示例如下。

```
## 正确的示例
abc123_ = 'right'
ABC_123 = 'right'
_foo = 'foo'
__foo = 'foo2'
__init__ = '__init__'
## 错误的示例
123abc_ = 'wrong'
```

其中，以下画线开头的标识符是有特殊意义的。以单下画线开头（如 _foo）的代表不能直接访问的类属性，需通过类提供的接口进行访问，不能用 from xxx import * 而导入；以双下画线开头的（如 __foo）代表类的私有成员；以双下画线开头和结尾的（如 __foo__）代表 Python 里特殊方法专用的标识，如 __init__() 代表类的构造函数。

注意 Python 中的标识符是区分大小写的。大小写不同的标识符表示的是不同的内容。

2.1.3 Python 变量与类型

变量是计算机语言中不可缺少的一个名词，它属于标识符的一种。正如在数学中变量可以代表任意数字一样，在 Python 中变量可以用来代表任意类型的对象。每当我们给一个变量赋值的时候，这个变量就代表了这个特定的对象。变量创建和赋值语句如下。

```
a = 1
b = 'abc'
```

在 Python 中创建变量不需要像 Java 等语言那样，先申明一个变量并指定变量类型。因为 Python 中变量本身是无类型区分的，所以可以直接创建并赋以任意类型的值。另外，Python 中所有的数据类型都是基于 Object 对象的，从这个角度也可以理解 Python 的变量可以进行任意类型赋值，因为本质上变量指向的都是一个对象。

Python 中的变量不区分类型，但变量所赋予的数据却是有类型区分的。Python 常见的数据类型如下。

❑ 字符串（str）。
❑ 整型（int）。
❑ 长整型（long）。
❑ 浮点型（float）。
❑ 布尔型（boolean）。
❑ 空值（None）。

1. 字符串

字符串是由数字、字母、符号等组成的一串用引号括起来的内容。其常见的内容形式如下。

```
'hello world'
"i am 5 years old"
'''my name is jack'''
"""i am string"""
```

上面的几种形式都是正常的字符串，因为在 Python 中规定了单引号、双引号和三引号都是可以用来定义字符串的。还可以把字符串赋值给变量，代码如下。

```
a = ' i am 5 years old '
print a
```

在 Python 解释器环境中执行上述两条语句，最终的命令行会输出，如图 2-4 所示。

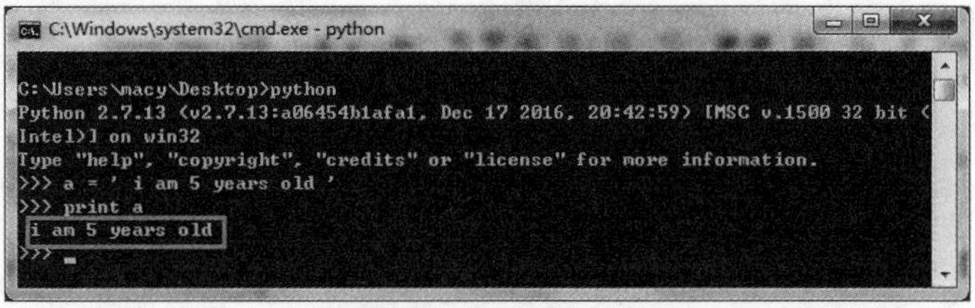

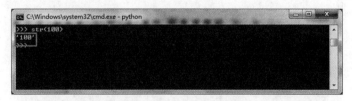

图 2-4　Python 变量打印

2. 整型

整型就是数学中的整数类型，包括正整数、负整数和零，如 1、100、0、–20 等。Python 中整型所能支持的范围与计算机的位数有关。例如，32 位的机器其整数范围在 $-2^{31} \sim 2^{31}-1$ 次，即 –2 147 483 648 到 2 147 483 647 之间。

与字符串一样，整型也可以赋值给变量。方式如下。

```
n = -1
m = 100
k = 0
```

此外，整型和字符串之间还可以进行类型转换。所有的整型都可以转换成字符串类型，我们所要做的就是调用一下 str 函数。在解释器环境下输入如下命令。

```
str(100)
```

执行后将得到一个字符串的内容，如图 2-5 所示。

图 2-5　Python 类型转换

3. 长整型

长整型就是比整型更大更长的整型，即超出整型范围的整型数字都属于长整型。例如，32 位机器下的 2 147 483 648、–2 147 483 649。在 Python 中定义长整型有两种方式：一种是显式的定义，另一种是隐式的定义。具体如下所示。

```
n = 100L                          # 显式地以 L 结尾，推荐定义方式
k = 1l                            # 显式地以小写 l 结尾
m = 2147483648                    # 数字直接超出普通整型范围
```

上面定义的三个变量内容所属的类型都是长整型。有些读者可能会想到以大小写 L 结尾的显式定义，可以很方便地知道是长整型，而以隐式方式定义的数字怎么快速地确定它的类型呢？答案是使用 type 函数来查看变量值的类型，使用方式如下。

```
i = 2147483647
type(i)                           #int
j = 2147483648
type(j)                           #long
h = 1L
type(h)                           #long
```

解释器环境下执行上述命令后的效果如图 2-6 所示。

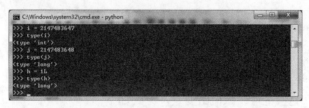

图 2-6　Python 变量类型查看 1

4. 浮点型

浮点型对应的是数学中的小数，例如，1.23、3.1415、–20.37。除了常规的小数表示法之外，在 Python 中还可以使用科学计数法来表示浮点数。例如，1.23 也可以表示为 12.3 乘以 10^{-1}，具体表示为 12.3e–1。浮点型的数值赋值方式如下。

```
f = 1.23
type(f)
f1 = 12.3e-1
type(f1)
f2 = 1.0
type(f2)
```

上述语句在解释器环境执行的效果如图 2-7 所示。

图 2-7　Python 变量类型查看 2

5. 布尔型

布尔型数据在程序中只有两个值，即真和非真。在 Python 中使用 True 表示真，False 表示非真。布尔值可以通过直接赋值的方式获得，如下所示。

```
a = True
b = False
```

或者是通过布尔运算获得布尔数值，如下所示。

```
a = 3 > 2                    ##True
b = True and False           ##False
c = True or False            ##True
d = not True                 ##False
```

布尔数值通常会在条件判断中使用。在 2.2 节的控制语句中，将介绍如何使用布尔值进行条件判断。

提示　虽然布尔值只有 True 和 False，但在条件判断表达式中其他类型的数据也有布尔值的等效作用。例如，字符串中的空串、整型中的 0 对应的布尔值为 False，其他数值都对应 True。

---

6. 空值

空值在 Python 中是指没有任何内容的值，它既不是 0 也不是空串，可以直接理解为空。在 Python 中使用 None 来表示，它在条件判断表达式中与 False 有等效的值。空值通常只能通过赋值来获得。方式如下。

```
a = None
```

2.1.4　Python 运算符与表达式

运算符指的是可以对操作数进行运算的操作符。例如，2+3 中的 + 就是运算符，而 2 和 3 就是操作数。在 Python 中像这样的运算符有很多，并且可以分为不同的类。主要的运算符分类如下所示。

❑ 算术运算符。

❑ 比较运算符。

❑ 逻辑运算符。

❑ 位运算符。

❑ 赋值运算符。

❑ 成员运算符。

❑ 身份运算符。

1. 算术运算符

算术运算符是指可以进行算术运算的操作符。Python 中算术运算符有如下几种。

❑ +：加运算符用于两个数相加。如：1+2，结果为 3。

❑ −：减运算符用于得到负数或是一个数减去另一个数。如：−10 表示负数，5-3，结果为 2。

❑ *：乘运算符用于两个数相乘。如：2*3，结果为 6。

❑ /：除运算符用于一个数除以另一个数。如：5/2，结果为 2，5.0/2，结果为 2.5。

❑ //：取整除运算符用法与 "/" 运算符作用相同，但它只会返回商数中的整数部分。如：5.0/2，结果为 2.0。

❑ %：取模运算符用于返回除法余数。如：5%3，结果为 2。

❑ **：幂运算符用于求数的次方。如：2**3 表示 2 的 3 次方，结果为 8。

在上面所列的运算符中，只有 / 和 // 运算符需要注意。/ 运算符在整数除以整数的情况下结果也会是整数，想要得到小数部分的数据，则要替换其中任意一个整数为对应的浮点型，如下所示。

```
5 / 2 = 2
5.0 / 2 = 2.5
5 / 2.0 = 2.5
5.0 / 2.0 = 2.5
```

// 运算符也被叫作地板除运算符，它永远只会返回商数中的整数部分，效果如下。

```
2 // 4 = 0
4 // 2 = 2
5 // 2 = 2
5 // 2.0 = 2.0
5.0 // 2 = 2.0
```

2. 比较运算符

比较运算符主要用于对操作数进行比较。Python 中比较运算符有如下几种。

❑ >：检查左边操作数是否大于右边操作数。如：3 > 2，结果为 True。

❑ <：检查左边操作数是否小于右边操作数。如：3 < 2，结果为 False。

❑ ==：检查左边操作数是否等于右边操作数。如：2 == 2，结果为 True。

❑ >=：检查左边操作数是否大于或者等于右边操作数。如：2 >= 2，结果为 True。

❑ <=：检查左边操作数是否小于或者等于右边操作数。如：2 <= 2，结果为 True。

❑ !=：检查左边操作数是否不等于右边操作数。如：2 != 2，结果为 False。

经过比较运算符操作后得到的结果为布尔型。即其运算结果只有 True 和 False 这两种，当比较条件满足运算符时结果为 True，否则为 False。

3. 逻辑运算符

逻辑运算符主要用来做逻辑运算，即对真和假做逻辑运算。运算符有如下几类。

❏ and：逻辑与运算符。该运算符两边操作数全为真时结果为真，否则结果为假。例如，True and True 为 True，True and False 为 False。

❏ or：逻辑或运算符。该运算符两边操作数全为假时结果为假，否则结果为真。例如，False or False 为 False，True or False 为 True。

❏ not：逻辑非运算符。该运算符对操作数进行取反操作。例如，not True 为 False，not False 为 True。

提示 在 Python 中有一个惰性计算的概念，其中的一种支持方式就是逻辑或运算符。具体而言就是在使用 or 运算符时，如果其左侧的操作数为 True 则会直接返回结果，不再对其右侧操作数进行检查。因为在该条件下不论右侧是否为 True，返回的结果都将为 True，所以右侧的检测可以省略掉。

---

4. 位运算符

位运算符用于对操作数进行二进制按位运算。在计算中任何的数最终都会以二进制的方式表示，而我们通常所用到的十进制数也一样可以用二进制表示。例如，十进制中的 12 对应二进制的 1100，十进制的 20 对应二进制中的 10100。那么当我们使用位运算符对 12 和 20 进行位运算时，实际上就是对 1100 和 10100 进行位运算。位运算有如下几类。

❏ &：按位与运算符。对操作数的对应位进行与运算。

❏ |：按位或运算符。对操作数的对应位进行或运算。

❏ ^：按位异或运算符。对操作数的对应位进行异或运算，即对应位的数相异则为真，否则为假。

❏ ~：按位取反运算符。对操作数的每一位依次进行取反。

❏ <<：左移运算符。把操作数的所有位向左移动指定位数。

❏ >>：右移运算符。把操作数的所有位向右移动指定位数。

位运算符运算样例结果如下。

```
x = 01100    #12
y = 10100    #20
x & y      #=> 00100     # 按位与
x | y      #=> 11100     # 按位或
x ^ y      #=> 11000     # 按位异或
~x         #=> 10011     # 按位取反
X<<2       #=> 110000    # 按位左移
y>>2       #=> 00101     # 按位右移
```

5. 赋值运算符

赋值运算符主要用于把表达式的运算结果或数值赋值为变量。Python 中支持的赋值运算符如下。

❑ =：最基本的赋值运算符。如：a = 4，表示把 4 赋值为 a 变量，那么 a 的值就是 4。

❑ +=：加法运算符。a += b 等价于 a = a + b。

❑ −=：减法运算符。a −= b 等价于 a = a − b。

❑ *=：乘法运算符。a *= b 等价于 a = a * b。

❑ /=：除法运算符。a /= b 等价于 a = a / b。

❑ //=：地板除运算符。a //= b 等价于 a = a // b。

❑ %=：取余运算符。a %= b 等价于 a = a % b。

❑ **=：幂运算符。a **= b 等价于 a = a ** b。

6. 成员运算符

成员运算符用于测试集合对象中是否包括特定的成员。支持该运算符的集合包括：字符串、元组、列表、字典、集合（set）等。成员运算符分类如下。

❑ in：判断成员是否存在于集合中。

❑ not in：判断成员是否不存在于集合中。

成员运算符的使用样例如下。

```
a = [1, 2, 3, 4]
1 in a                    #=> True
5 in a                    #=> False
5 not in a                #=> True
```

7. 身份运算符

身份运算符用于比较两个对象是否为相同的存储单元。所谓的相同存储单元即同一个内存存储地址。如果用身份运算符确认了存储单元相同，则比较的两个对象即为同一个对象。身份运算符的种类如下。

❑ is：判断两个对象是否引用自同一个地址。

❑ is not：判断两个对象是否出自不同的地址。

身份运算符的使用样例如下。

```
x = 10
y = x
z = x + 1
x is y                    #=>True
x is z                    #=>False
x is not z                #=>True
```

8. 运算符优先级

前面已经学习了 Python 中的运算符成员。它们不仅分门别类还可以同时使用出现在表达式中，而当它们同时使用时就会有优先级顺序的问题。同其他语言一样，在 Python 中不同运算符之间也会有不同的优先级顺序。具体的顺序由高到低排列如下。

❑ **：幂运算符。

❑ ~：按位取反运算符。

❑ *、/、%、//：高阶算术运算符。

❑ +、-：算术运算符。

❑ >>、<<：位移运算符。

❑ &：逻辑与运算符。

❑ ^、|：逻辑或、异或运算符。

❑ <=、< >、>=：比较运算符。

❑ ==、!=：比较运算符。

❑ =、%=、/=、//=、+=、-=、*=、**=：赋值运算符。

❑ is：身份运算符。

❑ in：成员运算符。

❑ and、or、not：逻辑运算符。

上面的运算符中，相同优先级的运算符其优先级顺序按照从左至右先出现先运算的原则。例如，+ 和 - 的优先级相同，则先在左侧出现的优先级更高。

```
x = 1 + 2 - 3                    #+ 优先级高
x = 1 - 2 + 3                    #- 优先级高
```

除了上面所列出的默认优先级之外，如果想提升某些运算符的优先级，可以使用 () 来实现。例如，* 的优先级高于 + 的优先级，正常结果如下。

```
x = 2 + 3 * 5                    #=> 17
```

如果提升了 + 运算符的优先级，则结果会不一样，如下所示。

```
x = (2 + 3) * 5                  #=> 25
```

9. 表达式

所谓的表达式就是指使用各种运算符和操作数组成的算术式。最常见的表达式形式如下。

```
a = 2                           # 赋值表达式
b = c = 3                       # 连续赋值表达式
a += 1
d = b + c                       # 数字 + 赋值表达式
```

```
e = a and b                      # 逻辑 + 赋值表达式
f = b > c                        # 比较 + 赋值表达式
g = a + b > (c + d) * 3 or e     # 混合表达式
```

与其他语言不同的是，Python 中除了可以支持上面列出的普通表达式之外，还支持具有特定功能的表达式，它们分别如下。

❑ []：列表解析表达式。

❑ ()：生成器表达式。

❑ lambda：Lambda 表达式。

这些表达式具有一些不一样的功能，由于部分知识点还没有讲到，将会在后面的章节中一一介绍。

2.2 控制语句

到目前为止已经学习了 Python 的一些基础语法，可以对变量进行赋值，对数据进行比较等。但只有这些还不够，还要对程序流程进行控制，并确定在不同条件下执行不同的程序代码。本节学习 Python 中的控制语句，主要有如下几类控制语句。

❑ 条件判断控制语句，如 if-else。

❑ 循环控制语句，如 for、while。

❑ 跳出循环控制语句，如 continue、break。

❑ 空语句，如 pass。

2.2.1 if-else 语句

if-else 属于条件判断控制语句，可以通过该控制语句来判断表达式是否成立，并且可以对不同的结果进行分支处理。if-else 语句的使用格式如下。

```
if express:
    statement to execute
else:
    other statement to execute
```

上面的使用方式只是其中的一种，还可以只使用 if 语句，也可以使用多个 if 判断语句。具体相关示例如下。

```
if True:
    print 'ok'

score = 80
```

```
if score > 85:
    print 'great'
elif score > 75:                        ##match this condition
    print 'well'                        ##print this statement
elif score > 60:
    print 'ok'
else:
    print 'fighting'
```

2.2.2　for 语句

for 语句属于循环控制语句，可以用来控制循环遍历。例如，重复做一些相同或关联操作。for 语句的使用格式如下。

```
for item in collection:
    statement to execute
```

for 循环最常使用的一个场景就是遍历集合。例如，对字符串进行遍历的操作如下。

```
s = 'abc'
for ch in s:
    print ch
```

上面代码执行的结果如下。

```
a
b
c
```

除了遍历字符串之外，还可以遍历列表、元组等。比较特殊的是，Python 中无法直接遍历数字。要想遍历数字，需要先生成一个数字的列表，然后再遍历该列表。遍历数字的代码如下。

```
num = [1, 2, 3]
for i in num:
    print i
```

上述代码执行后的结果如下。

```
1
2
3
```

2.2.3　while 语句

while 语句也属于循环控制语句，它的作用与 for 循环基本一致，只是在使用方式上有所区别。while 语句的使用格式如下。

```
while express:
    statement to execute
```

while 属于单一条件判断的循环，它不会去遍历集合的内容。while 最常见的一种使用方式如下。

```
n = 1
while n < 5:
    print n
```

上述代码执行后的结果如下。

```
1
2
3
4
```

2.2.4　continue 语句

continue 属于循环退出语句，即它只能在 for 或 while 循环中使用，其作用就是退出本次循环直接进入下次循环。例如，在遍历字符串时，打印其中所有的字母 o，则其实现可以如下。

```
for ch in 'Hello Python':
    if ch != 'o':
        continue                      # 跳出本次循环
    print ch
```

上述代码中，在 for 循环体内先判断本次循环的字母是否为 o，如果不是则跳出本次循环而不再执行后面的语句，如果是则会继续执行后面的 print 语句。其执行结果如下。

```
o
o
```

2.2.5　break 语句

break 语句也是循环退出语句，它也只能在 for、while 循环体内使用。而与 continue 不同的是，break 语句会跳出当前所在的整个循环，直接执行当前循环之外的代码。同样的代码如果把 continue 替换为 break 其效果会截然不同。修改后的代码如下。

```
for ch in 'Hello Python':
    if ch != 'o':
        break                         # 跳出整个循环
    print ch
```

上述代码执行后不会输出任何内容，因为当第一次循环判断条件不满足时，就直接退出了整个循环，而不再继续遍历剩余的内容了。

2.2.6　pass 语句

pass 语句是 Python 独有的语句，它的作用就是占用一个代码行使语法生效，而实际上
pass 语句不会做任何的事情。那么它在哪些场景可以用到呢？使用示例如下。

```
def foo():
    pass                       ## 定义一个空函数

try:
    0 / 1
except:
    pass                       ## 对捕获的异常不做任何处理
```

上述两个使用场景中，虽然 pass 语句没有做任何事情，但却是不可少的语句。因为一旦
少了 pass 句就会在语法上有错误，pass 语句就是为了语法有效而填充一个空白行。而其实这
里的 pass 语句也可以使用 print 等其他无实质逻辑影响的语句替代。

2.3　模块化

有了控制语句之后就可以写出复杂功能的程序，但如果想要代码整洁有序、易读易改，
那么就需要有模块化的支持。在 Python 中可以支持模块化的方式有以下三种。

❑ 函数。
❑ 类。
❑ 模块文件。

2.3.1　函数

函数是所有语言都支持的模块化功能，可以把一段常用的代码存放到函数模块中，在之
后需要用到的地方，只需直接调用该函数即可，而无须重新编写一份相同的代码。

1. 函数定义

在 Python 中一个最简单的函数定义如下。

```
def foo():
    pass
```

上述代码中，def 是定义函数的关键字，foo 为函数的名字，而函数体内容默认为空，即
这是一个空函数。或者也可以定义一个只有一条打印语句的函数，内容如下。

```
def foo():
    print "hello python"
```

其调用方式如下。

```
foo()                       #=> hello python
```

2. 位置参数

上面的函数只是一个固定功能的函数，它永远只打印相同的内容。如果希望拥有一个可以打印不同内容的函数，就需要定义一个带参数的函数，内容如下。

```
def foo(s):
    print s
```

这样就可以在调用该函数时传入不同的内容，那么函数在执行时就会打印不同的内容。其调用效果如下。

```
foo("hello")                #=> hello
foo("python")               #=> python
```

或者希望创建一个具有通用逻辑的函数，那么就可以创建带参数的函数。例如，下面的加法函数。

```
def add(x, y):
    return x + y
```

该函数提供了一个通用的加法器功能，只要输入两个数值，那么它会返回这两个数值的相加之和。其调用方式如下。

```
add(1, 2)                   #=> 3
add(3, 7)                   #=> 10
add(10, 1.5)                #=> 11.5
```

上面的函数在传入不同的参数情况下，会返回对应的相加之和，而程序中有用到加法的地方都可以调用该函数。

这种定义方式的函数参数叫位置参数。即在调用函数时传入的参数与函数在接收参数时位置是保持一致的。例如，add(1, 2)调用函数时，其函数参数值分别为x=1，y=2，而add(2, 1)调用函数时，其函数参数值分别为x=2，y=1。

3. 关键字参数

Python 中还有一种函数参数叫作关键字参数。这种方式定义的函数有以下两个特点。

❑ 函数定义时必须指定默认值。

❑ 函数调用时可以指定参数名。

如下定义了一个使用关键字参数的函数。

```
def sub(x=0, y=0):
    return x - y
```

对于全部使用关键字参数的函数，其实可以不传参数来直接调用，例如：

```
sub()      #=> 0
```

之所以在调用时不需要传参数，是因为函数在定义时使用了默认值。当然更多时候我们都会带上参数来使用它，例如：

```
sub(2, 1)  #=> 1
sub(1, 2)  #=> -1
```

可能读者会发现这里的调用方式与之前的位置参数调用方式是一样的。这是因为关键字参数也支持位置参数的调用方式。作为位置参数调用时只要不指定参数名即可。而作为关键字参数的调用方式如下。

```
sub(x=2, y=1)     #=> 1
sub(y=1, x=2)     #=> 1
sub(x=1, y=2)     #=> -1
sub(y=2, x=1)     #=> -1
```

从返回结果可以知道，函数的参数值在调用时通过参数名被指定了，而不再跟具体的参数位置相关。

4. 动态参数

动态参数是指函数的参数数量是可以动态变化的，也可称为可变长参数。在之前所有的例子中函数的参数都是固定的，所以在调用和接收时也只能使用固定数量的参数。

但在另外的一些场景中我们可能希望函数的参数数量是可变长的，从而方便我们动态地传递参数。例如，有一个求和函数 sum，它可以返回所有输入参数的相加总和；如果我们使用固定参数，那么该函数只能给固定数量的数求和；而如果换成动态参数，那么就可以给任意多的数求和。sum 函数可以定义如下。

```
def sum(*num):
    temp = 0
    for n in num:
        temp += n
    return temp
```

可以看到动态参数定义的特点是：在参数名之前加上一个 * 符号。通过这种形式定义的函数参数 num 是一个数组，它会接收所有的传入参数，所以在函数体中可以直接遍历全部的参数并相加。现在就可以使用不同数量的参数来调用 sum 方法了，如下所示。

```
sum(1)        #=> 1
sum(1, 2)     #=> 3
sum(1, 2, 3)  #=> 6
...
```

上面的动态参数只能动态接收位置参数，而想要动态地接收关键字参数则需要另一种定义形式，具体如下。

```
def foo(**kargv):
    for k, v in kargv.items():
        print k, v
```

会发现动态关键字参数比动态位置参数仅多了一个 * 符号。而为了更直观地观察动态参数的内容，我们在函数体中直接遍历并打印了参数的内容。其调用效果如下。

```
foo(x=1, y=2, z=3)
#=> 'x', 1
#=> 'y', 2
#=> 'z', 3
foo(name='macy', age=23, sex='male')
#=> 'name', 'macy'
#=> 'age', 23
#=> 'sex', 'male'
...
```

另外需要注意的是，位置参数、关键字参数和可变参数都是可以同时存在的。即它们可以混合使用，但在定义时需要有一个严格的顺序。位置类参数最先定义，其次为关键字类参数，之后为动态位置参数，最后为动态关键字参数。

5. 匿名函数

前面介绍的函数在定义时都指定具体的函数名，而如果在定义函数时没有具体的函数名，那么这个函数就是一个匿名函数。在 Python 中定义匿名函数使用的不是 def 关键字，而是 lambda 关键字，严格来说在 Python 中叫作 Lambda 表达式。

一个简单的 Lambda 表达式的定义形式如下。

```
lambda x: x
```

可以看到 lambda 关键字之后没有函数名，而只有一个参数 x，而它的函数体也只有一个 x，当然也可以替换成其他具有特定功能的表达式。该匿名函数的功能等同于如下函数。

```
def foo(x):
    return x
```

如果想定义带多个参数的匿名函数，其具体定义方式如下。

```
lambda x, y: x+y
```

该匿名函数的功能等效于如下函数。

```
def foo(x, y):
    return x + y
```

通常匿名函数都会作为其他函数的传入参数来使用，而如果希望直接调用匿名函数，可以使用如下的方式

```
foo = lambda x: x                    # 赋值给一个变量
foo(1)                               # 调用该变量
(lambda x: x)(1)                     # 使用括弧间接调用
```

最后总结一下匿名函数（Lambda 表达式）的几个特点。

❑ 功能和使用上与普通函数一样。

❑ 没有函数名。

❑ 函数体不能显式地使用 return 语句。

❑ 函数体只能是一个表达式。

2.3.2　类与实例

类是面向对象语言才有的概念。它的主要作用是把一系列相关的方法和属性都封装到一个实例内。从包含关系上来讲，它是函数的超集。通常类都会包含一组数据以及操作这些数据的函数方法。

Python 中一个简单的类可以定义如下。

```
class MyClass():
    def __init__(self):
        pass
```

从上面可以看出定义类的关键字是 class，在其后紧跟的就是类名 MyClass。这个类目前只有一个初始化方法 __init__，它在类实例的过程中会被调用到。上面的类其实什么功能都没有定义，而接下来我们可以定义一些具有特定功能的类。

```
class MyClass():
    def __init__(self, name):
        self.name = name

    def say(self):
        print 'hello ', self.name
```

上面的这个类具有打印欢迎词的功能，其具体的实例方式如下。

```
myObject = MyClass('macy')           # 实例化类
myObject.say()                       # 调用类的对象方法
#=> hello macy
```

从代码中可以发现，类的实例化与函数的调用很相似，类的参数其实就是 __init__ 方法的参数。与函数不同的是，类的实例化永远只返回它的实例对象。通常大部分的类方法都需要通过对象来调用，所以在使用类方法之前，一般都需要先实例一个类的对象。

提示 可以把类看作是一个基础的模型，而实例则是由该类所"铸"出来的产物，称之为对象。在类的定义中使用 self 来表示具体的对象。一个类可以实例出任意多个对象，并且所有对象在初始时都具有相同的功能。

除了通过实例对象来调用方法外，也可以通过类本身来调用方法，主要方式有：静态方法和类方法。要定义静态方法只要在定义方法时添加特定的注解即可，如下所示。

```
class MyClass():
    def __init__(self):
        pass

    @staticmethod
    def say(name):
        print 'hello ', name
```

上述代码中给方法 say 添加了一个 @staticmethod 注解，有了这个注解 Python 解释器就会知道这个方法是静态方法，通过类也可以直接调用。另外会发现 say 方法少了一个 self 参数，因为当通过类调用的时候还没有进行实例化，也就没有 self 参数传给它。静态方法的调用代码如下。

```
MyClass.say('macy')                    #=> hello macy
```

而类方法的定义则与实例方法类似，具体如下。

```
class MyClass():
    def __init__(self):
        pass

    @classmethod
    def say(cls, name):
        print 'hello ', name
```

从上述代码中可以看到，定义类方法时，需要添加 @classmethod 注解，它用来告知 Python 解释器，这是一个类方法。同时 say 方法的第一个参数换成了 cls，它代表 MyClass 类本身。类方法的调用如下。

```
MyClass.say('macy')                    #=> hello macy
```

类除了能把数据和方法封装在一起之外，还有一个特性就是可以支持继承。有了继承的功能之后，类与类之间可以有继承关系，被继承的为父类，继承的为子类。子类可以拥有父类的所有开放数据和方法，而无须再另外编写一份。类继承定义方式如下。

```
class Person():                    # 父类
    def __init__(self, name):
        self.name = name
```

```
    def say(self):
        print 'my name is ', self.name

class Man(person):                          # 子类
    pass
```

上述代码中 Person 为父类，Man 是继承了 Person 的子类。所以即使 Man 的定义中没有实现任何功能，但是它却拥有从 Person 类继承来的属性和方法。Man 的调用结果如下。

```
man = Man('macy')
man.say()  #=> my name is macy
```

当然还可以在子类中添加新的方法，而新方法也只能在子类中被使用；父类不可以访问子类中定义的任何内容。子类中添加新方法的样例如下。

```
class Man(person):
    def say(self, name):                    #=> 覆盖父类方法
        print 'hello ', name

    def sex(self):                          #=> 新的方法
        print 'I am man'
```

上面的代码中给子类添加了两个方法：一个是与父类相同的方法名的方法，它会覆盖父类的方法；另一个是新定义的一个方法。具体的调用效果如下。

```
man = Man('macy')
man.say()  #=> hello macy
man.sex()  #=> I am man
```

2.3.3　模块文件

Python 中模块也是组织封装代码的一种方式。从层次和结构上来看，它是类和函数的超集。一个模块其实就是一个 Python 文件，在模块内可以包含任意的 Python 对象和语句，当然也包括类和函数。

模块的作用相当于把更大粒度的功能代码封装在一起，即提供了代码的组织方式，也提供了代码的流通和公用方式。因为在 Python 中除了可以使用自己定义的模块，还可以安装和使用第三方的功能模块。这样不同人编写的功能模块就可以被相互使用，只要在编写代码的时候引入对应的模块即可。例如，Python 自带的 os 模块的使用方式如下。

```
import os
print os.environ
```

从上述代码中可以看出，引入模块使用的是 import 关键字，其后则是需要导入的具体模块名 os ；之后则打印出 os 模块的 environ 属性内容，该语句会打印出当前机器的系统环境变

量的配置信息。另外还有一种模块的导入方式：

```
from os import environ
print environ
```

这种方式只导入 os 模块的 environ 属性，其执行结果与前面一致。而如果希望给导入的模块／属性添加一个别名的话，则可以使用 as 关键字，使用方式如下。

```
from os import environ as env
print env
```

有了模块之后编写代码就变得更加轻松，很多通用功能都可以直接使用第三方模块，而不需要自己编写。而如果我们没有找到合适的第三方模块时，也可以自己编写一个模块文件。下面就是一个普通的模块文件样例：

```
#!/usr/bin/env python
# -*- coding: utf-8 -*-

def foo():
    print 'I am module test'

if __name__=='__mian__';
    foo()
```

把上述内容保存到名为 foo.py 的文件中，则该文件就是一个 Python 模块文件。而在具体需要使用到该模块时，其使用方法与 sys 模块一样，具体如下。

```
import foo                   # 导入 foo 模块
foo.foo()                    #=> I am module test
```

注意　导入该模块时需要确保 foo.py 文件与当前代码文件处于同一个文件夹中；或者把 foo.py 文件存放到 sys.path 中的任意目录；或者设置 PYTHONPATH 系统环境变量，并把 foo.py 文件存放在任意一个目录中。

2.3.4　包

在模块文件之上，Python 中还有一个包的概念。包在形式上其实是一个文件夹，而与普通文件夹的区别在于，包文件夹中必须包含一个 __init__.py 文件。这个文件的内容可以为空，也可以编写相关代码。

包的概念就是把文件夹模拟成模块文件，所以在使用上与模块基本一致。与模块不同的是包下面不仅可以包含模块，还可以包含子包，子包还可以包含模块和子包。不管包的层次有多少，调用时都必须从上至下一层一层地引用。下面是一个包的示意结构。

```
test.py
package_dir
    |-- __init__.py
    |-- foo.py
```

如果需要在 test.py 文件中调用 foo.py 中的 foo() 函数，那么代码的引入方式如下。

```
import package_dir.foo
foo.foo()
```

2.4　基础数据结构

学习 Python 除了要学习基本的语法之外，还需要学习的就是它的数据结构和内置函数。因为相对于其他语言来说，Python 的数据结构与内置函数拥有更加易用的接口和功能。日常工作中常见的数据操作和功能需求，Python 大部分都已经帮我们实现了，我们所要做的就是直接调用。而这也正是 Python 的设计哲学。

本节先介绍 Python 中的常用数据结构，主要有列表（list）、元组（tuple）、字典（map）、集合（set）。

2.4.1　列表

Python 中的列表类似于 Java 中的动态数组，它可以用来存储一组对象，并且可以动态增加和删除对象元素，通过下标来访问具体的对象。与 Java 动态数组不同的是，Python 的列表中可以同时存储不同类型的对象，还可以通过切片来访问对象元素。

列表的定义有两种方式：一对中括号，list 函数。具体定义方式如下。

```
## 定义空列表
l = []
l2 = list()

l3 = [1, 2, 3]                      # 纯数字的列表
l4 = ['a', 'b', 'c']                # 纯字符串的列表
l5 = [1, 'a', True, None, l4]       # 混合列表
```

列表创建之后可以通过下标、切片等方式来访问具体元素。具体操作如下。

```
l = [1, 2, 3, 4]
# 通过下标访问，下标从 0 开始
l[0]                                # 第一个元素
l[3]                                # 第四个元素
# 通过切片访问，切片符号是冒号：
l[0:]                               #[1, 2, 3, 4]
l[0:3]                              #[1, 2, 3]
```

```
l[:3]                                    #[1, 2, 3]
l[:-1]                                   #[1, 2, 3]
l[:]                                     #[1, 2, 3, 4]
#指定步长的切片访问，第二个冒号后为步长
l[::]                                    #[1, 2, 3, 4]
l[::2]                                   #[1, 3]
```

上述代码中通过下标访问元素的操作与 Java 一样，只要给定需要访问的元素的下标位置即可。而通过切片来访问元素时，则变得非常灵活。具体规则如下。

❑ 切片符号为冒号。

❑ 冒号前为起始切片位置下标，冒号后为结束切片位置下标。

❑ 起始位置下标在切片范围内，结束位置下标不在切片范围内。

❑ 起始位置下标留空表示从第一位开始，结束位置下标留空表示到列表结束。

❑ 下标为负数表示从列表尾部开始计数，–1 为最后一个元素下标，–2 为倒数第二个元素下标，以此类推。

❑ 有两个冒号时，第二个冒号后的数字表示切片的步长，默认为 1。

Python 中列表的修改也非常方便，可以对列表进行的修改操作有：追加元素、更新元素、删除元素。具体的操作代码如下。

```
l = [1, 2, 3, 4]
# 列中追加内容 t
l.append(5)                              #[1, 2, 3, 4, 5]
# 更新列表内容
l[2] = 'b'                               #[1, 2, 'b', 4, 5]
l[3:] = 'c'                              #[1, 2, 'b', 'c']
# 删除列表指定元素
l.pop()                                  #[1, 2, 'b']
del l[0]                                 #[2, 'b']
l.remove(2)                              #['b']
# 列表的连接
l2 = [6, 7]
l.extend(l2)                             #l => ['b', 6, 7]
l3 = [8 ,9]
l2 += l3                                 #l2 => [6, 7, 8, 9]
```

上述代码中基本包含列表数据更新的常见操作方式。append 方法向列表尾部追加一个元素；extend 方法、+ 运算符用于连接两个列表；更新既可以通过下标方式，也可以通过切片方式；pop 方法从列表尾部删除一个元素，del 关键字可以删除指定的元素，remove 方法用于删除指定内容的元素。

2.4.2　元组

元组相当于 Java 中的定长数组，即元组定义之后其内容、长度是不可修改的。而除了内

容不可修改之外，元组的其他操作与列表基本一致，可以认为元组就是不可修改的列表，所以元组的基本操作与列表很相似。

元组的定义方式也有两种：圆括号，tuple 函数。具体定义方式如下。

```
t = tuple()              # 定义一个空元组
t1 = (1,)                # 只有 1 个元素的元组
t2 = (1, 2)              # 包含两个元素的元组
l = [3, True, None]
t3 = tuple(l)            # 把列表转成元组
```

空元组只能通过 tuple 函数创建；并且使用圆括号创建只有一个元素的元组时，需要在该元素后额外添加一个逗号以区分于圆括号表达式。另外，列表和元组之间可以直接转换，使用 tuple 则是把列表转换成元组，而使用 list 则可以把元组转换为列表。

由于元组内的元素是不可修改的，所以对元组只能进行读取的操作。具体操作示例如下。

```
t = (1, 2, 3, True, None, 'str')
t[0]                     #1
t[:3]                    #(1,2,3)
t[3:]                    #(True, None, 'str')
t[-1]                    #'str'
t[::]                    #(1, 2, 3, True, None, 'str')
```

可以看到元组读取元素的操作与列表基本相同，只是在进行切片的时候，返回的是子元组而不是列表。

提示　有些读者可能会疑惑，既然元组可以做到的事情，列表都可以完成，并且还可以支持修改，那么为什么还需要元组呢？其实正是因为元组具有不可修改的特性，所以才有它存在的必要性，因为在有些场景下就是不希望列表中的数据被改动，这个时候就可以使用元组了。

2.4.3　字典

Python 中的字典相当于 Java 中的 HashMap，其元素是由一组键值对组成。字典中元素的键不能重复，而不同键对应的值是可以重复的。Python 中一切都是对象，所以字典的键和值都可以支持任意类型。

字典的定义也有两种方式：大括号，dict 函数。具体的定义方式如下。

```
d = {}                   # 空字典
d1 = dict()              # 空字典
```

```
d2 = {1: 2, 3: 4, 3: 5}              # => {1: 2, 3: 5}

l = [('a', 'b'), ('c', 'd')]
d3 = dict(l)                         # => {'a': 'b', 'c': 'd'}

t = ([1, None], [2, True])
d4 = dict(t)                         # => {1: None, 2: True}
```

可以看到字典除了可以直接定义，还可以通过列表或元组进行转换。在定义字典的时候如果键有重复，则后面的键所对应的值会覆盖前面键的值。例如，d2 中有两个为 3 的键，但只有后面键的值生效了。在通过列表或元组转换时，需要保证其子元素都是一个长度为 2 的列表或元组。

字典的读取方式是通过键来读取对应的值。示例如下。

```
d = {1: 2, 'a': 'b', None: False}

d[1]                                 # => 2
d[2]                                 # => KeyError
d.get('a')                           # => 'b'
d.get('c')                           # => None
d.get('c', 0)                        # => 0
```

可以看到字典读取值的方式有两种：通过中括号和 get 方法。它们需要接收一个键然后返回对应的值。需要注意的是，通过中括号访问字典时，如果给定的键不存在则会抛出 KeyError 异常。而通过 get 方法访问字典时，如果给定的键值不存在则默认会返回 None 值，并且还可以指定一个默认值。

字典是可以动态更新的，并且也需要通过键值对匹配的方式。具体示例如下。

```
d = {1: 2, 'a': 'b', None: False}

d[2] = 4                             # 添加元素
                                     #{1: 2, 2: 4, 'a': 'b', None: False}
d[1] = 1                             # 更新元素
                                     #{1: 1, 2: 4, 'a': 'b', None: False}
del d['a']                           # 删除元素
                                     #{1: 1, 2: 4, None: False}
```

字典在更新时需要先通过键访问到值元素，然后再给对应的值重新赋值。当访问的键不存在时则会在字典中新建一个键并赋值，当访问的键存在时则会更新原来的值。同样在删除元素时也需要先获取到键对应的值元素。

提示 因为字典键的不重复特性，在某些场景下还可以用来进行去重和计数。而如果希望对两个集合进行去重，则需要使用到 set。

2.4.4　遍历数据

前面介绍了 Python 中最常用的三种数据结构：列表、元组和字典。除了前面介绍的操作方法之外，还有一种比较常见的数据访问方式：遍历。

遍历就是把对象中的所有成员都从头到尾访问一遍。在 Python 中遍历对象最常用的就是 for..in 组合。不同数据对象遍历的方式如下。

```
l = [1, 2, 3, 4, 5]
for i in l:
    print i

t = ('a', 'b', 'c', 'd')
for i in t:
    print i

d = {1: 'a', 'b': True, False: 'None'}
for k in d:
    print d[k]

for v in d.values():
    print v

for k, v in d.items():
    print k, v
```

上述代码中对列表和元组的遍历很容易理解，每次都会拿到一个子元素，然后打印出来，直到结束。而对字典而言其遍历方式有三种：只遍历键、只遍历值、遍历键和值。默认是只遍历键。需要遍历值的时候则调用 values 方法，需要同时遍历键和值的时候则调用 items 方法。

2.5　输入 / 输出

Python 中基本的输入 / 输出包括：命令行输入 / 输出、文件输入 / 输出。

2.5.1　命令行输入 / 输出

这里的命令行输入 / 输出是指从命令行获取输入，向命令行进行输出。从命令行获取输入有两个内建的函数：input、raw_input。它们都可以用来从命令行获取用户的输入内容，而不同之处在于，从 raw_input 可以获取用户的原始输入，而从 input 获取到的则是经过处理的用户输入。下面是这两个函数的使用示例。

```
>> raw = raw_input('input for raw_input:')
input for raw_input: 123
```

```
>> raw
'123'
>>
>> input1 = input('input for input:')
input for input: 123
>> input1
'123'
```

上述代码中两个函数的使用效果是一样的，接着再看一个例子。

```
>> raw = raw_input('input for raw_input:')
input for raw_input: test
>> raw
'test'
>>
>> input1 = input('input for input:')
input for input: test
Traceback (most recent call last):
  File "<stdin>", line 1, in <module>
  File "<string>", line 1, in <module>
NameError: name 'test' is not defined
```

这次只有 raw_input 正常返回，而 input 则直接报错，原因是 raw_input 把用户的任何输入都当作字符串，而 input 则把用户的任何输入都当作 Python 表达式。所以 raw_input 总是以字符串的形式返回用户输入，而 input 则会尝试返回用户输入的表达式的执行结果。再来看一个例子。

```
>> raw = raw_input('input for raw_input:')
input for raw_input: 1 + 2 + 3
>> raw
'1 + 2 + 3'
>>
>> input1 = input('input for input:')
input for input: 1 + 2 + 3
>> input1
6
```

这次可以更清晰地看到两个函数的不同之处。raw_input 以字符串的形式返回原始用户输入，input 返回的则是 eval('1 + 2 + 3') 的结果。

可以从命令行输入，自然就可以向命令行输出。输出到命令行可以使用 print 语句。最出名的 Hello world 程序输出方式如下。

```
print 'Hello world'
```

通过 print 可以打印任何想打印的内容，默认它只以字符串的形式打印对象，所以下面这两个语句打印出的内容是一样的。

```
print 6                      # => 6
print '6'                    # => 6
```

另外，如果希望打印一个对象的原生字符串内容的话，可以使用 repr 函数。具体效果如下。

```
a = u' 中国 '
print a          # => 中国
print repr(a)    # => u'\u4e2d\u56fd'
print `a`        # => u'\u4e2d\u56fd'
```

2.5.2　文件输入 / 输出

这里的文件输入 / 输出是指从文件中读取内容和向文件写入内容。Python 中读写文件有两种方式：open 函数和 file 类。其中，open 函数本身就是调用的 file 类，对于常规的文件操作，官方推荐使用 open 函数替代 file 类。

open 函数同时支持读写文件操作，使用不同的标识表示不同的读写模式。

❑ r：表示读文件模式。

❑ w：表示写文件模式。

❑ a：表示追加文件模式。

❑ b：以二进制模式读写文件。

❑ +：同时支持读、写模式。

具体的使用方式如下。

```
# 读方式打开文件，文件不存在则报错
f = open('test.txt', 'r')
# 写方式打开文件，文件不存在则新建，文件存在则覆写原文件内容
f = open('test.txt', 'w')
# 追加方式打开文件，文件不存在则新建，文件存在则在原内容后追加新内容
f = open('test.txt', 'a')
# 读方式打开文件，既支持读内容，也支持写内容。文件不存在则报错
f = open('test.txt', 'r+')
# 读方式打开文件，既支持读内容，也支持写内容。文件不存在则新建
f = open('test.txt', 'w+')
# 二进制读方式打开文件，只支持读内容，且以二进制方式读取，文件不存在则报错
f = open('test.txt', 'rb')
```

通过上面的几种方式打开文件后，不同模式可以支持的操作不同。以读模式打开文件时只能执行读操作，以写模式打开文件时只能执行写操作，以读写模式打开时则同时可以执行读写操作。读模式时文件不存在则会报错，写、追加模式时文件不存在则会新建。

通过 open 函数打开文件后，接着就可以进行相应的读写操作了。读内容时可以使用 read 相关方法，如 read、readline、readlines。写内容时可以使用 write 相关方法，如 write、writelines。具体的操作实例如下。

```
f = open('test.txt', 'w')
f.write('1\r\n')
f.writelines(['3\r\n', '4\r\n'])
f.close()
```

上述代码中，write 方法接收一个字符串参数，并写入文件；writelines 则接收一个字符串的列表参数，并把列表的内容按顺序写入文件。值得注意的是，这两个方法默认都不会主动添加换行符。上述代码执行后打开文件 test.txt，其内容如下。

```
1
3
4
```

读取该文件的代码样例如下。

```
f = open('test.txt', 'r')
print f.read()                    # 读取全部文件内容
f.seek(0)                         # 返回文件开始位置
print f.read(2)                   # 读取两个字节的内容
f.seek(0)
print f.readline()                # 读取当前行内容
print f.readlines()               # 读取当前和之后的所有行内容
f.close()
```

上述代码中，读文件内容有多种形式，可以根据自己的需求确定使用哪一种。如果只是遍历文件内容，优先选择 readline 方法，因为在读取大文件的时候它的性能最好。或者可以使用 for..in 来遍历文件内容，每遍历一次相当于执行一次 readline 方法。遍历文件的代码如下。

```
with open('test.txt', 'r') as f:
    for line in f:
        print line
```

这里除了使用 for..in 来遍历内容，还使用 with 关键字来绑定上下文环境；其作用是无论执行遍历过程中是否成功，都会自动关闭文件对象而无须显式地调用 close 方法。

2.6 内置函数

与大部分语言一样，Python 在安装完成时就已经包含很多的内置模块。前面章节介绍过的 list、tuple、dict、open 等都属于 Python 的内置函数。而除了这些函数之外，另外还有一些内置函数也是非常好用的。本节先介绍一些比较有特点的内置函数。

2.6.1 id 函数

id 函数用于查看指定对象的内存地址引用。如果两个对象的 id 值相等，那么这两个对象的内存地址相同，即为同一个对象。

```
a = b = 4
id(a)                    # => 22215852
id(b)                    # => 22215852
```

2.6.2　dir 函数

dir 函数用于查看指定对象的成员和属性。这个函数在调试和学习第三方模块时非常好用。对于一个不清楚的对象，只要使用 dir 函数查看下，就知道它有哪些属性和方法。

```
s = '1'
dir(s)
```

这段代码执行后打印的是字符串对象所包含的成员和属性，具体如图 2-8 所示。

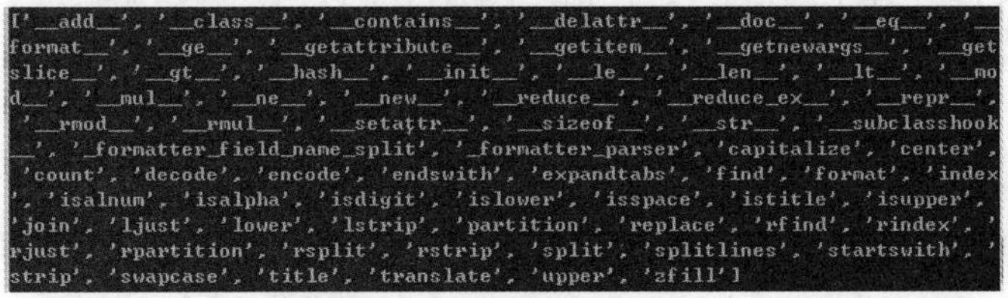

图 2-8　对象 dir 信息

而如果你希望查看 Python 包含哪些内置的函数和对象，则可以使用如下代码。

```
dir(__builtins__)
```

2.6.3　help 函数

当通过 dir 函数查看某些对象或属性时，可能更希望查看它的帮助文档。此时就可以使用 help 函数。例如，查看 dir 函数的帮助文档，其命令如下。

```
help(dir)
```

具体执行效果如图 2-9 所示。

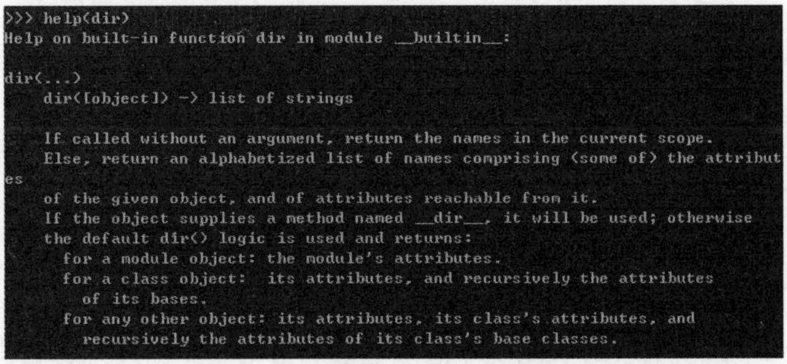

图 2-9　查看 dir 函数的帮助文档

2.6.4 type 函数

type 函数用于查看指定对象的类型。虽然 Python 中所有对象的最终父类都是 Object，但是 Object 下还是会有很多的子类型。使用 type 函数则可以查看具体属于哪个子类型。

```
type(1)    #=> <type 'int'>
type('')   #=> <type 'str'>
type(True) #=> <type 'bool'>
type(None) #=> <type 'None'>
type([])   #=> <type 'list'>
type((1,)) #=> <type 'tuple'>
type({})   #=> <type 'dict'>
```

2.6.5 isinstance 函数

通过 id 函数可以比较两个对象是否相同，通过 type 函数可以比较两个对象类型是否一致。而通过 isinstance 函数则可以查看一个对象是否是另一个对象的实例。具体使用方式如下。

```
isinstance(1, int)         # => True
isinstance(1, str)         # => False
isinstance(1, (str, int))  # => True
isinstance(1, object)      # => True
```

从执行结果来看，isinstance 函数不仅可以通过实例对象本身的类型来判断，还可以通过实例对象类型的父类型进行判断。另外，可以支持同时查询多个类型，只要匹配任意一个则返回 True。

2.6.6 zip 函数

zip 函数可以理解为具有合并功能的函数。它可以接收 *N* 个参数，每一个参数都必须是可以迭代的序列对象。最后它会返回经过合并后的一个大的序列，该序列的子元素会包含所有参数序列的对应位置上的元素。具体使用效果如下。

```
l1 = [1,2,3]
l2 = [4,5,6]
l3 = [7,8,9]
zip(l1,l2,l3)  #=> [(1, 4, 7), (2, 5, 8), (3, 6, 9)]
```

可以看到 zip 函数会把每个参数对应位置上的元素进行合并，并作为返回序列的对应子元素。需要注意的是，如果传入参数的长度不一致，则默认以最短的参数长度为准。

2.6.7 filter 函数

filter 函数字面上理解为具有过滤功能的函数。它会对给定的序列参数进行特定条件的过滤，并且可以定义过滤条件的函数。具体使用效果如下。

```
l = [1,2,3,4,5,6,7,8,9,10]
filter(lambda x: x % 2 == 0, l)
# => [2, 4, 6, 8, 10]
```

上面的 filter 函数对列表 l 进行了过滤，过滤条件则是可以被 2 整除，所以返回的结果中都是偶数。

2.6.8　map 函数

map 函数可以理解为具有映射功能的函数。它会把参数序列中的每一个元素都映射给指定函数，最后返回所有执行结果的列表。具体效果如下。

```
l = [1,2,3,4,5,6,7,8,9,10]
map(lambda x: x * x, l)
# => [1, 4, 9, 16, 25, 36, 49, 64, 81, 100]
```

上面的 map 作用是把列表 l 中的元素依次传递给指定函数执行，并保存了每一次的执行结果。

2.6.9　reduce 函数

reduce 函数可以理解为具有聚合功能的函数。它会把参数序列按照指定的方式进行聚合，并返回最后的聚合结果。具体效果如下。

```
l = [1,2,3,4,5]
reduce(lambda x, y: x * y, l)    # => 120
```

上述代码实现了一个阶乘为 5 的算术功能。reduce 函数第一次会取出前两位元素，并传递给参数函数；在计算完成之后取回结果，最后再把这个结果与序列参数中的下一个元素一并传给参数函数，直到参数序列执行结束。

2.7　异常

异常指的是程序在执行过程中发生的错误。这些错误可能是预期的，也可能是非预期的。对于那些可以预期的异常，应该在代码中进行捕获并做相应处理。

2.7.1　异常捕获

Python 中捕获异常使用 try…except 语句。对于预期可能会发生异常的代码，需要放到 try 语句块，而当异常被捕获后进行处理的代码，则需要放到 except 语句块。

首先看下异常代码不进行捕获时，其执行的效果。

```
n = 1 / 0
```

这条语句执行后会直接触发一个除零异常，异常内容如图 2-10 所示。

```
Traceback (most recent call last):
  File "<stdin>", line 1, in <module>
ZeroDivisionError: integer division or modulo by zero
```

图 2-10　除零异常

接着，对于异常代码进行捕获，更新后的代码如下。

```
try:
    n = 1 / 0
except:
    pass
```

这段代码中的 try 语句块会捕获到除零异常，之后将直接执行 except 语句块的代码。这里选择不对异常做任何响应处理。

上面使用 except 可以捕获所有类型的异常，而如果希望对特定的异常进行捕获，则可以指定一个异常类型。例如，只捕获除零异常，则代码可以更新如下。

```
try:
    n = 1 / 0
except ZeroDivisionError:
    print 'i am in except'
```

这段代码只捕获除零异常，而对于其他原因引发的异常仍然会被抛出。此外，Python 的异常捕获语句还支持 else 语句，它与 except 语句的逻辑相反，即当 try 语句块无异常触发时会被执行。其使用方式如下。

```
try:
    n = 0 / 1
except ZeroDivisionError:
    print 'i am in except'
else:
    print 'i am in else'
```

这段代码中没有除零异常，所以它的执行结果如下。

```
i am in else
```

在另外一些场景中，不论 try 语句块中是否触发异常，我们都希望执行一些清理代码，例如，关闭文件、关闭数据库连接。这时就需要使用到 finally 语句。其使用方式如下。

```
try:
    ...
```

```
except:
    print 'i am in except'
else:
    print 'i am in else'
finally:
    print 'i am in finally'
```

在这段代码中，不论 try 语句块是否有异常，finally 语句块中的代码都会被执行，而 except 语句块只有发生异常时才会执行，else 语句块则在无异常发生时执行。

需要注意的是，在进入到 try 语句块之后，finally 语句块的代码在任何情况下都会被执行。即使在 try 语句块中执行了 return，并且如果 finally 语句块也有 return，则 finally 语句块的 return 语句会覆盖 try 语句块的 return。

```
def foo():
    try:
        …do something…
        return 1
    except:
        return 2
    else:
        return 3
    finally:
        return 4
```

上述代码中无论 try 语句块的执行结果如何，最终返回的结果始终是 4。

2.7.2　自定义异常

前面介绍的是如何捕获运行时异常，这些异常都是系统或者第三方模块抛出的异常。除此之外，还可以自定义异常并在合适的场景中抛出。最简单的自定义异常如下。

```
class MyException(Exception):
        pass
```

可以看到实现一个自定义异常是如此简单，只要继承一个 Exception 父类即可。或者也可以继承自其他的已定义异常，而 Exception 异常则是所有异常的基类。该自定义异常的使用方式如下。

```
try:
    raise MyException()
except MyException, e:
    print e
```

通过 raise 语句可以抛出一个异常对象，这里抛出的就是自定义异常 MyException。也可以抛出其他的已知异常，例如，raise Exception() 就是抛出一个通用异常。

当然也可以给自定义异常类添加任意的成员变量，就像普通类对象一样，如下所示。

```
class MyException(Exception):
    def __init__(self, *args, **kargs):
        self.args = args
        self.kargs = kargs

    def __str__(self):
        return 'args: %s\r\nkargs: %s' % (self.args, self.kargs)
```

这次我们给自定义异常添加了初始化参数，并在打印回显的时候返回接收到的参数。其具体的使用方式如下。

```
try:
    raise MyException(1,2,custom=True)
except MyException, e:
    print e
```

这段代码执行后的效果如下。

```
args: (1, 2)
kargs: {'custom': True}
```

提示 根据异常的特性，在某些情况下我们可以通过异常来传递数据参数，从而替代 return 所不能覆盖的场景。

2.8 魔法特性

Python 作为动态语言，有很多语言自身的特性。这些特性不仅可以实现某些特定的功能，并且在性能、易用性方面也是比较良好的。本节则会介绍一些比较常用的 Python 特性。

2.8.1 列表推导式

列表推导式又称为列表解析表达式。它可以用来帮助我们生成一个目标列表对象，而列表中的元素可以通过表达式来生成。列表推导式的语法结构如下。

```
[… for … in … [if …]]
```

下面是一个简单的例子。

```
l = [i * i for i in range(5)]
```

可以看到列表推导式使用中括号作为包含符号，中括号内的表达式则是生成列表的条件。上面的代码中表达式的条件是：对 range(5) 中的每一个数都进行平方计算。其功能等同于下面的代码。

```
def foo():
    l = []
    for i in range(5)
        l.append(i * i)
    return l
l = foo()
```

所以最后得到的列表内容如下。

```
[0, 1, 4, 9, 16]
```

此外，还可以对原始数据进行条件过滤。例如，只对 1 ~ 10 之间的偶数进行平方计算。其代码内容如下。

```
l = [i * i for i in range(1, 11) if i % 2 == 0]
```

此时返回列表的内容如下。

```
[4, 16, 36, 64, 100]
```

现在我们可以回想一下，其实之前介绍的 filter 函数，完全可以使用列表推导式来实现其功能。

2.8.2 迭代器

首先来了解下迭代是什么。迭代是指对象遍历的过程。例如，前面介绍过的 for..in 语句其实执行的就是迭代。之所以列表、元组、字典、字符串等对象都可以通过 for..in 语句来迭代，是因为它都是可迭代的对象。

任意实现 __iter__ 方法的对象都是可迭代对象。__iter__ 方法需要返回一个迭代器。通过 dir 函数可以查看列表、元组等对象都包含 __iter__ 方法，如图 2-11 所示。

图 2-11 迭代器魔法属性

可迭代对象在执行迭代时会被传递给内建的 iter 函数，该函数会调用可迭代对象的 __iter__ 方法，从而获取到一个迭代器对象。

任意实现 __iter__ 和 next 方法的对象都是迭代器对象。迭代器的 __iter__ 方法返回自身，next 方法则返回对象容器中的下一个值。当对象中的值都迭代完之后，next 方法会抛出 StopIteration 异常。

下面的一组命令演示了列表从一个可迭代对象，到迭代器，再通过 next 进行迭代的过程。

```
l = [1, 2]
i = iter(l)              # i 为迭代器对象
i.next()                 # => 1
i.next()                 # => 2
i.next()                 # StopIteration
```

2.8.3　生成器

生成器的功能与迭代器差不多，但在实现方式和功能上更加友好。在实现上生成器对象不需要实现 __iter__ 和 next 方法。此外，生成器是一种懒计算模式的迭代器，它会在需要使用具体值的时候才去生成，而迭代器则会一次性把所有值提前计算好。

如果以遍历文件来举例的话，迭代器会提前把文件的内容一次性加载到内存，之后再顺序遍历；而生成器则会在遍历过程中单独读取某一行的数据到内存。

Python 中实现生成器的方式有两种：包含 yield 关键字的函数，生成器表达式。首先来看下 yield 关键字的实现版本。

```
def foo():
    for i in range(5):
        yield i * i
```

执行 foo 函数时，返回的就是一个生成器对象。在没有以任何形式执行 next 方法之前，该函数不会执行任何内部代码。直到调用 next 方法时，代码将会直接执行到 yield 所在行，并返回 yield 关键字之后的表达式结果，之后将继续暂停代码执行，直到下一次调用 next 方法。

生成器的使用方法与迭代器一样，上面 foo 函数返回的生成器对象，使用方式如下。

```
f = foo()
for i in f:
    print i,                    # 不换行打印
# => 0 1 4 9 16
```

另一种实现生成器的方法是使用生成器推导式，它与列表推导式在结构上很相似，只是它返回的不是列表，而是生成器。具体代码如下。

```
f = (i * i for i in range(5))
```

可以看到生成器推导式使用圆括号作为包含符，括号内的表达式则是生成器元素的限制条件。上面这一行代码的功能等同于之前 foo 函数的定义与调用。这就是 Python 的魔法特性。

提示　在任何可以使用推导式的场景下，应尽量使用推导式来替代其他实现方式，包括列表推导式和生成器推导式。使用推导式的好处除了可以简洁代码，在性能上也会优于其他实现方式。

2.8.4　闭包

闭包在很多的动态语言里都被支持。它是一个引用了自由变量的函数，这个函数引用的自由变量会和函数一起存在，即使离开了自由变量原来的环境。Python 中实现闭包的条件如下。

❑ 闭包函数必须有内嵌函数。

❑ 内嵌函数需要引用该嵌套函数上一级 namespace 中的变量。

❑ 闭包函数必须返回内嵌函数。

一个简单的闭包例子如下。

```
def foo():                       # 闭包函数
    m = 2                        # 被引用的自由变量
    def bar(x):                  # 内嵌函数
        return m * x
    return bar                   # 返回内嵌函数
```

上述代码同时满足了闭包的三个条件，所以它是一个正确的闭包函数。闭包函数的使用方式如下。

```
dub = foo()                      # 获取内嵌函数
dub(4)                           # => 8
dub(5)                           # => 10
```

首先，调用闭包函数获取到内嵌函数对象，之后调用内嵌函数。正常情况下一个函数在返回之后，其局部变量都会被收回。而这里的 foo 函数在返回之后，bar 函数却仍然可以访问 foo 函数的局部变量，这就是闭包的功能。

闭包函数之所以能从函数外部访问函数内部的变量，是因为闭包函数给返回的内嵌函数添加了 __closure__ 属性。__closure__ 属性中存放了内嵌函数所引用的自由变量内容，并保存在 cell 对象中。通过如下代码可以打印出引用的变量内容。

```
dub.__closure__[0].cell_contents    # 第一个被引用的变量内容
```

2.8.5　装饰器

装饰器顾名思义，就是装饰某个对象的东西；在 Python 里装饰器则是装饰函数的对象。这个对象可以是另一个函数，也可以是一个 callable 的类实例。装饰器的功能就是给被装饰的函数添加某些特定的功能，从而达到装饰的作用。

1. 函数装饰器

在 Python 中装饰器的实现是接收一个函数作为参数，同时需要返回一个函数作为结果。虽然没有明确限定返回函数和传入函数需要有一定的关联，但通常情况下这个返回函数就是被装饰过的传入函数。这样才有装饰的概念，最简单的一个装饰器如下。

```
def foo(func):
    return func
```

这个装饰器 foo 接收了一个函数作为参数，然后直接返回了这个函数作为结果。它满足了上述对装饰器的要求，但却是一个没有做任何装饰功能的装饰器。为了让装饰器具有一定的功能，那么就需要对传入的函数进行封装，如下所示。

```
def foo(func):
    def warp():
        print '%s is working' % func.__name__
        return func()
    return warp
```

这次我们添加一个 warp 内部函数，它用来装饰传入函数，并且最后替代了传入函数成为返回结果。这里就开始有了装饰器的意义，传入一个 func 函数，返回一个包装了 func 函数的 warp 函数，即得到的是一个装饰过的 func 函数。

上面装饰器的作用仅仅是打印被装饰函数的名称，该装饰器的具体使用和效果如下。

```
@foo                          # 使用 foo 装饰器
def test():                   # 被装饰的函数
    print 'hello python'
```

可以看到装饰器的使用是通过 @ 符号来表示，其后跟装饰器的名称，并放置在被装饰函数的定义上部。这段代码执行后的打印结果如下。

```
test is working
hello python
```

其中，第一条内容就是装饰器函数所打印的，而第二条则是 test 函数自己内部打印的代码。所以这个 foo 装饰器的作用就是打印被装饰函数的名称。

装饰器还可以装饰带参数的函数，具体而言就是给装饰函数添加对应的参数即可。假设有一个需要被装饰的函数如下。

```
def power(x):
    return x * x
```

则其对应的装饰器需要定义为如下形式。

```
def foo(func):
    def warp(x):
        print '%s is working' % func.__name__
        return func(x)
    return warp
```

这里可以看到，只要给 warp 函数添加对应的函数参数即可。而为了保证装饰器的通用性，通常需要在定义装饰器时直接定义动态参数来兼容不同参数形式的函数，如下所示。

```
def foo(func):
    def warp(*args, **kargs):
        print '%s is working' % func.__name__
        return func(*args, **kargs)
    return warp
```

除此之外，装饰器本身也可以具有参数，其作用是让装饰器本身更加通用。例如，现在需要一个 2 倍乘法装饰器 dub，它可以把被装饰函数的返回值乘以 2 倍。代码如下。

```
def dub(func):
    def warp(*args, **kargs):
        return func(*args, **kargs) * 2
    return warp
```

使用该装饰器的使用效果如下。

```
@dub
def val():
    return 3
print val()                              # => 6
```

因为 val 函数固定返回的值为 3，所以经过 dub 装饰器装饰之后，返回的结果就变成了 6。而此时如果还需要一个 3 倍、4 倍甚至 5 倍的装饰器，那该怎么办呢？最简单的方式是继续编写若干个新的装饰器。此外就是给装饰器添加一个参数，这个参数可以动态指定乘以的倍数，这样只需一个装饰器就可以实现乘以任意倍数的功能。修改之后装饰器代码如下。

```
def multiply(n):
    def foo(func):
        def warp(*args, **kargs):
            return func(*args, **kargs) * n
        return warp
    return foo
```

这里在原装饰器外面添加了一个 multiply 函数封装，这个函数会返回 foo 装饰器，所以最后起到装饰器作用的依然是 foo 函数。而 multiply 的作用仅仅是提前传入一个乘以倍数的参数 n。这个新装饰器的使用方式如下。

```
@multiply(3)                                    # 使用装饰器
def val():
    return 3
print val()                                     # => 9
```

上述代码执行的结果是 9，如果把装饰器参数修改为 @multiply(4)，则打印的结果为 4×3=12。这样就实现了一个支持任意倍数的装饰器了。

上面介绍的装饰器在大多数情况下都会正常工作，而在某些特定的使用场景下则会发生问题。例如，当我们需要打印被装饰函数的函数名时，可能就会出现问题。具体演示如下。

```
def test(x):
    return x
print test.__name__
```

上述代码打印的结果为：test。下面为其添加一个装饰器，再进行函数名的打印。代码如下。

```
def foo(func):
    def warp(*args, **kargs):
        return func(*args, **kargs)
    return warp


@foo
def test(x):
    return x
print test.__name__
```

上述代码打印的结果为：warp。因为实际返回的是模仿 test 的 warp 函数，而并非真正的 test 函数。为了让装饰器能比较逼真地模仿被装饰的函数，Python 中提供了 warps 装饰来解决这个小问题。使用效果如下。

```
from functools import wraps

def foo(func):
    @wraps(func)
    def warp(*args, **kargs):
        return func(*args, **kargs)
    return warp


@foo
def test(x):
    return x
print dutestb.__name__
```

这次执行的打印结果为：test。functools.warps 装饰器所做的事情就是把传入参数 func 的名称取出并赋值给了 warp 函数的 __name__ 而已。

提示　从函数装饰器的定义中可以看出，其具体是通过闭包来实现的。而装饰器也是闭包在 Python 中的最突出的应用。

---

2. 类装饰器

在 Python 中所有的数据类型都是对象，函数自然也不例外，因此我们就可以通过类的方式来实现一个函数对象。在 Python 中想要模拟函数对象只要实现 __call__ 方法即可。例如，有一个函数装饰器如下。

```
def foo(func):
    def warp():
        print func.__name__
        return func()
    return warp
```

其功能是打印被装饰函数的名称，则其对应的类装饰器实现方式如下。

```
class Foo(object):
    def __init__(self):
        pass

    def __call__(self, func):
        def warp():
            print func.__name__
            return func()
        return warp
```

当一个类具有 __call__ 方法之后，那么它的实例就是一个可调用对象。我们就可以像使用函数一样使用这个对象，并且调用的具体功能就是 __call__ 方法的代码。对于这样一个类装饰器，其使用方法如下。

```
@Foo()
def bar():
    pass

bar()      # => bar
```

这里可以看到使用的是 Foo 类的实例作为装饰器，这段代码最后打印的内容为：bar。

2.8.6　内省机制

Python 中一个非常棒的方面就是它的内省机制。内省支持我们在程序执行过程中，动态地查询、获取和访问特定的对象属性。这个机制在某些场景是非常有用的，例如，管理系统插件模块的热拔插，有了内省的支持在添加删除插件的时候，甚至都不需要重启 / 重载程序。

Python 中提供了很多支持内省的内建函数、属性和模块，这里只介绍一些比较常用的函数和属性方法。具体罗列如下。

- hasattr：判断对象是否具有特定的成员。
- getattr：从对象中获取特定的成员。
- setattr：给对象设置特定的成员。
- __file__：获取对象字节码文件所在路径。
- __name__：获取当前模块的名称。
- __module__：获取实例对象所属的模块名。
- inspect：Python 内省库。

有了上面的简单说明，接着再通过样例代码演示，就可以很容易地理解并学会如何使用 Python 的常用内省功能。首先来看下 *attr 相关的函数使用方法，具体如下。

```
# -- coding: utf-8 --

class Foo(object):
    name = 'macy'

    def say_name(self):
        print 'my name is %s' % Foo.name

print dir(Foo)                          #show all attrs of Foo

print hasattr(Foo, 'name')              # => True
print hasattr(Foo, 'say_name')          # => True
print hasattr(Foo, '__init__')          # => True

print getattr(Foo, 'name')              # => macy
say_name_ref = getattr(Foo, 'say_name')
print say_name_ref                      # => <unbound method Foo.say_name>
foo = Foo()
say_name_ref(foo)                       # => my name is macy

setattr(foo, 'age', 23)
print hasattr(foo, 'age')               # => True
print getattr(foo, 'age')               # => 23
```

通过这段代码可以知道，*attr 函数就是专门用来维护对象属性的一组工具。通过 hasattr 查询属性、getattr 获取属性、setattr 设置属性。

在 Python 中以双下画线开头和结尾的成员，都属于魔法属性 / 方法。例如，__file__ 就是获取对象源码文件路径的魔法属性。下面是 __file__、__name__、__module__ 魔法属性的使用演示，这里假设代码保存在名为 test.py 的文件中。

```
# -- coding: utf-8 --
import os
class Foo(object):
    pass


print __file__                          # 当前文件的路径
print os.__file__                       # 指定对象所在文件的路径


print __name__                          # 当前模块的名称
print Foo.__module__                    # 指定对象所在模块的名称
```

该文件直接运行时的结果如下。

```
test.py
C:\Python27\lib\os.pyc
__main__
__main__
```

该文件被外部文件引用时的运行结果如下。

```
test.py
C:\Python27\lib\os.pyc
test
test
```

可以看到不同的使用环境，打印出来的结果是不一样的，这就是魔法属性的神奇之处。所以经常会看到这样的代码：

```
if __name__=='__main__':
    ...do something...
```

这句判断只有在直接运行文件时才成立，而如果是通过其他模块引入的方式，则不会成立。通过这个特性，可以把某些只希望在直接运行文件时才执行的代码放到这里，例如，调试代码。

最后来介绍下 inspect 库，它是 Python 提供的一个内省工具库。上面介绍的魔法属性的功能，通过 inspect 模块都可以实现。因为 inspect 就是对这些魔法属性／方法操作的一个封装集。下面是 inspect 的使用样例。

```
# -- coding: utf-8 --
import inspect
import os


class Foo(object):
    name = 'macy'

    def say_name(self):
        print 'my name is %s' % Foo.name
```

```
print inspect.getfile(os)
print inspect.getabsfile(os)
print inspect.getmodule(Foo)

print inspect.isclass(Foo)
print inspect.ismethod(Foo.say_name)
print inspect.isfunction(Foo.say_name)
```

这段代码的执行结果如下。

```
C:\Python27\lib\os.pyc
c:\python27\lib\os.py
<module '__main__' from 'test.py'>
True
True
False
```

除此之外，inspect 库还有其他好用的内省方法。感兴趣的读者可以通过 dir 函数来查看它所有的内省方法，配合 help 函数的使用就可以知道如何使用了。

提示　Python 的内省功能十分强大，这里仅仅是一个简单的演示。对 Python 内省功能的熟悉，还需要通过不断使用和实践来锻炼。

2.9　并发任务

Python 中执行并发任务有三种方式：多进程、多线程和协程。这三种方式各有特点，各自有不同的使用场景。执行并发任务的目的是为了提高程序运行的效率，但是如果使用不当则可能适得其反。本节介绍并发任务在 Python 中的应用。

2.9.1　多进程

多进程是很常见的并发任务执行方式，也是最早支持并发任务的方式。多进程的优点是子进程之间数据独立，安全性较好；缺点则是系统资源的占用较大，进程间切换的开销也比较大。

Python 中实现多进程的有 os.fork 方法、multiprocess 库。其中，os.fork 只有 Linux 环境才有，multiprocess 则是跨平台的。

os.fork 方法用于程序自身的复制，当这个方法被执行之后，程序就生出一个完全一样的分支，并且从此两个分支独立运行。下面是 os.fork 方法的使用样例。

```
# -- coding: utf-8 --
import os

pid = os.fork()
if pid == 0 :
    print 'child process (%s) and my parent is %s.' % (os.getpid(), os.getppid())
else :
    print 'parent process (%s) and my child is (%s).' % (os.getpid(), pid)

print 'well be run twice!'
```

上面的程序执行后，子进程会打印第 1、3 条语句，主进程会打印第 2、3 条语句。也就是说，fork 之后，两份代码会各自从 fork 之后的代码开始执行；而可以通过 fork 返回的 pid 来判断当前进程属于子进程或父进程。

虽然 os.fork 是基本的多进程实现方式，但是在使用和理解上对于多数新手来说还不是很方便。multiprocess 库则是一个专门的多进程库，可以很方便地创建子进程并指定执行任务。

使用 multiprocess 实现多进程有两种方式：第一种是实例 multiprocess.Process 类，并传入相应的执行对象；第二种是继承 multiprocess.Process 类，并复写其 run 方法来处理业务。第一种方式的具体实现见如下代码。

```
# -- coding: utf-8 --
import os
from multiprocessing import Process

def run(name):                          # 子进程要执行的对象
    print 'child id: %s, with %s' % (os.getpid(), name)

if __name__=='__main__':
print 'parent id: %s' % os.getpid()
p = Process(target=run, args=('test',))
p.start()
```

上面代码的执行结果如下。

```
parent id: 7428
child id: 4860, with test
```

这里直接实例了 Process 类，并传入要处理的函数及对应的函数参数，然后通过调用 start 方法来启动子进程。第二种的实现代码如下。

```
# -- coding: utf-8 --
import os
from multiprocessing import Process

class SubProcess(Process):
```

```
def __init__(self, name):
super(SubProcess, self).__init__()
self.name = name

def run(self):
print 'child id: %s, with %s' % (os.getpid(), self.name)

if __name__=='__main__':
print 'parent id: %s' % os.getpid()
p = SubProcess('test')
p.start()
```

上述代码的执行结果如下。

```
parent id: 6740
child id: 7860, with test
```

可以看到执行的效果是一样的，但这次具体的处理函数被封装到了自定义的类中。这种方式的好处是可以对子进程类进行更多的扩展，例如，提供一些对外的接口方法。

另外，如果需要同时启动多个子进程处理一批任务，那么就可以使用进程池来批量创建子进程。具体代码如下。

```
# -- coding: utf-8 --
import os
import time
import random
from multiprocessing import Pool

def run(name):
    print 'Child id: %s, with %s' % (os.getpid(), name)
    time.sleep(random.random())

if __name__=='__main__':
    print 'Parent id: %s.' % os.getpid()
    p = Pool()                               # 创建进程池
    for i in range(5):
        p.apply_async(run, args=(i,))        # 并发处理目标函数
    p.close()
    p.join()
    print 'All Done'
```

该代码的执行结果如下。

```
Parent id: 4908.
Child id: 1472, with 0
Child id: 5752, with 1
Child id: 5752, with 2
Child id: 1472, with 3
Child id: 5752, with 4
All Done
```

可以看到这里并没有启动 5 个子进程，而是只启动了两个子进程。因为这个进程池中的进程数量默认等于 CPU 的数量。而如果希望启动指定数量的子进程，则可以在创建进程池的时候指定即可。具体实现如下。

```
p = Pool(5)                              # 启动 5 个子进程
```

再次执行代码后结果如下。

```
Parent id: 7372.
Child id: 7020, with 0
Child id: 6248, with 1
Child id: 6540, with 2
Child id: 4592, with 3
Child id: 6056, with 4
All Done
```

到目前为止，我们已经可以通过多种方式实现多进程。但这只是开始，有了多进程之后还要解决子进程之间的通信、资源竞争等问题。下面将分别进行介绍。

进程间的通信方式有：共享内存、管道、信号、Socket、外部存储等。而在多个子进程之间通信，最常用的就是共享队列。具体代码如下。

```
# -- coding: utf-8 --
import time
import random
from multiprocessing import Process, Queue

def producer(q, name):
    count = 1
    while True:
        q.put(u"矿泉水 %d" % count)
        print(u"[%s] 生产了矿泉水 %d" % (name, count))
        count += 1
        time.sleep(random.random())

def consumer(q, name):
    while True:
        print(u"[%s] 取到 [%s] 并喝了它 ..." % (name, q.get()))
        time.sleep(1)

if __name__ == '__main__':
    q = Queue()
    p_producer = Process(target=producer, args=(q, 'kim'))
    p_consumer = Process(target=consumer, args=(q, 'lily'))

    p_producer.start()
    p_consumer.start()

    time.sleep(10)
```

```
    p_producer.terminate()                        # 终止子进程
    p_consumer.terminate()
```

上面是一个典型的生产者与消费者的场景。首先在主进程中实例一个进程队列对象，之后启动子进程时把队列对象作为初始化参数传递过去，这样两个子进程中都可以访问和操作同一个队列对象。上述代码执行效果如下。

```
[kim] 生产了矿泉水 1
[lily] 取到 [ 矿泉水 1] 并喝了它 ...
[kim] 生产了矿泉水 2
...
[lily] 取到 [ 矿泉水 5] 并喝了它 ...
[kim] 生产了矿泉水 9
[lily] 取到 [ 矿泉水 6] 并喝了它 ...
...
```

关于多进程之间的资源竞争问题，则需要通过锁机制来解决。具体而言就是通过锁的方式来控制同一个时间内只有一个进程在操作临界资源。有了锁之后，只有拿到锁的进程才能对临界资源进行操作，而其他进程则只能等待。锁的使用代码如下。

```python
# -- coding: utf-8 --
from multiprocessing import Process, Lock

def write(f, lock):
    lock.acquire()
    try:
        fs = open(f,"a+")
        fs.write('write something\n')
        fs.close()
    finally:
        lock.release()

if __name__=='__main__':
    f = "test.txt"
    lock = Lock()

    for i in range(3):
        p = Process(target=write, args=(f, lock)).start()
```

上面是一个多进程并发写文件的场景。如果不使用锁机制，则最后写入文件的内容很可能是乱序的。而在使用了锁之后，则可以保证多个进程在写文件时是同步的。上述代码写入文件的结果如下。

```
write something
write something
write something
```

提示　如果使用 Pool 进程池来执行任务，那么也需要自己处理好各进程间的资源竞争问题。Pool 模块只是帮助启动多个进程，不会保证并发的进程安全。

2.9.2　多线程

2.9.1 节介绍了多进程的使用方式，本节接着介绍下多线程的使用方式。多进程虽然可以提供并发的能力，但是它对系统资源的消耗也非常大，每个进程都需要申请独立的运行环境和资源，并且子进程之间的上下文切换也需要额外的时间。

由于这些原因所以就有了多线程的概念。相比于多进程，多线程则是多个线程共享一个进程，所以只需申请一份系统资源；并且线程间的上下文切换也更加高效；另外，线程间的通信也变得更加方便。

Python 中多线程使用 threading 模块来实现；该模块下 Thread 类为线程实例类，Lock 为线程锁类。如下代码为多线程的使用样例。

```
# -- coding: utf-8 --
import threading

n = 0

def inc(max):
    global n
    for i in range(max):
        n = n + 1
        print '%s => %d' % (threading.current_thread().name, n)

if __name__=='__main__':
    for i in range(1):
        threading.Thread(target=inc, args=(1000,)).start()
```

上述代码中，在执行 inc 方法时，并没有直接执行而是通过新启动一个线程来执行的。多线程实例方式与多进程类似，实例时需要传递一个待处理的函数，如果有参数则通过 args 来传递。代码执行效果如下。

```
Thread-1 => 1
Thread-1 => 2
…
Thread-1 => 1000
```

上述代码只启动一个子线程来执行 inc 函数时，程序会正常执行。如果希望使用更多的线程来同时执行 inc 函数，则结果可能与所想的有所出入。直接把启动线程代码替换成如下代码，再次执行。

```
if __name__=='__main__':
    for i in range(5):                       # 启动 5 个子线程
        threading.Thread(target=inc, args=(1000,)).start()
```

按照正常逻辑，1 个线程执行 1000 次循环，结果为 1000，那么 5 个线程分别执行 1000 次循环，结果应该为 5000，而最后执行的结果如下。

```
Thread-1 => 1
Thread-2 => 2
...
Thread-3 => 4954
Thread-3 => 4955
```

是的，本次最后一个结果是 4955，并非我们想象的 5000。并且下次执行这个数可能又变成了 4940。其原因是多线程共同操作的共享变量 n，在这里属于临界资源；多个线程对它的操作有竞争关系，但在程序里却没有处理资源竞争的问题。

同多进程一样，处理竞争问题时可以使用锁机制。而多线程使用的锁是线程锁，存放在 threading 模块中。在加入锁之后原代码更新后的内容如下。

```
# -- coding: utf-8 --
import threading

lock = threading.Lock()
n = 0

def inc(max):
    global n
    for i in range(max):
        lock.acquire()                       # 申请锁
        try:
            n = n + 1
            print '%s => %d' % (threading.current_thread().name, n)
        finally:
            lock.release()                   # 释放锁

if __name__=='__main__':
    for i in range(5):
        threading.Thread(target=inc, args=(1000,)).start()
```

这里每次在循环开始时都会申请锁，接着处理循环体中的内容，而每次循环结束时都会释放掉锁。这样就可以保证每次只有一个线程对共享变量 n 进行赋值操作。新代码执行结果为期望的 5000。

注意　使用多线程虽然比多进程更轻量级，但如果使用的是 Cython 解释器，那么可能需要了解下 GIL（全局解释器锁）。GIL 对多线程执行有一定的影响，尤其是在多核 CPU 上。所以如果希望在多核 CPU 上使用多线程，则要先确保任务属于 IO 密集型的。

2.9.3　协程

多进程会消耗系统资源，多线程则有 GIL 的限制和影响，那么 Python 中还能高效地执行并发任务吗？答案是能。

协程又称为微线程，是比线程更轻量级的概念。协程通过在单个线程内进行函数执行切换来实现并发。也就是说，协程是单线程执行，并且在线程内函数之间的执行是可以切换的。

如果说多进程、多线程是抢占式的任务处理方式，那么协程则是协作式的任务处理方式。协程虽然是单线程，但是通过协作切换来充分利用 CPU，所以也可以实现高并发的场景。图 2-12 ～图 2-14 分别是多进程、多线程、协程的工作示意图，图 2-15 则是多进程配合协程的示意图。

图 2-12　Python 多进程

多进程时程序会启动多个和自己一样的子进程，每个子进程有自己的 GIL，所以多进程在多核 CPU 上不会受 GIL 的影响。

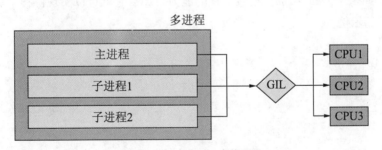

图 2-13　Python 多线程

多线程时程序会通过进程内的主线程来启动子线程。因为在同一个进程内，所有线程都共用同一个 GIL，所以多线程在多核 CPU 上最后还是变成串行执行。

图 2-14　Python 协程

协程是通过分割主线程的计算能力来实现的。在单线程的情况下，协程始终都能获得到 GIL，所以不会受 GIL 影响。如果希望通过协程利用多核 CPU 的计算能力，那么只能通过多进程与协程配合的模式。具体示意如图 2-15 所示。

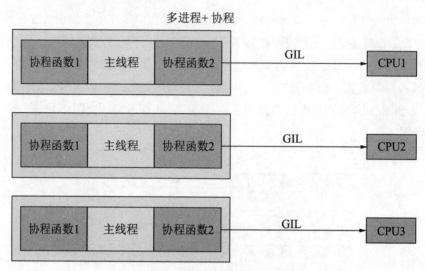

图 2-15　Python 多进程 + 协程

理解协程的概念之后，再来看看协程在 Python 中的实现方式。还记得在函数生成器小节中使用过的 yield 关键字吗？ yield 关键字具有保持函数现场的能力，并在下次调用时再恢复函数现场。如果给 yield 添加上接收信息的能力，那么它就可以实现协程了。下面是一个简单的协程使用示例。

```python
# -- coding: utf-8 --
def consumer():
    r = ''
    while True:
        n = yield r                          # 返回 r，并接受 send 发送的数据赋值给 n
        if not n:
            return
        print('Consuming %s...' % n)
        r = '200 OK'

def produce(c):
    c.next()   ##c.send(None)
    n = 0
    while n < 3:
        n = n + 1
        print('Producing %s...' % n)
        r = c.send(n)                        # 协程切换，并发送处理数据
        print('Consumer return: %s' % r)     #yield 返回的结果
    c.close()
```

```
if __name__=='__main__':
    c = consumer()                                          # 创建一个协程子程序
    produce(c)
```

上面的代码中 consumer 是协程子程序，可以通过 send 方法切换执行协程子程序，并且可以附带一个参数过去。当协程子程序执行结束时，会返回执行结果给调用函数。最后处理完所有任务之后通过 close 方法关闭协程子程序。这段程序执行的结果如下。

```
Producing 1...
Consuming 1...
Consumer return: 200 OK
Producing 2...
Consuming 2...
Consumer return: 200 OK
Producing 3...
Consuming 3...
Consumer return: 200 OK
```

从上面的执行流程可以理解，协程的执行其实是单个线程不断地切换执行函数。与普通函数调用不同的是，协程不是依次调用的关系，而是相互切换的关系。相当于函数之间按照规律相互协作来完成一个任务，故名协程。

那么协程为什么会比多线程模式效率更高呢？前面已经提到过，Cython 解释器的多线程有 GIL 的限制，而协程没有。多线程切换上下文需要消耗资源，而协程切换则不需要。通过与多进程配合，协程也可以充分利用多核 CPU。

前面的例子只是为了说明协程的执行流程，真正要使用协程来实现阻塞切换，要比这复杂得多。幸运的是，第三方已经支持协程模式，并且封装好关于协程的一切处理。这里介绍的是 gevent 库，它可以很方便地帮助我们使用协程处理并发。一个简单的例子如下。

```
# -- coding: utf-8 --
import gevent
from gevent import monkey
monkey.patch_socket()

import sys
from urllib2 import urlopen

urls = [
    'http://www.yandex.ru',
    'http://www.python.org',
    'http://www.baidu.com'
    ]

def print_request(url):
    print('Starting %s' % url)
```

```
    data = urlopen(url).read()
    print('%s: %d bytes' % (url, len(data)))

if __name__=='__main__':
    jobs = [gevent.spawn(print_request, _url) for _url in urls]
    gevent.wait(jobs)
```

这段代码中新建协程使用的是 gevent.spawn 方法，它的使用与多线程很相似。第一个参数是要执行的函数，后面跟的则是函数的参数；只是这里的参数需要依次传递，而并非像多线程地传递一个元组。上述代码的执行结果如下。

```
Starting http://www.yandex.ru
Starting http://www.python.org
Starting http://www.baidu.com
http://www.baidu.com: 112712 bytes
http://www.python.org: 48879 bytes
http://www.yandex.ru: 73452 bytes
```

从执行结果可以看到 baidu 是最后请求的，却是最先返回结果的，说明后台是异步执行的。而如果没有使用 gevent，那么这三个 URL 请求将会被顺序地执行并返回结果。

注意　在使用 gevent 时，需要先确保执行函数中的 IO 模块是非堵塞的，否则协程将不能支持并发执行。样例中的 monkey. patch_socketl 方法就是用于动态为 Python 的 socket 标准库打补丁的。其作用就是让原本 IO 堵塞的 socket 模块变为非堵塞的形式。因为 urllib2 是基于 socket 模块的，所以这段代码的并发能力会生效。

2.10　编解码

在 Python 2.7 版本中，对于新手经常会遇到的一个问题就是编解码问题。尤其是当我们处理一些中文字符内容的时候。本节介绍下 Python 中如何避免和处理编解码问题。

在 Python 解释器中字符串有两种类型：str、unicode。其中，unicode 是默认的类型；而 str 则是 unicode 之外的其他类型，可能是 ascII、gbk、utf-8 等。unicode 类型只存在于 Python 解释器中，当需要向外输出时需要将 unicode 类型转换成对应的 str 类型；而从外部读取数据时则需要从 str 类型转成 unicode 类型。正常的字符转码使用流程如图 2-16 所示。

如果按照这个流程来进行字符的编解码，那么程序就不会出现编解码问题。而之所以会出现编解码问题，是因为通常使用的流程如图 2-17 所示。

因为不同编码之间是不兼容的，而 Python 只会通过 unicode 进行转码，它不会直接帮我们把 gbk 转换成 utf-8。所以当输入的内容没有经过转码直接输出到另一种编码的存储时，编解码问题就会发生。

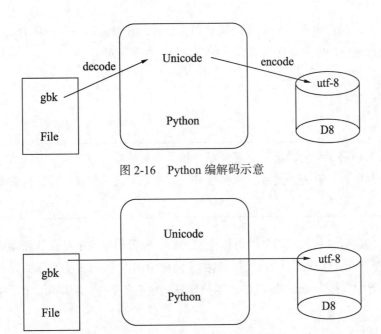

图 2-16　Python 编解码示意

图 2-17　Python 编解码错误流程

为了避免编解码问题，官方推荐的做法是：对于所有输入的内容都统一转换成 unicode 类型。这样就保证了 Python 解释器中只有 unicode 编码的字符，而程序在输出时 Python 解释器则会根据输出的需要对 unicode 内容进行编码。

前面介绍的是编解码问题的原因和避免问题的规范，而具体到项目本身需要进行配置的操作有如下几个方面。

❑ Python 源代码文件编码设置。

❑ Python 解释器输出编码设置。

❑ 外部文件编码处理。

❑ 数据库编码处理。

2.10.1　源码文件编码

由于在 Python 源文件中也经常会直接定义和使用中文字符，所以 Python 源文件也是字符内容的外部输入之一。

对于源文件而言，首先要确保的是文件本身的编码与文件头部申明的编码是一致的。例如，保存源码文件时选择的编码格式为 utf-8。那么在该源码文件的头部则需要有如下申明。

```
# -- coding: utf-8 --
print '中国'
```

其中，第一行的 # — coding: utf-8 — 就是编码申明，解释器会根据这个申明来解码源文件中的字符输入。编码申明需要在源码文件顶部申明，建议为第一行；在 Linux 环境下第一行需要留给执行程序的申明，此时可以放在第二行，如下所示。

```
#!/usr/bin/python
# -- coding: utf-8 --
print '中国'
```

提示　在无编码申明的情况下，解释器会根据系统的默认编码来解码。当源文件编码与默认的编码一致时，则不需要使用头部编码申明。但为了代码的健壮性，通常都会显式地设置好编码申请。

经过之前的设置之后，代码虽然可以正常运行，但源码中的字符在解释器中的编码并不是 unicode 类型，而是源码文件的类型。例如，前面示例中为 utf-8 类型。如果希望源码文件的字符在解释器中直接为 unicode 类型，则只要显式地定义字符内容即可。代码如下。

```
# -- coding: utf-8 --
a = u'中国'
print type(a)                          # => unicode
```

通过在字符串前面添加一个 u 字符，即可申明字符串为 unicode 类型。这样申明的字符串在载入解释器时会被自动转为 unicode 类型。

2.10.2　解释器默认编码

前面介绍过在 Python 中的解释器环境，默认使用 unicode 编码。当需要把字符内容向外输出时，可以给解释器指定一个编码，如 gbk、utf-8 等。如果没有指定则解释器会使用一个默认的系统编码。最典型的场景就是向命令行输出打印信息时，解释器选择的就是默认输出编码。这个默认编码的取值顺序如下。

（1）系统的默认编码。

（2）IDE 设置的编码。

（3）代码设置的编码。

优先级越后越高，即通过代码指定输出编码的优先级最高，而系统默认的编码则是根据操作系统的语言来设置的，Python 启动时会自动设置。这个编码是可以预先设置的，具体的设置代码如下。

```
import sys
print sys.getdefaultencoding()         # 打印系统的默认编码
reload(sys)
sys.setdefaultencoding("UTF-8")        ## 设置默认编码方式为 utf-8
print sys.getdefaultencoding()
```

这段代码在 Windows 系统执行时，打印内容如下。

```
asci                            # => 默认的系统编码
UTF-8                           # => 设置后的编码
```

在 Linux 系统执行时，第一行的编码值会根据不同的系统编码设置而不同，第二行则仍然为 utf-8。即通过这段代码可以把 Python 系统中的输出编码默认修改为指定的编码，这里则修改为 utf-8。

2.10.3 外部文件编码

外部文件是指 Python 程序需要读取的外部数据文件，如 txt、xml、json 等文件。当这些外部文件中包含非英文字符时，读取时就需要指定正确的文件编码。理想情况下，我们假定已知外部文件的编码，则打开时指定编码的方式如下。

```
#!/usr/bin/python
# -- coding: utf-8 --
import codecs
f = codecs.open('test.txt', 'rw', 'utf8')
```

这里使用了 codecs 模块，是专门用于解决文件编码问题的库。它可以很好地解决文件读写的编解码问题。另外一些时候，并不总是能知道需要读取文件的编码，这时就需要提前判断文件的编码类型。具体的方式如下。

```
#!/usr/bin/python
# -- coding: utf-8 --
str = '中国'
# 第一种方式
for code in ['utf-8', 'gbk']:
    if str.decode(code, 'ignore')==str.decode(code, 'replace'):
        print code
        break

# 第二种方式
for code in ['utf-8', 'gbk']:
    try:
        str.decode(code)
        print code
        break
    except(e):
        pass

# 第三种方式
import chardet
print chardet.detect(str)
```

这段代码一共给出了三种判断字符编码的方式。前两种为 hack 的方式判断字符编码。对于非英文字符的判断通常能正确工作，而对于只含有英文字符的判断则可能会不准确。第三方式判断字符的编码会更加准确，但是需要额外安装第三方库。

2.10.4 数据库编码

数据库作为最常用的外部数据源，其读取和写入都需要预先设置好编码方式。例如，数据库的编码为 gbk，那么在连接数据库时就需要指定编码为 gbk。以 MySQLdb 库为例设置编码方式如下。

```
conn=MySQLdb.Connect(host="localhost",user="root",passwd="root",db="test",charset="gbk")
```

这里建立了一个数据库连接，IP 为本机地址，用户名为 root，密码为 root，数据库名为 test，编码为 gbk。通过该连接读取数据时，返回的数据编码直接为 unicode 类型。而当我们需要写入数据到数据库时，记得要提前把数据都转换为 unicode 或 gbk 类型。

2.10.5 编解码函数

尽管强调要尽可能保持 Python 解释器中只有 unicode 编码，但在实际的编码过程中很难避免出现不同编码的字符。这时就需要使用编解码函数来解决编码不一致的问题。在 Python 中可以进行编解码的函数有 str.decode、str.encode、unicode、str。

1. 解码

当获取到的字符类型为 str 时，则它有可能是 ASCII、gbk、utf-8 等编码中的一种。此时的字符为已编码形式，将 str 转换为 unicode 类型即为解码。可以使用 str 对象的 decode 方法，具体使用方式如下。

```
# -- coding: utf-8 --
a = '中国'
print type(a)                          # => str
b = a.decode('utf-8')                  # 使用 utf-8 进行解码
print type(b)                          # => unicode
```

此外，解码还可以使用 unicode 内建函数，与 decode 不一样的是，unicode 使用 Python 系统默认的编码来解码。具体使用方式如下。

```
# -- coding: utf-8 --
import sys
reload(sys)
sys.setdefaultencoding("UTF-8")        ## 设置系统默认编码

a = '中国'
print type(a)                          # => str
b = unicode(a)                         # 使用系统默认编码解码
print type(b)                          # => unicode
```

2. 编码

编码的过程与解码刚好相反，即从 unicode 转换为 str 类型。可以使用 str 对象的 encode 方法，具体使用方式如下。

```
# -- coding: utf-8 --
a = u' 中国 '
print type(a)                    # => unicode
b = a.encode('UTF-8')            # 以 utf-8 进行编码
print type(b)                    # => str
```

同样地使用 str 内建函数也可以将 unicode 类型转换为 str 类型，并且使用的也是系统默认的编码。具体使用方式如下。

```
# -- coding: utf-8 --
import sys
reload(sys)
sys.setdefaultencoding('UTF-8')          ## 设置默认编码

a = u' 中国 '
print type(a)                    # => unicode
b = str(a)                       # 使用默认编码进行编码
print type(b)                    # => str
```

提示　str 内置函数除了可以把 unicode 类型转换成 str 类型，还可以把其他类型转换成 str 类型。例如，int、float、tuple、list 等。而对于一个自定义对象，如果希望能被 str 函数转换，则需要自己实现 __str__ 方法，并在该方法内返回转换后的字符串内容。

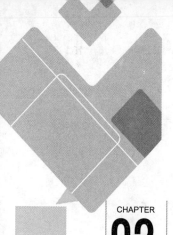

第 3 章

Web UI 自动化基础

在正式介绍 Web UI 自动化测试相关章节之前，针对一些初学者而言还需要额外补充下相关基础知识。这些基础知识不仅是 Web UI 自动化的知识，同时也是 Web 开发的基础知识。掌握了这些基础知识之后，在后续的自动化脚本开发时才能更好地发现问题和解决问题。

本章主要介绍的内容包括 HTML、DOM、CSS 等 Web 相关技术。

3.1　HTML 与 DOM 简介

HTML 全称为超文本标记语言，是网页制作与 Web 开发所使用的语言。其特点是简单易学、平台无关且通用性较好。HTML 的标准是由 W3C 组织提出的，目前最新的规范是 HTML5。

HTML 不是编程语言，而是一个标记语言；它有自己的一套标记标签，并且使用这些标记标签来描述网页的内容。浏览器接收到这些标记文本后，按照预定的行为来解析并展示到页面上。HTML 标签的规则如下。

❑ 由尖括号包围关键字组成，例如 <html>。

❑ 通常都是成对出现，例如 <div> 和 </div>。

❑ 成对出现时第一个为开始标签，第二个为结束标签。

❑ 有时会是单标签，例如 <input name="kw"/>。

❑ 标签可以嵌套但不能交叉嵌套。

❑ 不同的标签有它自己的功能和定义，例如，<b> 标签可以使文本加粗。

HTML 页面就是由这些特定含义的标签对与文本内容所组成的，开发人员会根据不同的需求选用对应的标签来开发网页。下面就是一个最简单的 HTML 页面源码。

```
<html>                            # 网页根标签
    <head>
        <title> 测试页面 </title>
        <meta charset="utf-8">
    </head>
    <body>                        # 网页主体标签
        <h1> 我是一级标题 </h1>        # 标题标签
        <p> 我是一个段落。</p>          # 段落标签
    </body>
</html>
```

上述的 HTML 源码在浏览器中被加载之后的效果如图 3-1 所示。

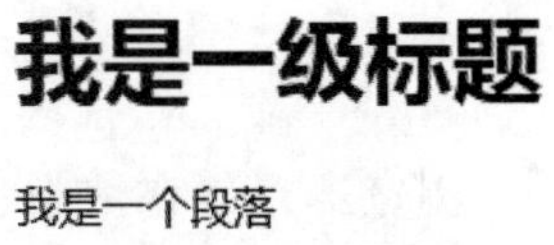

从上述代码中可以看出，HTML 的基本结构是 <html> 与 </html> 作为最外层标签，其下有 <head><body> 标签。<head> 标签下可以包含 <title><meta> 等标签。<body> 标签下则可以包含更多的 HTML 标签，例如 div、p、table、input 等。

我是一级标题

我是一个段落

图 3-1　HTML 效果

其中，<html><head><body> 这三者的结构是固定的，并且 <head> 标签下的内容也基本为固定形式。只有 <body> 标签下的内容与形式不是固定的，因为 <body> 中的内容是需要在页面上显示的元素；而不同的页面显示内容各有所需，所以 <body> 下的内容与形式会根据需要定制成各种形式。具体而言，<body> 下的标签可以分为如下几种类型。

❑ 格式标签：用于规范页面格式显示的标签。例如，块区域标签 div、段落标签 <p>、换行标签
 等。

❑ 文本标签：用于约束文本内容显示的标签。例如，<b> 加粗标签、<i> 斜体标签、<font> 字体标签等。

❑ 图像标签：用于显示图片的标签。主要为 <img> 标签。

❑ 超链接标签：用于连接和跳转页面的标签。通常为 <a> 标签。

❑ 表格标签：用于回显表格内容的标签。通常为 <table> 标签。

除了上述举例的这些标签之外，HTML 还有很多同类型不同功能的标签。想要全部了解的读者可以参见 HTML 规范 http://www.w3school.com.cn/tags/html_ref_byfunc.asp。

在正常的网页开发过程中，就是使用各种不同功能的 HTML 标签来组装成我们需要的页面内容。而浏览器在接收到 HTML 内容后并不是直接显示 HTML 本身，而是显示了其对应的网页效果。这是因为浏览器自身拥有解析 HTML 并渲染页面的功能，在渲染页面的过程

中，浏览器还会创建一个叫作 DOM 的对象。

DOM 全称为文档对象模型，是 W3C 组织推荐的处理可扩展语言的标准编程接口。它是浏览器在解析 HTML 页面的过程中生成的一个内部对象。在 DOM 对象中把页面（或文档）的对象都组织在一个树状结构中，其树状结构中的每一个对象都是与源 HTML 中的节点一一对应的。例如，前段代码中的 HTML 内容其对应的 DOM 对象结构如下。

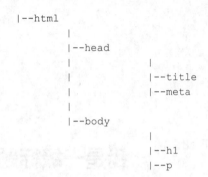

```
|--html
   |
   |--head
   |      |
   |      |--title
   |      |--meta
   |
   |--body
          |
          |--h1
          |--p
```

浏览器最终在渲染和显示网页内容的时候正是基于 DOM 对象的内容而来的，并且 DOM 对象一旦被修改浏览器将会重新渲染页面内容。而另一方面 DOM 本身就是一个可编程的接口，即我们可以通过编程的方式调用它。简而言之，我们可以通过编程来动态改变页面显示的效果。

大部分基于 Web 的自动化测试工具都是通过操作 DOM 来控制浏览器行为的；而我们在进行自动化测试脚本开发的时候，其中一个重要的知识点就是如何定位 DOM 中的元素；在定位到元素之后自动化工具就可以对其 DOM 节点进行相关操作，来实现自动化测试 Web 页面的效果。接下来将学习如何定位一个 Web 元素。

3.2 学习元素定位方式

Web 的 UI 自动化测试步骤有元素定位、元素操作、再次元素定位、元素信息获取、结果检查等这几个步骤。其中，元素定位是奠定整个测试过程的基础，如果找不到元素我们既不能操作页面，也不能获取页面信息，自然就无法进行自动化测试。因此元素的定位技术是我们学习 Web 自动化测试所必须掌握的一项技能。

所谓的元素定位，即根据元素的特定属性对元素进行定位描述的一项技术。也就是说，对元素进行定位时需要先了解元素具有哪些属性，然后依据这些属性就可以编写出针对该元素的定位符。那么元素具体有哪些属性呢？下面列出了在 Web 自动化测试过程中经常用来进行元素定位的常用属性。

❑ ID 属性。能唯一定位一个元素的属性，优先选取的定位属性。

❑ Class 属性。广泛使用的定位属性。

❑ Name 属性。

❑ TagName 属性。HTML 节点的标签名，如 input、a 等。

图 3-2 中标注出每一个属性在 HTML 页面中的具体形式。

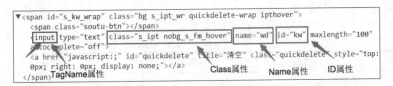

图 3-2　HTML 属性分析

　　这些属性中只有 ID 属性的值在 HTML 文档中是唯一的，而其他属性的值在 HTML 文档中可能会出现一次以上。因此，通过 ID 属性找到的元素都是非常精准的，而其他属性定位元素时有可能会匹配到多个目标元素。例如，某页面中 class 值为 fly 的元素有两个，这种情况下如果使用 class=fly 的属性来进行定位则会匹配到两个元素，导致元素定位无法精确匹配从而影响后续测试工作，因为不能保证定位到的那个元素就是我们真正需要操作的元素。

　　提示　虽然只有 ID 属性是唯一的，但是我们仍然可以考虑使用 Class、Name 属性进行元素定位，因为并不是所有的 Class 和 Name 属性都有多个值存在，我们通过在 HTML 页面中搜索一下指定的 Class 或者 Name 属性，如果只搜索到一个结果，那么该属性就可以唯一定位这个元素了。而 TagName 则不建议单独用来进行定位，因此 TagName 在页面中只出现一次的可能性很小。

　　上面提到的是利用元素自身基本属性来定位，而除了这些基本属性之外，还可以通过其他技术手段来进行定位，目前业内普遍使用的定位技术为 XPath 和 CSS。这两项定位技术的特点是支持的定位方式更多元化，支持的功能更强大，几乎可以唯一定位任何一个元素，可以轻松解决一些日常工作中的常见问题，具体如下。

❑ 匹配多个元素时可以通过 Index 获取指定元素。

❑ 可以使用更多的元素属性，例如，value、type 等。

❑ 可以综合使用多个元素属性，例如，同时使用 Class、Name 和 TagName 属性来定位。

❑ 可以分层进行定位，例如，先定位到一个确定的父节点元素，再定位可以唯一确定的
　子元素。

　　提示　本书推荐使用 CSS 的定位技术来进行元素定位学习，关于 XPath 的定位技术感兴趣的读者可以通过在线教程进行学习。

3.3　CSS 定位技术

其实 CSS 定位元素的基础依然是 HTML 文档中元素的属性，只是通过 CSS 语法我们可以组合成条件和层次都更加丰富的定位语句。在具体学习复杂的定位之前我们先来学习一下CSS 的基本定位语法，如表 3-1 所示。

表 3-1　CSS 定位语法

定位资源	语法	样例	说明
ID	#ID	#kw	匹配 id=kw 的元素
Class	.Class	.fly	匹配所有 class=fly 的元素
TagName	Element	input	匹配所有的 input 元素
Attribute	[attribute]	[name]	匹配所有具有 name 属性的元素
	[attribute=value]	[name=su]	匹配所有 name=su 的元素

上面是 CSS 常用的基本语法，通过这些基础语法就可以组合出更多的定位语句。关于Selenium 支持的 CSS 更多的定位语法可以访问 http://www.testdoc.org 进行学习。接下来针对前面所列出的几种复杂情况进行 CSS 定位。

❑ 获取匹配多个元素中的指定一个。

```
table>tr:nth-child(1)            ## 定位 table 元素下的第 1 个 tr 元素
```
❑ 使用更多的元素属性。

```
input[type=text][value=1]        ## 定位 type 为 text，value 为 1 的 input 元素
```
❑ 综合使用不同的属性。

```
input.fly[name=wd]               ## 定位 class 为 fly，name 为 wd 的 input 元素
```
❑ 分层定位元素。

```
form>table>a[class=dot]          ## 定位 form 下的 table 下的 class 为 dot 的 a 元素
```
❑ 定位特定文本内容的元素。

```
label:contains('userName')       ## 定位包含 userName 文字的 label 元素
```
通过上面的 CSS 定位示例语句，可以大体先了解下针对不同定位场景，如何利用 CSS定位技术去解决。在后面会进一步通过代码进行练习和掌握。

3.4　使用工具帮助定位

通过上面的介绍掌握了如何在 HTML 页面中进行元素定位，方法虽然可行，但是每次都是手动地在 HTML 页面的源码里寻找，效率自然就会非常低，所以本节中介绍如何快速高

效地对目标元素进行定位，即使用定位工具来进行元素定位。

3.4.1　IE 的 Developer Tool

IE 的开发者工具可以通过单击元素的方式来定位页面上元素所对应的 HTML 节点，具体的步骤如下。

（1）打开 IE 浏览器。

（2）打开一个页面，如 http://www.baidu.com。

（3）右击页面选择"检查元素"或者按 F12 键打开开发者工具，如图 3-3 所示。

图 3-3　IE 开发者工具

（4）单击"选择元素"图标 或者按 Ctrl+B 快捷键。

（5）将光标移动到页面上的目标元素上并单击。

（6）查看开发者工具中有背景色的元素节点，即被单击元素的对应节点。

通过上面的步骤，可以轻松定位某个页面元素的对应 HTML 节点内容，而无须手动查看源码和查找关键字，既准确又快速。

3.4.2　Firefox 的 Web 开发者工具

同样地，Firefox 浏览器也提供了相似的工具，快捷键 F12 或者右击选择"查看元素"即可打开该工具，打开后的界面如图 3-4 所示。

图 3-4　FireFox 开发者工具

查看元素的方式与 IE 基本一致，首先单击"用鼠标选择元素"按钮 ，然后使用鼠标单击目标元素，工具中有背景色的节点即为被单击元素对应的 HTML 节点。

3.4.3　Chrome 的开发者工具

Chrome 浏览器中也提供了相应的工具，按 F12 快捷键或者右击选择"检查"命令即可打开该工具，使用方法同 IE 和 Firefox，具体界面如图 3-5 所示。

图 3-5　Chrome 开发者工具

3.4.4　Firefox 的 XPath Checker 插件

除了使用开发者工具来查看元素节点的属性，还可以通过 XPath 工具来查看元素的 XPath 路径，该工具可以自动生成被单击元素的 XPath 路径，为我们的元素定位提供了另一种方便。具体的安装和使用步骤如下。

（1）安装 Firefox 的 XPath Checker 插件。

（2）打开一个页面，如 http://www.baidu.com。

（3）右击目标元素后选择 View XPath 子项。

（4）查看 XPath Checker 界面中的 XPath 路径，如图 3-6 所示为百度首页搜索框的 XPath 定位路径。

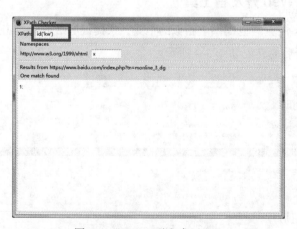

图 3-6　Firefox 下生成 XPath

3.4.5　Chrome 的 XPath 工具

Chrome 中也提供了 XPath 的定位工具，而且已经直接集成在它的开发者工具中了，获取元素 XPath 路径的具体操作步骤如下。

（1）打开开发者工具。

（2）定位到具体的元素节点。

（3）在开发者工具中右击该 HTML 节点。

（4）选择 Copy → Copy XPath，如图 3-7 所示。

图 3-7　Chrome 下生成 XPath

通过上面的步骤之后，元素节点对应的 XPath 路径就被复制到系统的粘贴板中了，可以通过粘贴的方式把 XPath 路径直接复制出来，同样对于百度首页的输入框我们得到的 XPath 路径为：//*[@id="kw"]。

3.4.6　Firefox 的 CSS 插件

同样，对于元素的 CSS 路径 Firefox 也有相应的工具可以帮助我们生成。在火狐中想要使用该功能，需要同时安装 Firebug 和 FirePath 两个插件，具体步骤如下。

（1）安装好 Firebug 和 FirePath 插件。

（2）打开一个网页，如 http://www.baidu.com。

（3）右击搜索框并单击 Inspect in FirePath。

（4）在打开的 FirePath 工具中选择 CSS，如图 3-8 所示。

（5）单击🔲按钮后用鼠标单击目标元素。

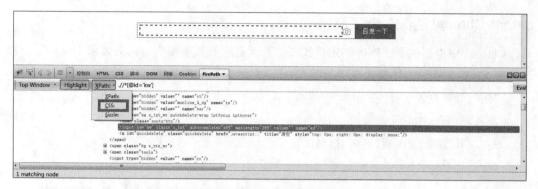

图 3-8　Firefox 生成 CSS 选项

（6）查看 CSS 后面的输入框内容即为所单击元素的 CSS 定位路径，如图 3-9 所示为百度搜索框的 CSS 定位路径。

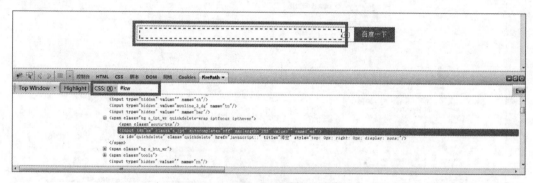

图 3-9　Firefox 生成 CSS 路径

3.4.7　Chrome 的 CSS 工具

Chrome 作为主流的浏览器之一，也是支持 CSS 定位生成功能的，同样地也是集成到了它的开发者工具中，具体的使用步骤如下。

（1）打开开发者工具。

（2）定位到具体的元素节点。

（3）在开发者工具中右击该 HTML 节点。

（4）选择 Copy → Copy Selector 即可复制该节点的 CSS 路径。

3.4.8　Firefox 的 WebDriver Element Locator 插件

Firefox 的插件库是相当丰富的，对于定位它还有一个 WebDriver 友好的插件叫作 WebDriver Element Locator。它不仅提供了定位的路径，还提供了生成 WebDriver 的代码，而且还支持 WebDriver 的多种语言。具体的操作步骤如下。

（1）打开 Firefox 浏览器，进入 https://addons.mozilla.org/en-US/firefox/。

（2）在搜索框里输入"WebDriver Element Locator"。

（3）找到插件并单击 Download Now 按钮，如图 3-10 所示。

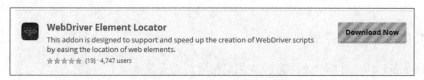

图 3-10　WebDriver 插件下载

（4）会有一个弹出框，单击 Install Now。

（5）在 Firefox 里打开 http://www.baidu.com。

（6）右击百度搜索框后查看菜单内容，如图 3-11 所示。

图 3-11　WebDriver 插件演示

（7）选择对应的生成代码子项即可生成该语言的 WebDriver 脚本。

该工具支持生成脚本的语言有 C#、Java、Python 和 Ruby，根据所用的语言不同可以选择对应的子项，在这里可以直接选择 Python Locators 子项。

注意　可以看到 WebDriver Element Locator 目前仅支持生成 XPath 路径的 Selenium 定位脚本，不支持 CSS 路径的 Selenium 定位脚本生成。

3.5 Selenium 中进行元素定位

前面学习了 HTML 中元素定位的方法和工具，本节学习如何在 Selenium 中进行元素的定位。

3.5.1 获取一个定位元素

在 Selenium 中的元素定位是通过几个定位接口对开发人员开放的，主要的几个定位方法的名称如下。

❑ find_element_by_class_name。

❑ find_element_by_css_selector。

❑ find_element_by_id。

❑ find_element_by_link_text。

❑ find_element_by_name。

❑ find_element_by_partial_link_text。

❑ find_element_by_tag_name。

❑ find_element_by_xpath。

上述定位元素的接口分别是通过元素的 ClassName、CSS 路径、ID、链接文字、Name、部分链接文字、标签名以及 XPath 路径来进行定位的。我们要做的是在调用具体方法的时候传递过去正确的参数即可。接下来通过一个示例节点来说明下如何使用每个定位方法。具体节点代码如下。

```
<input type="text" class="s_ipt nobg_s_fm_hover" name="wd" id="kw" >
```

上述节点可以通过以下几个方法分别进行定位，如下。

❑ find_element_by_css_selector("#kw")。

❑ find_element_by_id("kw")。

❑ find_element_by_xpath("//*[@id="kw"]")。

❑ find_element_by_name("wd")。

❑ find_element_by_tag_name("input")。

其中，以 id 作为定位参数的通常都可以精确定位到该元素，而以 Name、TagName 作为定位参数的则可能定位到多个符合条件的节点，而 Selenium 则会返回第一个匹配到的节点元素。另外，对应 link text 之类的方法只适用于 a 元素，所以上面的 input 元素不可使用这类方法进行定位，接下来就看看如何通过链接文字来定位链接，示例节点代码如下。

```
<a href="https://www.python.org" target="_blank">python 官网 </a>
```

对于上面的元素节点，就可以使用 link text 的方法进行定位，具体如下。

❑ find_element_by_link_text("python 官网 ")。

❑ find_element_by_partial_link_text("python")。

上面两个方法都会匹配到目标元素，第一个方法会匹配到链接文字为 " python 官网" 的第一个链接，第二个方法会匹配到链接文字包含 " python" 的第一个链接，所以如果上述代码中的节点在整个 HTML 页面中是唯一的或者最先出现的，那么将会被匹配成功。

注意　如上所述，find_element_by_XXX 方法返回的永远是第一个匹配到的元素，而实际情况下并非所有元素都有 id 属性，也并非所有想得到的元素都是最先出现的；那么如何获取匹配节点中的非第一个元素？

3.5.2　获取一组定位元素

为了解决上面提到的问题，Selenium 提供了另外一套定位方法，具体名称如下。

❑ find_elements_by_class_name。

❑ find_elements_by_css_selector。

❑ find_elements_by_id。

❑ find_elements_by_link_text。

❑ find_elements_by_name。

❑ find_elements_by_partial_link_text。

❑ find_elements_by_tag_name。

❑ find_elements_by_xpath。

可以看到这一套方法和前面提到的方法是相对应的，由原来的 find_element_by_XXX 变成 find_elements_by_XXX，即返回一组所有匹配到的元素，这样开发者就可以通过这个方法来处理匹配到多个元素时的情况。例如，HTML 的部分代码如下所示。

```
<ul id="mylist">
        <li class="red">java</li>
        <li class="red">python</li>
        <li class="red">c#</li>
        <li class="red">ruby</li>
</ul>
```

如果想要获取 Python 所在的 li 元素，则需要通过如下代码来获取此元素。

```
webdriver.find_elements_by_class_name("red")[1]
```

即先通过 find_elements_by_class_name 获取到所有匹配的元素，然后再通过索引下标获取第 2 个元素（默认下标从 0 开始）。

3.5.3　匹配非第一个元素

除了通过上面的方法来处理同时匹配多个元素的情况，还可以使用 CSS 和 XPath 的语法功能来支持选择多个匹配元素中的指定元素；同样以 3.5.2 节的 HTML 为例看看 CSS 和 XPath 是如何支持多元素选择的，首先来看 CSS 的代码脚本如下。

```
webdriver.find_element_by_css_selector('#mylist li:nth-child(1)')
```

代码中关键定位符为 :nth-child，即定位元素中的第几个孩子节点。上面的代码的意思是定位 id 为 mylist 元素下的第 1 个 li 孩子节点。再来看看 XPath 的代码脚本如下。

```
webdriver.find_element_by_xpath('//*[@id="mylist"]/li[1]')
```

代码中通过中括弧中的数字来描述具体定位第几个孩子节点，上面的代码同样是定位 id 为 mylist 的元素下第 1 个 li 孩子节点。

注意　通常情况下需要定位的元素通过上面提到的方法都可以直接定位到；而另一些时候需要定位的元素却没有任何属性，并且它们都分布在整个 HTML 页面内，无法通过以上方式在整个 HTML 页面内定位第 N 个子元素；这时通常使用的方法就是寻找它的可定位的父类元素，然后在这个父类元素的范围内进行子元素定位。

Selenium IDE

Selenium IDE 是 Firefox 的一个插件，它可以支持对页面上的测试步骤进行录制与回放。即可以通过这个工具进行页面自动化脚本的录制，而无须手动开发脚本。

默认情况下，Selenium IDE 录制生成的是 HTML 表格形式的测试脚本；回放时默认也是以 HTML UNIT 的方式回放脚本。

此外，Selenium IDE 还有一个特点就是，它可以把 HTML 形式的测试脚本转换成其他支持 Selenium 的语言脚本。例如，转换为 Python 语言的脚本之后，再通过执行 Python 脚本来达到回放的效果。Selenium IDE 支持转换的脚本语言有：C#、Java、Python、Ruby。

4.1 Selenium IDE 安装

Selenium IDE 的安装过程包括 Firefox 浏览器安装、Selenium IDE 火狐插件的安装。如果本机已经安装了 Firefox 浏览器，则可以直接跳至 4.1.2 节安装 Selenium IDE 插件。

4.1.1 Firefox 安装

由于 Selenium IDE 是 Firefox 的插件，所以在安装 Selenium IDE 之前需要先安装一下 Firefox 浏览器。具体的安装过程如下。

（1）进入 Firefox 官网下载页面（http://www.firefox.com.cn/download/）。

（2）单击下载对应的 Firefox 版本。

（3）双击下载的 exe 文件。

（4）默认安装或选择安装目录。

（5）依次确认完成安装。

4.1.2　Selenium IDE 在线安装

在 Firefox 安装完成之后，就可以进行 Selenium IDE 的安装了。具体安装步骤如下。

（1）使用 Firefox 打开 Selenium IDE 的插件下载页面（https://addons.mozilla.org/en-US/firefox/addon/selenium-ide/）。

（2）单击 + Add to Firefox 按钮，如图 4-1 所示。

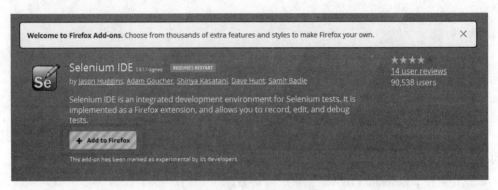

图 4-1　Selenium IDE 插件页面

（3）单击 Install 按钮进行安装，如图 4-2 所示。

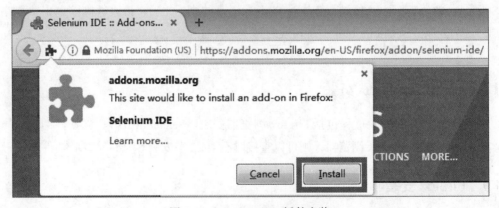

图 4-2　Selenium IDE 插件安装

（4）安装完成后重启 Firefox。

（5）按一下 Alt 键→单击 Tools 菜单栏→单击 Selenium IDE 打开 IDE，如图 4-3 所示。

（6）成功弹出 Selenium IDE 窗口则安装成功，如图 4-4 所示。

图 4-3　打开 Selenium IDE

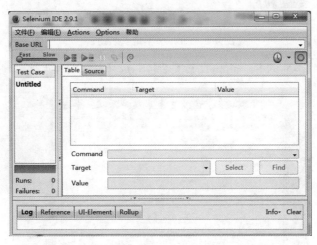

图 4-4　Selenium IDE 界面

4.1.3　Selenium IDE 本地安装

对于无法访问 Firefox 插件官网的读者，可以到 http://www.testqa.cn/download 下载最新火狐插件，并进行本地安装。具体本地的安装步骤如下。

（1）打开 Firefox 浏览器。

（2）按一下 Alt 键→单击 Tools 菜单栏→选择"附加组件"选项，如图 4-5 所示。

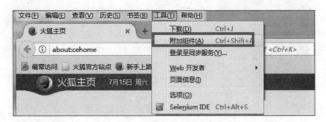

图 4-5　Firefox 附加组件

（3）单击"配置"按钮，选择"从文件安装附加组件…"，如图 4-6 所示。

图 4-6　Firefox 本地安装组件

（4）浏览下载到本地的 Selenium IDE 安装包并选择，如图 4-7 所示。

图 4-7　选择 Selenium IDE 插件包

（5）在 Firefox 提示框中单击"安装"，如图 4-8 所示。

图 4-8　Selenium IDE 本地安装

（6）重启 Firefox 浏览器使用插件安装生效，如图 4-9 所示。

图 4-9　Selenium IDE 安装确认

（7）按下 Alt 键→单击 Tools 菜单栏→单击 Selenium IDE 打开 IDE，如图 4-10 所示。

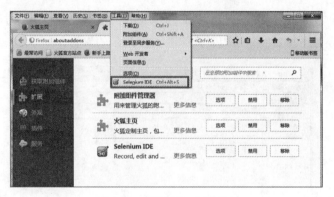

图 4-10　打开 Selenium IDE

（8）正常弹出 Selenium IDE 窗口则安装成功，如图 4-11 所示。

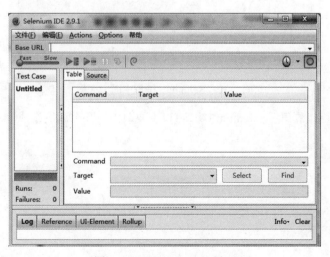

图 4-11　Selenium IDE 界面

4.2 Selenium IDE 功能介绍

Selenium IDE 安装完成之后，就可以使用 Selenium IDE 来帮助我们录制测试场景，然后转换为目标语言脚本，这里为 Python 测试脚本。通过这种方式开发测试脚本有以下三个好处。

❑ 初学者在代码基础不足的情况下仍可以开发自动化测试脚本。

❑ 可以帮助初学者了解并学习 Python 的 Selenium 脚本样例。

❑ 可以提到测试脚本的开发效率。

那么，接下来将会开始对 Selenium IDE 的基本功能进行一一介绍。

4.2.1 Selenium IDE 窗口

在具体进行脚本录制之前，看一下 Selenium IDE 的基本功能和使用方法。按照 4.1 节的步骤打开 Selenium IDE 窗口，就可以看到如图 4-12 所示的界面。

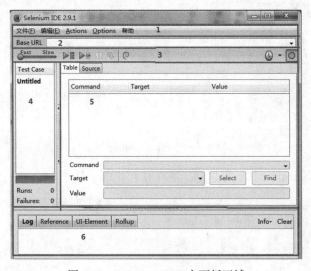

图 4-12　Selenium IDE 主面板区域

从图 4-12 中可以看出，Selenium IDE 窗口主要由以下几个区域组成。

❑ 菜单栏。

❑ 地址栏。

❑ 工具栏。

❑ 用例管理区。

❑ 用例脚本开发区。

❑ 信息输出区。

4.2.2　菜单栏

菜单栏包括文件、编辑、Actions、Options、帮助 5 个主菜单，其中，"文件"菜单子项主要用来管理和操作测试用例文件。例如，新建、保存、导入、导出测试用例 / 套件文件，如图 4-13 所示。

"编辑"菜单子项主要用来对测试脚本内容进行编辑。例如，复制、粘贴、删除、撤销、插入等操作，如图 4-14 所示。

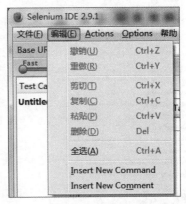

图 4-13　Selenium IDE "文件"菜单　　　图 4-14　Selenium IDE "编辑"菜单

Actions 菜单子项主要用来控制测试脚本开发、调试、执行等过程。例如，录制、回放、设置断点、控制回放速度等，如图 4-15 所示。

Options 菜单子项主要用来设置 Selenium IDE 的相关配置。例如，全局设置、脚本格式设置、恢复设置、清空历史等，如图 4-16 所示。

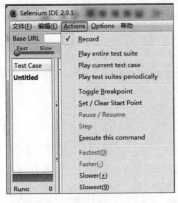

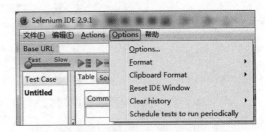

图 4-15　Selenium IDE 的 Actions 菜单　　　图 4-16　Selenium IDE 的 Options 菜单

其中大部分的 IDE 设置都在 Options 子菜单中，单击 Options 子菜单会弹出一个设置对话框，如图 4-17 所示。

　　该对话框中又包括：通用设置、格式设置、插件设置、定位器生成规则设置、WebDriver
设置。这里面常用的设置都集中在通用设置、格式设置、定位器生成规则设置之中。

　　General 选项卡中常规设置选项说明如图 4-18 所示。

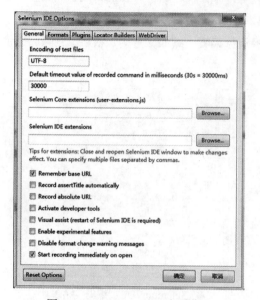

图 4-17　Selenium IDE 选项设置　　　　　图 4-18　Selenium IDE 通用选项说明

　　Formats 选项卡中选项主要用来设置不同语言格式脚本的模板变量设置，如文件名、包
名、WebDriver 实例的变量名、Remote WebDriver 的连接信息等，如图 4-19 所示。

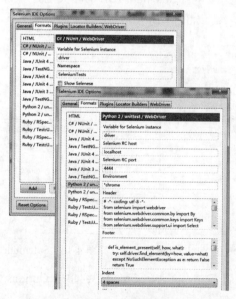

图 4-19　Selenium IDE 格式选项设置

Locator Builders 选项卡则用来设置定位器生成规则的优先级。默认定位规则优先级顺序如图 4-20 所示，并且可以通过拖放子选项来改变其默认的优先级顺序。

图 4-20 Selenium IDE 定位器格式设置

"帮助"菜单子项主要与 Selenium IDE 帮助相关，例如，帮助文档、问题反馈、官网地址等，如图 4-21 所示。

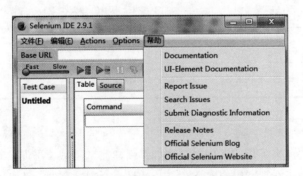

图 4-21 Selenium IDE "帮助"菜单

4.2.3 地址栏

Selenium IDE 的地址栏主要用来设置被测应用的基础 URL 地址；设置了该地址之后，测试脚本中使用到 URL 的步骤都可以使用基于该基础 URL 的相对路径。

例如，正常访问知乎的问答页面其完整 URL 为 https://www.zhihu.com/question/41541192，现在我们在 Selenium IDE 的地址栏中输入基础 URL 为 https://www.zhihu.com，则测试脚本中访问该问题页面时，只需输入 /question/41541192 路径即可。如果使用的是录制的方式开发测试脚本，则默认会生成相对 URL 路径。

4.2.4　工具栏

工具栏中的按钮和选项，其实都是 Actions 主菜单中的快捷键。各按键的功能说明如表 4-1 所示。

表 4-1　Selenium IDE 工具栏按键说明

按键图标	按钮名称	说明
	速度控制器	用来控制测试脚本执行速度
	测试套件执行器	用来执行整个测试套件
	测试用例执行器	用来执行当前测试用例
	暂停 / 恢复执行	在测试执行过程中暂停和恢复执行
	单步调试器	在调试模式下执行单步脚本执行
	测试脚本重载	当测试脚本文件在外部被修改时重载变化内容
	测试步骤归档	把多个测试步骤集合为一个 action 操作
	录制 / 取消录制	启动录制 / 取消录制
	测试任务调度器	配置定时执行测试任务

4.2.5　用例管理区

用例管理区主要用来管理测试用例，例如，新建测试用例、添加已有测试用例、删除测试用例等。该区域的所有测试用例集合在一起就是一个测试套件，并且同时只能打开一个测试套件进行用例管理。如果需要管理另一个测试套件中的用例，那么就需要打开一个新的测试套件来覆盖当前测试套件中的内容。

对于自动化测试用例数较少的应用而言，可以把所有的测试用例都存在一个测试套件中，最终会保存在一个 HTML 文件中。而对于用例数较多的应用来讲，应该按功能划分多个测试套件，每一个功能都应该有一个自己的套件，最终用例会按照套件分别保存在不同的 HTML 文件中。

用例管理区中的用例可以有两种方式进行管理：一种是直接右击该区域，在弹出的菜单中有管理用例的选项，包括新建、添加、删除、执行、编辑等操作，如图 4-22 所示。

　　另一种管理用例的方式为，单击"文件"菜单栏，在其子菜单中也有用例管理的相关选项，如图 4-23 所示。

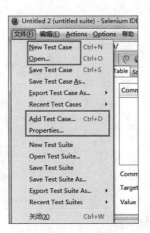

　　图 4-22　Selenium IDE 用例编辑　　　　　图 4-23　Selenium IDE 新建用例操作

4.2.6　用例脚本开发区

　　用例脚本开发区主要是编辑测试用例的具体步骤。通过单击用例管理区中的测试用例名，就可以在用例脚本区查看该测试用例的脚本内容。该区域有两种编辑模式：表格编辑模式，源码编辑模式。

　　表格编辑模式为推荐的编辑模式，在这种模式下，它可以为脚本开发提供一些帮助。例如，提供测试命令的选择、测试对象的拾取帮助等。如图 4-24 所示为表格模式的功能介绍。

　　图 4-24　Selenium IDE 表格脚本开发区

　　源码编辑模式为备选的编辑模式，在特定的场景下使用会有不同的效果。例如，批量复制 / 粘贴、批量修改 / 替换用例内容等。此类场景可以在源码编辑模式下把脚本内容复制到外部编辑器中，在操作完相关内容之后，再粘贴到源码编辑器中即可。如图 4-25 所示为源码编辑模式时 HTML 格式的样例内容。

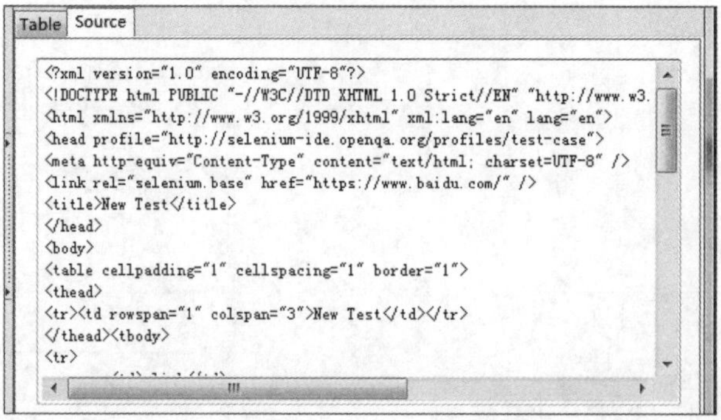

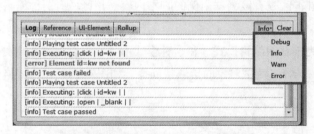

图 4-25　Selenium IDE 源码脚本开发区

4.2.7　信息输出区

信息输出区主要用来回显各种输出信息。例如，测试日志、命令参考文档、UI-Element 定义文档、Rollup 定义文档。只有测试日志是在执行用例时才会有输出，其日志等级包括 debug、info、warn、error，默认等级为 info。其他三个都是用来回显特定对象的帮助文档的，如图 4-26 所示。

图 4-26　Selenium IDE 日志等级设置

4.3　Selenium IDE 使用

在介绍完 Selenium IDE 所具有的基本功能之后，就可以开始学习使用 Selenium IDE 开发测试脚本了。本节主要包括录制脚本、编辑脚本、回放脚本、调试脚本、转换脚本等。

4.3.1　Selenium IDE 录制与回放

这里以一个百度首页搜索关键字的操作场景为例，来进行一次测试脚本的录制，具体过程如下。

（1）打开 Firefox 浏览器。

（2）菜单栏单击"工具"主菜单。

（3）选择 Selenium IDE 子菜单。

（4）单击◉按钮开始录制（如果默认没有启动录制）。

（5）在 Firefox 浏览器中输入 URL（http://www.baidu.com）。

（6）在百度搜索框中输入"Selenium IDE"并回车。

（7）单击◉按钮停止录制。

（8）单击▶■按钮进行回放。

（9）Firefox 浏览器就会自动回放录制的场景。

注意　Selenium IDE 默认不会录制 Firefox 浏览器的关闭事件，同时在回放 HTML UNIT 的时候也不会启动 Firefox；所以场景操作最后无须关闭 Firefox 浏览器，否则回放将会提示错误。

现在来看下 Selenium IDE 录制的脚本是什么样，如图 4-27 所示。

图 4-27　Selenium IDE 录制脚本

从图 4-27 中可以看到录制的内容以表格形式展示，表格的每一行代表用户的一个操作或是验证，并且不难看出这 5 个步骤分别如下。

（1）打开百度首页。

（2）验证页面标题为"百度一下，你就知道"。

（3）单击 id 为 kw 的元素。

（4）在 id 为 kw 的元素里输入"Selenium"字符串。

（5）单击 id 为 su 的元素。

其中，id 为 kw 的元素就是百度的输入框，而 id 为 su 的元素就是百度的搜索按钮。可以使用 Firefox 的开发者工具来查看，步骤如下。

（1）在 Firefox 地址栏中输入 http://www.baidu.com。

（2）右击搜索输入框，单击 Inspect Element，如图 4-28 所示。

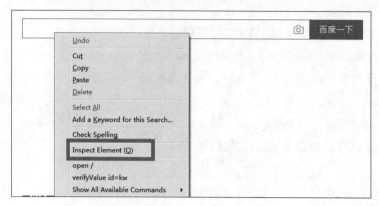

图 4-28　Firefox 查看元素

（3）在底部的弹出窗格中找到有背景色的节点，并查看其 id 属性即为 kw，如图 4-29 所示。

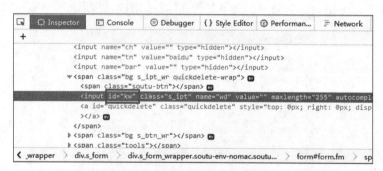

图 4-29　Firefox 查看元素内容

（4）同样的操作可以查看"搜索"按钮的 id 为 su。

4.3.2　Selenium IDE 脚本编辑

4.3.1 节中是通过录制的方式来开发测试用例的。其实除了录制还可以通过人工添加测试步骤的方式来开发测试用例；此外，还可以对录制的测试脚本进行编辑和修改，以达到最终的测试场景要求。

1.添加一个测试步骤

在 Selenium IDE 中添加一个测试步骤的流程如下。

（1）打开 Selenium IDE。

（2）在脚本开发区空白处右击，如图 4-30 所示。

（3）选择菜单中的 Insert New Command。

（4）在 Command 输入框中输入一个操作命令，如"type"。

（5）在 Target 输入框中输入一个元素定位符，如"id=kw"。

（6）在 Value 输入框中输入一个命令参数值，如"Selenium IDE"，如图 4-31 所示。

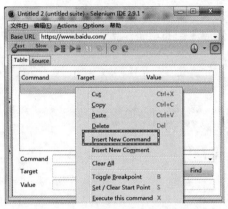

图 4-30　Selenium IDE 插入步骤

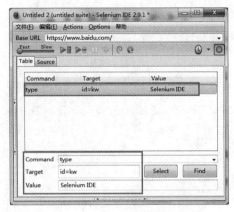

图 4-31　Selenium IDE 步骤编辑 1

在上面的几个步骤完成之后，在百度搜索框中添加了一个输入"Selenium IDE"关键字的测试步骤。

2. 编辑一个测试步骤

同添加一个测试步骤的操作不同的是，编辑测试步骤时需要先选择一个已有的测试步骤，然后再对该步骤的内容进行修改。例如，针对 4.3.1 节中录制的脚本，把关键字修改为"Python"的操作流程如下。

（1）用鼠标选中要修改的步骤，如图 4-32 所示。

（2）在 Value 输入框中把值修改为"Python"，如图 4-33 所示。

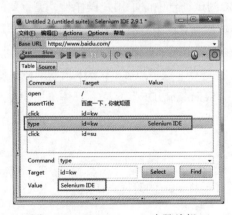

图 4-32　Selenium IDE 步骤编辑 2

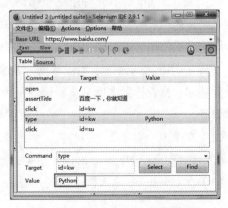

图 4-33　Selenium IDE 步骤编辑 3

同样地，还可以修改 Command、Target 输入框中的内容。此外，对于测试用例步骤还可以进行复制、粘贴、删除等操作；如果想要使用这些操作，只要打开右键菜单即可看到，如图 4-34 所示。

3. 添加一个注释

在测试脚本中，对于有些不太好理解的测试步骤，可能就需要添加一些注释，来提高测试脚本的可读性。而在 Selenium IDE 中也提供了添加注释的功能，具体步骤如下。

（1）选择需要注释的测试步骤并右击。

（2）选择菜单中的 Insert New Comment，如图 4-35 所示。

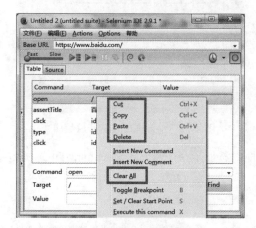

图 4-34　Selenium IDE 步骤编辑 4　　　　图 4-35　Selenium IDE 步骤编辑 5

（3）选择新插入的空测试步骤。

（4）在 Command 输入框中输入备注内容，如图 4-36 所示。

4. 添加一个检查点

在上面 demo 场景中只有用户操作，而实际的测试场景中除了用户操作外，更重要的则是测试结果的检查与验证。在 Selenium IDE 中添加检查点的方式有两种：一种是通过添加测试步骤的方式添加一条验证命令，另一种是在录制过程中通过页面操作来添加。

首先来看下如何通过添加步骤的方式来添加检查点。这里以 4.3.1 节中录制的测试脚本场景为基础，检查搜索之后浏览器标题是否包含"Selenium IDE"字样。具体添加检查点的步骤如下。

（1）在单击搜索步骤之后右击，如图 4-37 所示。

（2）选择 Insert New Command 子项，如图 4-38 所示。

（3）在 Command 输入框中输入"assertTitle"（验证 title 的验证点函数）。

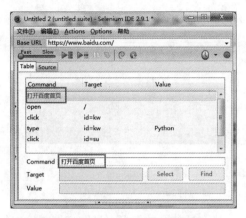

图 4-36　Selenium IDE 步骤编辑 6

图 4-37　Selenium IDE 步骤编辑 7

（4）在 Target 输入框中输入"Selenium IDE"，如图 4-39 所示。

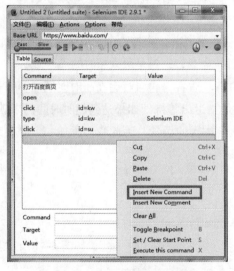

图 4-38　Selenium IDE 步骤编辑 8

图 4-39　Selenium IDE 步骤编辑 9

　　通过上述几个步骤可以知道，在 Selenium IDE 中检查点其实也是一个标准的测试步骤。并且在 Selenium IDE 的命令中以 assert 开头的都是检查点命令，只是检查的对象不同而已。常用的检查点命令有 assertTitle、assertValue、assertText、assertAttribute 等。

　　在完成了添加检查点之后，还需要通过运行脚本来确定检查点能正常工作。运行测试用例的步骤如下。

（1）单击 ▶ 按钮执行当前测试用例。

（2）查看测试执行日志，如图 4-40 所示。

从图 4-40 中的测试日志结果得知，本次执行的检查点验证失败。失败的原因为：实际结果为"百度一下，你就知道"，而期望结果是"Selenium IDE"。

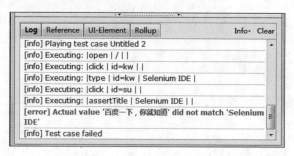

图 4-40　Selenium IDE 日志打印

　　分析之后可以知道，"百度一下，你就知道"其实是首页的标题，即我们期望检查的是单击搜索之后的页面标题，而测试脚本实际上是取到了单击搜索之前的页面标题来验证。而导致这种情况出现的原因也非常常见，即脚本并没有等待页面跳转完成，就开始执行了检查点命令。

　　为了解决等待页面跳转的问题，需要在检查点步骤之前，添加一个等待命令。在 Selenium IDE 中等待命令有两类：一类是等待固定时长的等待命令，一类是最大超时的等待命令。

　　前者每次执行都会等待一个固定时长，例如 5s。后者每次执行会在超时时间内等待一个条件，例如，某个特定元素的出现；一旦条件满足则退出等待，如果达到超时时间仍未满足，也会取消等待。很明显，后者的等待命令更加适合本次的场景，为此我们添加一个等待元素出现的命令。详细步骤如下。

　　（1）在检查点测试步骤上右击。

　　（2）选择 Insert New Command。

　　（3）在 Command 输入框中输入"waitForElementPresent"。

　　（4）在 Target 输入框中输入"link= 下一页 >"（结果页中的下一页），如图 4-41 所示。

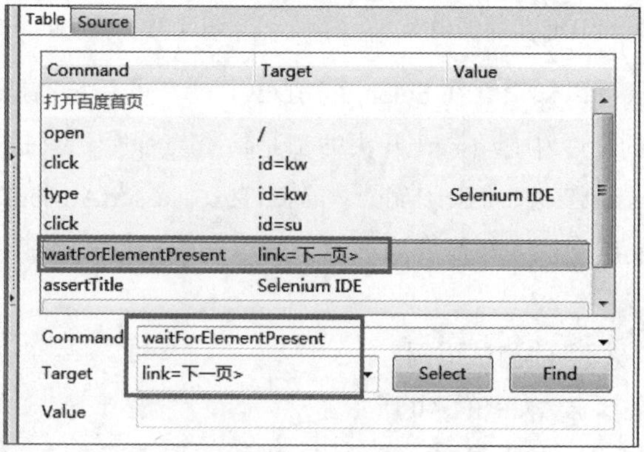

图 4-41　Selenium IDE 步骤编辑 10

接着，再次执行一下当前测试脚本，并查看其结果日志如图 4-42 所示。

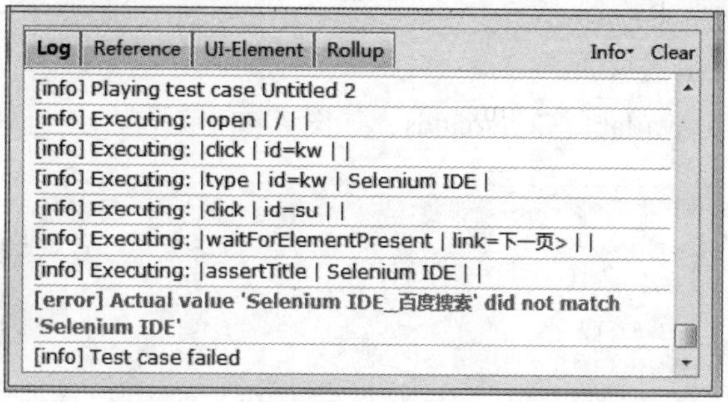

图 4-42　Selenium IDE 错误日志打印

从图中结果可以看到，这次执行检查点有验证失败了。而这次错误的原因已不再是取得的浏览器标题错误，而是实际结果与期望结果不一致。期望结果是"Selenium IDE"，实际结果是"Selenium IDE_ 百度搜索"。

因为实际结果并没有错，所以针对这种结果的错误，就可以通过修改期望结果值来解决。修改期望结果值可以有两种方式：一种是修改成完全匹配的内容，如"Selenium IDE_ 百度搜索"；另一种是修改成模糊匹配的内容，如"Selenium IDE*"。

修改完期望结果值之后，再执行一次当前脚本。查看运行日志时，其检查点已经验证通过了。结果如图 4-43 所示。

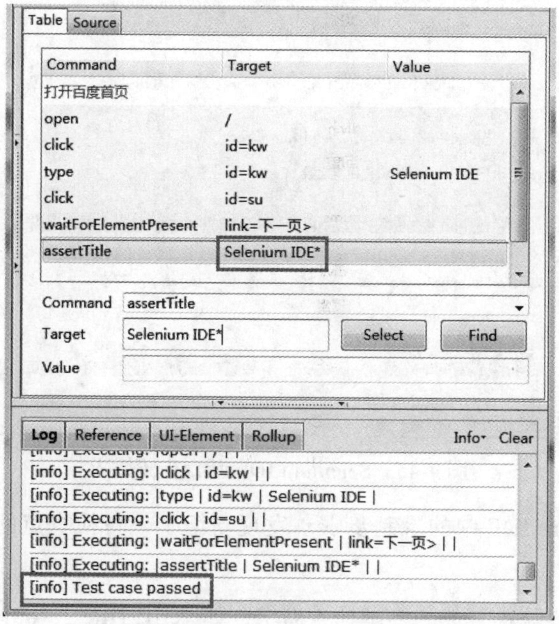

图 4-43　Selenium IDE 通过日志打印

接下来，再看看如何通过页面操作，在 Selenium IDE 中添加检查点。基于 4.3.1 节的录制脚本，具体操作步骤如下。

（1）右击百度搜索结果页面。

（2）选择 Show All Available Commands，如图 4-44 所示。

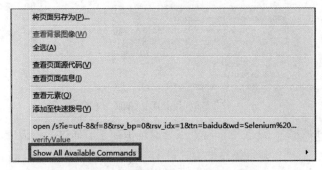

图 4-44　Selenium IDE 可用命令查看

（3）单击"assertTitle Selenium IDE_百度搜索"，如图 4-45 所示。

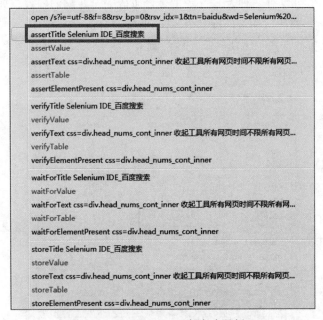

图 4-45　Selenium IDE 断言步骤插入

（4）查看 Selenium IDE 中的录制步骤，发现新增了一行检查点的表格记录，如图 4-46 所示。

同样的步骤还可以添加其他的测试场景需求，如 verifyTitle、waitForTitle、storeTitle 等。其中，verifyTitle 也是检查浏览器标题是否匹配期望结果，它与 assertTitle 不同的是：

assertTitle 失败后会退出当前用例执行，而 verifyTitle 失败后虽然会提示错误，但仍会继续执行后续测试步骤。

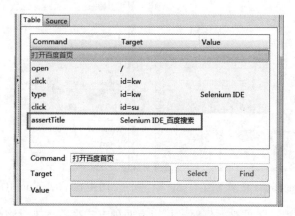

图 4-46 Selenium IDE 断言步骤

而 waitForTitle 则是一个同步检查点的命令，与前面使用到的 waitForElementPresent 命令效果类似。它会等待特定的浏览器标题出现，一旦出现就不再等待；否则一直等待到超时时间。与 assertTitle 命令的区别是：waitForTitle 命令即使等待失败也不会有任何信息提示。

提示 文中提到的 assert*、verify*、waitFor* 这三类检查点命令，在常规的测试场景中会被经常性地使用到，读者需要明确地理解这三类检查点的不同之处，才能恰当地在测试脚本中来使用它们。

---

5. 添加一个断点

在前面的测试脚本开发过程中，调试测试脚本都是通过正常执行测试用例来完成的。但是某些情况下，正常执行测试用例并不利于调查测试失败的原因。此时就需要更多的调试手段来支持，在 Selenium IDE 中就可以通过设置"断点"来增强脚本调试能力。

同样地，这里以 4.3.1 节录制的脚本为基础，添加一个调试断点的步骤如下。

（1）右击需要设置断点的步骤。

（2）选择 Toggle Breakpoint 子项，如图 4-47 所示。

（3）查看断点设置是否成功，如图 4-48 所示。

在成功设置"断点"之后，再次执行当前脚本时，当执行到设置了"断点"的步骤时，测试执行就会被暂停。此时，就可以有充足的时间来分析页面内容，检查是否与当前测试场景上下文一致。

图 4-47　Selenium IDE 断点插入

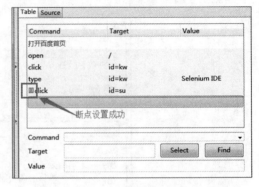

图 4-48　Selenium IDE 断点插入成功

当测试执行在"断点"处被暂停时，可以有两种方式来继续执行测试场景。

（1）单击 ▶ 按钮继续执行后续步骤，直到下一个"断点"或测试结束。

（2）单击 ▼ 按钮仅执行当前步骤，并在下一步骤中暂停。

在测试脚本调试完成之后，需要取消"断点"时。其操作步骤与设置"断点"是一样的。具体如下。

（1）右击准备取消"断点"的步骤。

（2）选择 Toggle Breakpoint 子项，如图 4-49 所示。

（3）检查"断点"是否取消成功，如图 4-50 所示。

图 4-49　Selenium 断点取消

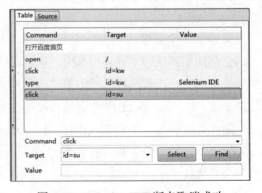

图 4-50　SeleniumIDE 断点取消成功

而当测试脚本正在执行中，我们希望进入到"断点"场景时，只要单击工具栏中的 ▥ 按钮即可。

此外，在 Selenium IDE 中除了设置"断点"来调试脚本之外，还可以通过执行单条命令、设置起始执行步骤等方式来协助脚本的测试过程。后两种方式的使用入口与"断点"设置一样，直接右击具体的测试步骤即可看到。具体如图 4-51 所示。

最后来讲下 Selenium IDE 的调试功能具体在哪些场景下使用。这里以之前添加检查点小节中验证失败的场景为例，来介绍如何使用调试功能来分析问题。此前验证检查点失败时的步骤与日志如图 4-52 所示。

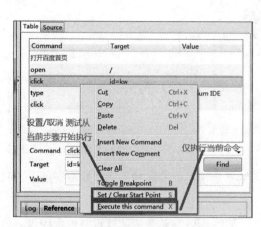

图 4-51　Selenium IDE 单步执行

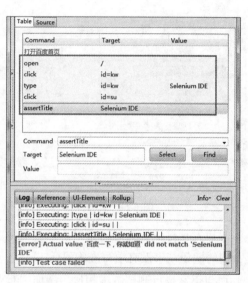

图 4-52　Selenium IDE 验证失败

当我们遇到类似问题时，首先要考虑的是获取实际结果时的上下文场景是否正确。而在正常执行测试脚本时，无法在较短的时间内确认上下文内容是否正确。此时就可以在验证点这一步骤设置一个"断点"，并再次执行测试脚本，如图 4-53 所示。

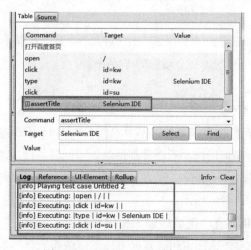

图 4-53　Selenium IDE 单步调试

当脚本执行到检查点步骤时，测试执行被暂停。此时就可以检查实际页面上的标题内容了。结果如图 4-54 所示。

通过检查实际页面内容，可以知道浏览器的标题并不是"百度一下，你就知道"，而是"Selenium IDE_百度搜索"。那么为什么检查点提示的错误信息与实际内容不一致呢？为了验证最后结果，继续执行完最后一步检查点验证。这次得到的错误日志如图 4-55 所示。

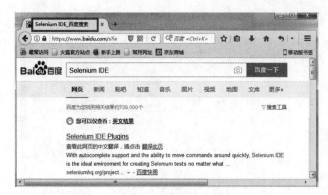

图 4-54 单步调试页面

图 4-55 Selenium IDE 单步调试日志

可以发现这次检查点的错误信息有变化，虽然还是错误但实际结果已经获取正确了，只是我们的期望结果没有填写准确而已。

而与正常执行测试脚本相比，添加"断点"后的唯一区别就是测试被短暂地暂停过。由此可以得出的初步结论是：正常执行脚本时，检查点获取的是跳转前页面的标题；执行脚本有暂停时，检查点获取的是跳转后页面的标题。

由初步结论，我们可以大致推断出可能的原因是：检查点命令在执行时不会特意等待页面跳转完成，所以会取到页面跳转前的标题。而当脚本被暂停时，页面在此期间已经跳转完成，所以继续执行时会取到跳转后的标题。

为了解决这个问题，需要人为地添加一个暂停的效果。在前面的内容中添加的是一个 waitForElementPresent 命令来增加一个动态的等待效果。

4.3.3　Selenium IDE 元素定位

除了 Selenium IDE 基本的操作之外，本节介绍 Selenium IDE 对元素定位的支持。在使用 Selenium IDE 的时候，如何定位元素通常都不是一个问题。因为通过录制的方式 Selenium IDE 都会帮助自动地生成元素定位符。例如，单击百度首页输入框时，它会自动地帮我们生成该输入框的定位符，如图 4-56 所示。

图 4-56 中 Selenium IDE 自动生成的输入框定位符是"id=kw"，即 id 属性为 kw 元素。除了它默认生成的定位符之外，其实还有其他可选的定位符。具体可以通过展开 Target 下拉

框来查看。效果如图 4-57 所示。

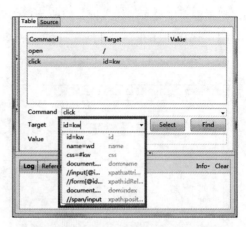

图 4-56　Selenium IDE 定位符　　　　　　图 4-57　Selenium IDE 定位符选择

　　可以看到下拉框中除了默认的定位符之外，还有其他可选定位符。这些都是可以准确定位到百度首页输入框元素的定位符。而之所以 Target 下拉框中的默认排序如此，是因为在 Selenium IDE 的 Options 中有设置。打开 Options 对话框可以看到排序如图 4-58 所示。

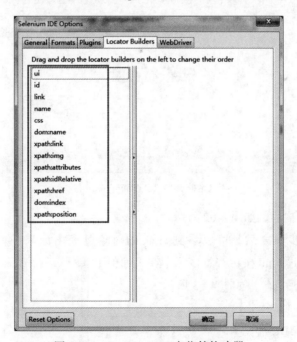

图 4-58　Selenium IDE 定位符构建器

　　可能会发现实际的可选定位符比 Options 中的少，那是因为某些属性该元素不具有，所以就无法生成对应的定位符。例如，只有 A 元素才能通过 link 生成定位符。

除了通过录制的方式来自动生成定位符之外，还可以手动添加或修改定位符元素。例如，把单击百度首页→输入框，修改为单击百度首页→"百度一下"按钮。其具体操作如下。

（1）选择"click"命令所在行，如图 4-59 所示。

（2）单击 Select 按钮，如图 4-60 所示。

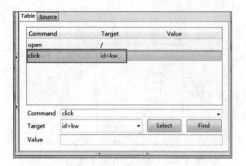
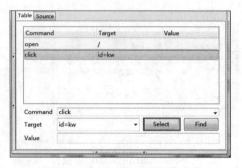

图 4-59　Selenium IDE 脚本命令　　　　图 4-60　Selenium IDE 元素定位

（3）用鼠标在页面上选择"百度一下"按钮，如图 4-61 所示。

图 4-61　浏览器页面元素高亮

（4）查看 Target 内容，如图 4-62 所示。

通过上述几个步骤之后，可以看到 click 的对象已经由原来的"id=kw"替换为了"id=su"。还可以通过 Find 按钮查看该元素在页面的实际位置。这里单击后的效果如图 4-63 所示。

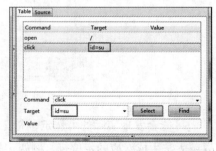

提示　Selenium IDE 的元素定位功能非常好用，即使不使用 Selenium IDE 作为用例开发的主要工具，也可以单独使用它的定位功能。例如，生成那些不容易定位的元素定位符。

图 4-62　Selenium IDE 元素定位填充

图 4-63　Selenium IDE 元素查看

4.3.4　Selenium IDE 匹配模式

在介绍了定位功能之后，本节要讲的是 Selenium 的匹配模式。这里的匹配是指对结果内容的匹配，针对的是所有的验证点命令，包括 verify*、assert* 两大类，例如 verifyTitle、assertConfirmation 等。

在 Selenium IDE 中使用匹配模式时，其统一的格式为：匹配前缀 : 匹配关键字，如图 4-64 所示。

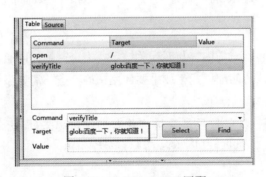

图 4-64　Selenium IDE 匹配

图中"glob"就是匹配前缀，而"百度一下，你就知道！"则是要匹配的关键字内容。不同的前缀代表不同的匹配方式。在 Selenium IDE 中匹配模式有以下三种使用方式。

❑ 通配符匹配。前缀为 glob。默认的匹配方式，前缀可以省略。

❑ 精确匹配。前缀为 exact。

❑ 正则表达式匹配。前缀为 regexp。

接下来，就逐一介绍下它们各自的使用方法。

1. 通配符匹配

Selenium IDE 中可以支持的通配符只有三个，它们分别可以匹配的内容如下。

❑ * - 匹配任何数目的字符。

❑ ? - 匹配单个字符。

❑ [] - 特定字符类，可以匹配括号内发现的任何单个字符。例如，[0-9] 匹配任何数字。

这里假设在验证百度首页标题时，只需要验证标题内容以"百度"开头即可。使用通配符匹配模式时，其内容如图 4-65 所示。

或者是省略匹配前缀的形式，如图 4-66 所示。

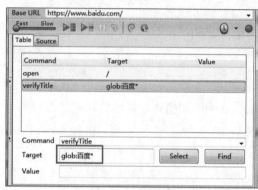
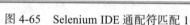

图 4-65　Selenium IDE 通配符匹配 1

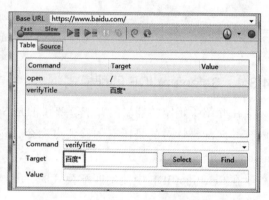

图 4-66　Selenium IDE 通配符匹配 2

2. 精确匹配

精确匹配模式，是指检查的内容与匹配关键字要完全一致，即通常所说的纯文本相等匹配。该匹配模式不是默认的匹配模式，如果要使用精确匹配，需要添加" exact"匹配前缀。具体的使用效果如图 4-67 所示。

在精确匹配模式下，特殊符号都会被当作普通字符串来处理。例如，*.doc 仅能匹配"*.doc"这个字符串，而不能匹配以".doc"结尾的字符串。

3. 正则表达式匹配

正则表达式匹配模式，顾名思义，就是可以支持正则匹配规则的模式。Selenium IDE 支持完整的 Java 语言支持的 regular 表达模式。Selenium IDE 中正则的匹配前缀有以下两种。

❑ regexp（匹配时区分字母大小写）。

❑ regexpi（匹配时不区分字母大小写）。

在 Selenium IDE 中正则表达式匹配是功能最强的匹配方式，它是通配符匹配与精确匹配的超集。任何可以通过前两种方式匹配的内容都可以使用正则的方式来匹配。使用正则来匹配百度首页标题的使用方式如图 4-68 所示。

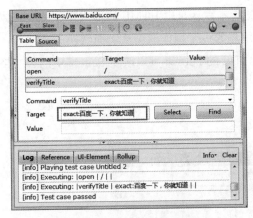
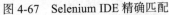

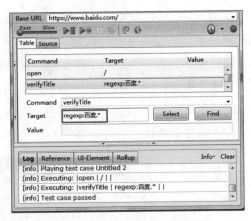

图 4-67　Selenium IDE 精确匹配　　　　　图 4-68　Selenium IDE 正则匹配

4.3.5　Selenium IDE 脚本转换

通过 Selenium IDE 录制的脚本可以直接在 IDE 中回放，但是如果想在其他机器上被回放，则需要相应的 Firefox 和 Selenium IDE 环境。为了使录制的脚本能够方便地移植到其他机器或平台上来执行，Selenium IDE 很友好地提供脚本转换的功能。即可以通过 Selenium IDE 把录制的脚本转换成特定的语言脚本，例如 Python 脚本。

在介绍脚本转换之前，先来了解下 Selenium IDE 默认录制的脚本是以什么形式存在的，具体通过 Selenium IDE 界面，并单击 Source 标签来查看，如图 4-69 所示。

图 4-69　Selenium IDE 源码模式

从图 4-69 中可以看出，Selenium IDE 录制的脚本默认是以 HTML 的形式存放的。具体的步骤是保存在 table 元素中，其中每一行代表用户的一个操作或场景。而转换为其他语言脚本的时候就是基于此文件，通过设置 Selenium IDE 的 Format 可以改变 Source 中的脚本格式。具体操作如下。

（1）单击菜单栏中的 Options 菜单。

（2）选择 Format 子菜单，如图 4-70 所示。

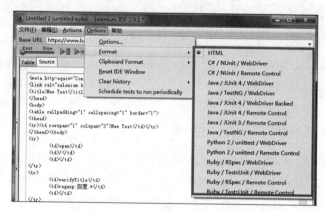

图 4-70　Selenium IDE 转换脚本选择

（3）在二级子菜单中选择一个具体的 Format，这里选择 Python 2/unittest/WebDriver。

（4）查看 Source 中的脚本代码，如图 4-71 所示。

图 4-71　Selenium IDE 转换脚本

通过上述步骤的操作，可以看到 Source 中的脚本已经变成了 Python 语言的脚本；同样的操作还可以转换成其他支持的语言脚本。这里可以把转换后的脚本复制并保存到一个独立 Python 文件中，例如 demo_test.py。然后执行该 Python 脚本。

```
python demo_test.py
```

如果已经按照前面的章节搭建好了测试环境，那么这里将可以正常地执行该测试脚本，并且效果与 Selenium IDE 中执行的是一样的。

除了上面的脚本转换方法，还可以通过 Selenium IDE 的导出功能来转换测试脚本。这里以导出为 Python 脚本为例，具体步骤如下。

（1）单击 Selenium IDE 的 File 菜单。

（2）选择 Export Test Case As…。

（3）单击 Python 2 / unittest / WebDriver，如图 4-72 所示。

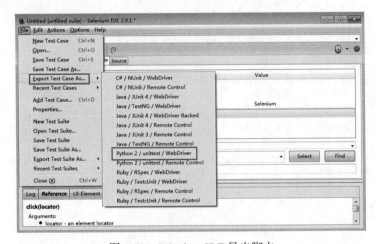

图 4-72　Selenium IDE 导出脚本

（4）选择保存路径并填写 "demo_test.py" 作为文件名保存。

注意　Selenium IDE 1.0.11 之后的版本 formatters 功能默认是关闭的，原因是该功能这个版本没有向前兼容并且有部分问题没有解决，所以官方推荐的脚本转换方式是通过上述步骤来导出到文件。另外，Selenium IDE 同时只能导出一个用例，导出的为当前正在编辑的用例。

最后，通过编辑器查看下导出的 Python 脚本文件内容，其具体代码如下。

```
# -*- coding: utf-8 -*-
from selenium import webdriver
```

```python
from selenium.webdriver.common.by import By
from selenium.webdriver.common.keys import Keys
from selenium.webdriver.support.ui import Select
from selenium.common.exceptions import NoSuchElementException
from selenium.common.exceptions import NoAlertPresentException
import unittest, time, re

class demo(unittest.TestCase):
    def setUp(self):
        self.driver = webdriver.Firefox()
        self.driver.implicitly_wait(30)
        self.base_url = "http://www.baidu.com/"
        self.verificationErrors = []
        self.accept_next_alert = True

    def test_demo(self):
        driver = self.driver
        driver.get(self.base_url + "/")
        driver.find_element_by_id("kw").click()
        driver.find_element_by_id("kw").clear()
        driver.find_element_by_id("kw").send_keys("Selenium")
        driver.find_element_by_id("su").click()
        self.assertEqual(u"selenium_百度搜索", driver.title)

    def is_element_present(self, how, what):
        try: self.driver.find_element(by=how, value=what)
        except NoSuchElementException as e: return False
        return True

    def is_alert_present(self):
        try: self.driver.switch_to_alert()
        except NoAlertPresentException as e: return False
        return True

    def close_alert_and_get_its_text(self):
        try:
            alert = self.driver.switch_to_alert()
            alert_text = alert.text
            if self.accept_next_alert:
                alert.accept()
            else:
                alert.dismiss()
            return alert_text
        finally: self.accept_next_alert = True

    def tearDown(self):
        self.driver.quit()
        self.assertEqual([], self.verificationErrors)
```

```
if __name__ == "__main__":
    unittest.main()
```

上述代码是基于 3.3.1 节中录制的脚本而导出的。从代码中可以看出，这是一个标准的单元测试格式，具体使用的则是 Python 的 unittest 模块。除了典型的 setUp 和 tearDown 方法之外，其主要的测试方法就是 test_demo。该方法中的代码内容就是录制测试场景时的具体操作步骤。

此外，在导出的测试脚本中，部分特定的内容是可以修改的。例如，测试文件的包名称、测试驱动的变量名、远程 Server 的链接地址与端口等。要设置这些具体的内容，可以在 Formats 选项中设置。具体打开设置框的步骤如下。

（1）单击 Options 菜单的 Options... 子菜单，如图 4-73 所示。

（2）选择 Formats 选项卡，在左侧单击要设置的语言项，如 Python 2/unittest/WebDriver，如图 4-74 所示。

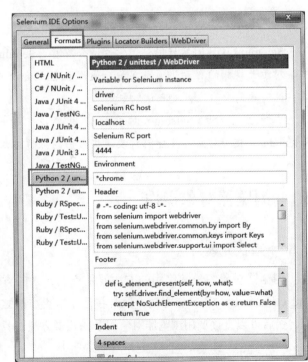

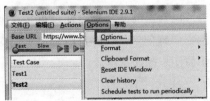

图 4-73　Selenium IDE 选项　　　　　　图 4-74　Selenium IDE 格式化设置

（3）在右侧设置相关内容。如 Selenium 的实例变量名、RC 的 HOST 和端口、脚本的文件头尾模板、采用的缩进方式等。

通过上述设置之后，再次转换代码时就会使用配置的内容来生成测试脚本。

第 5 章
Selenium 常规对象接口

Selenium IDE 固然好用,但它仅适合那些 Selenium 的新手来使用和学习如何开发测试脚本。对于大规模的自动化项目实施,使用 IDE 就会有点儿束手束脚,不方便代码的优化和封装,这时就需要自主开发测试脚本。

本章主要介绍 Selenium 对象的常用接口,帮助读者快速地熟悉和掌握如何使用 Selenium 的相关对象,及如何封装一些常用的操作方法。

5.1 浏览器对象操作

5.1.1 查找元素方法

浏览器对象中最常使用的方法就是查找元素的方法,也就是前面几章提到过很多次的 find_element_by_XXX 类方法。通常在使用这类方法之前需要提前实例化好对应的浏览器对象,然后可以直接调用浏览器对象的查找元素方法。具体使用步骤如下所示。

```python
#!/usr/bin/env python
# -*- coding: utf-8 -*-
from selenium import webdriver

wd = webdriver.Firefox()
wd.get('http://www.baidu.com')

wd.find_element_by_id('kw').send_keys('selenium')
```

```
wd.find_element_by_css('#su').click()
wd.find_element_by_linktext(u' 下一页 ')

wd.close()
```

当然除了代码中使用的查找元素方法外，更多的查找元素方法和使用技巧见第 3 章。

5.1.2 浏览器窗口方法

Selenium 中提供了直接在代码中操作浏览器窗口的方法，通过这些方法可以根据实际的测试需要对浏览器本身进行操作，例如，访问 URL、调整浏览器大小、前进 / 后退等。这里介绍下最常用的方法，更多方法的支持和使用可以通过 dir() 来查询具体详情，或者也可以去线上社区进行提问。具体的使用示例如下所示。

```
#!/usr/bin/env python
# -*- coding: utf-8 -*-
from selenium import webdriver

wd = webdriver.Firefox()
wd.get('http://www.baidu.com')                    // 访问 url
wd.maximize_window()                              // 最大化浏览器
print wd.current_url, wd.title, wd.name           // 浏览器当前的 url、title、name
wd.find_element_by_id('kw').send_keys('selenium')
wd.find_element_by_css_selector('#su').click()
wd.set_window_size(800, 600)                      ## 设置浏览器的宽，高
print wd.get_window_size()                        ## 获取浏览器窗口的宽、高
wd.set_window_position(100,200)                   ## 设置浏览器的左上坐标 x，y 值
print wd.get_window_position()                    ## 获取浏览器的左上坐标位置
wd.back()                                         // 后退
wd.forward()                                      // 前进
wd.close()                                        // 关闭浏览器，或 wd.quit()
```

5.1.3 Cookie 处理方法

对于一般的测试场景而言，前面两节提到的方法已经可以满足测试需求。然而对于某些特殊架构设计的系统而言，可能还需要更多的浏览器支持方法。这就是本节所要讲的对于 Cookie 的管理和操作。

Cookie 是浏览器用来存储服务器传递过来的需要进行保存的用户信息，浏览器在下次请求服务器的时候会把有效的 Cookie 信息带上，用于服务器识别当前浏览器的身份。Selenium 中也提供了对于 Cookie 管理的所有方法，包括添加、获取、删除。具体代码示例如下所示。

```
#!/usr/bin/env python
# -*- coding: utf-8 -*-
from selenium import webdriver
```

```
wd = webdriver.Firefox()
wd.get('http://www.baidu.com')                    ## 访问 url
print wd.get_cookies()                            ## 获取所有 cookie
wd.add_cookie({'name':'kw', 'value':'selenium'})
                                                  ## 添加一个 name 为 kw 内容为 selenium 的 cookie
print wd.get_cookie('kw')                         ## 获取 name 为 kw 的 cookie
print wd.get_cookies()
wd.delete_cookie('kw')                            ## 删除 name 为 kw 的 cookie
print wd.get_cookies()
wd.delete_all_cookies()                           ## 删除所有 cookie
print wd.get_cookies()
wd.close()                                        ## 关闭浏览器
```

注意 对于 Cookie 的操作中并没有直接提供更新的方法，如果需要对 Cookie 的值进行更新操作，那么可以先进行 Cookie 的删除操作，再进行 Cookie 的添加操作即可。

5.2 WebElement 对象操作

WebElement 对象在 Selenium 中是所有元素对象的父类，也就是说，WebElement 对象所拥有的方法，其他元素对象都会有，只是不同的对象在调用特定方法时其效果是不一样的。简而言之，就是某些方法只是针对特定元素类型有效，而对其他元素类型无效。下面将列出 WebElement 对象所支持的方法和属性，具体子项罗列如下。

❑ clear：清空文本框中的文本，仅对有文本输入特性的元素有效，例如文本框、多行文本框等。

❑ click：单击元素，可以通过该方法让元素获取焦点。

❑ find_element 系列：查找子元素的方法，同浏览器对象的 find_element 系列方法相同。

❑ get_attribute：获取当前元素的特定属性值，如 name、style 等。

❑ id：表示当前元素在 Selenium 中的唯一标识符。

❑ is_displayed：当前元素是否可见，例如，display:none 样式即为不可见。

❑ is_enabled：当前元素是否可用，例如，设置 disabled 属性后为不可用。

❑ is_selected：当前元素是否被选中，通常用在 checkbox、radiobox、select option 等元素上。

❑ location：返回当前元素的左上角坐标 x、y 的位置，即在当前页面中的绝对位置坐标。

❑ location_once_scrolled_into_view：返回当前元素第一次滚动到可视区域时的左上角坐标 x、y 的位置，使用此方法可以把不在可视区域的元素滚动到可视区域。

❑ parent：返回 WebDriver 对象。

❑ rect：返回当前元素左上角坐标 x、y 值，以及该元素的宽和高，即该元素的显示区域。

❑ send_keys：向当前元素发送字符串内容，仅对可输入 Web 元素有效，如文本框、文本区域等。

❑ size：获取当前元素的宽和高。

❑ submit：提交当前元素所在的 FORM 表单，相当于单击所在 FORM 表单内的 Submit 按钮。

❑ tag_name：获取当前元素的 tag name 内容，如文本框的值为 input。

❑ text：获取当前元素的 innerText 值，即元素开始标签和结束标签之间的文本内容。

❑ value_of_css_property：获取当前元素的 CSS 属性，如获取 color 属性值。

为了更好地理解每一个方法和属性的作用，这里就对照一个具体的 DIV 元素来进行学习。假设 DIV 元素的 HTML 源码如下。

```
<div class="demo_css" id="demo" name="selenium" style="width:300px;
height:100px; color:#FF0000; display:inline-block; "><p>Selenium Book</p></div>
```

当通过 Selenium 脚本对 DIV 对象进行各项操作时，其代码和对应的效果如下所示。

```
#!/usr/bin/env python
# -*- coding: utf-8 -*-
from selenium import webdriver

wd = webdriver.Firefox()
wd.get('you url')
div = wd.find_element_by_id('demo')
div.clear()                                    ## ==> 无效果
div.click()                                    ## ==> 无效果
p = div.find_element_by_tag_name('p')          ## ==> 返回 p 对象
print div.get_attribute('name')                ## ==> selenium
print div.id ## ==> u'{357c3721-038e-4072-9ea9-bd50caa2a252}'
print div.is_displayed()                       ## ==> True
print div.is_enabled()                         ## ==> True
print div.is_selected()                        ## ==> False
print div.location                             ## ==> {'y': 18.0, 'x': 129.0}
print div.location_once_scrolled_into_view     ## ==> {'y': 18.0, 'x': 129.0}
div.parent                                     ## ==> WebDriver 对象
p.parent                                       ## ==> WebDriver 对象
print div.rect ## ==> {u'y': 18, u'x': 129, u'height': 100, u'width': 300}
div.send_keys('hello world')                   ## ==>
print div.size                                 ## ==> {'width': 300, 'height': 100}
div.submit()                                   ## ==> 提交所在的 FORM 表单，不在表单
                                                     中则无效果
print div.tag_name                             ## ==> div
print div.text                                 ## ==> Selenium Book
```

```
print value_of_css_property('color')          ## ==> #FF0000

wd.close()
```

上面的效果只针对 DIV 元素,并且还有部分方法和属性并未生效。接下来将对有特殊效果的 Web 元素对象进行功能介绍。

5.3 文本框对象操作

在 Selenium 中文本框对象指的是 HTML 中 type 值为 text 的 input 节点,如下面的 HTML 代码所示。

```
<input type="text" class="s_ipt" name="wd" id="kw" maxlength="100" />
```

文本框对象是我们在操作网页时最常用到的对象之一,对于文本框对象通常的操作就是输入值、获取值、设置其属性、获取其属性等。下面的代码将列出文本框对象通常会使用到的方法和属性,如以下代码所示。

```
#!/usr/bin/env python
# -*- coding: utf-8 -*-
from selenium import webdriver

wd = webdriver.Firefox()
wd.get('you url')
kw = wd.find_element_by_id('kw')
kw.send_keys('selenium')              ## ==> 向文本框输入 "selenium"
kw.clear()                            ## ==> 清空文本框内容
kw.send_keys('selenium book')         ## ==> 向文本框输入 "selenium book"
print kw.get_attribute('value')       ## ==> 返回 "selenium book"
wd.close()
```

上面代码中主要涉及对文本框内容的填写、清空和获取操作,也是文本框的常规操作;获取文本框其他属性的方法与 5.2 节中用法一致。

5.4 按钮对象操作

按钮对象也是经常需要操作的对象之一,主要指的是 type 属性为 button 的 input 元素,或者 button 元素;这里以 input 元素作为示例讲解,假设其 HTML 代码如下。

```
<input type="button" class="s_ipt" value="测试" id="su"/>
```

对于按钮对象常用的操作就是单击和获取显示的内容,对应的 Selenium 中代码的脚本如以下代码所示。

```
#!/usr/bin/env python
# -*- coding: utf-8 -*-
from selenium import webdriver

wd = webdriver.Firefox()
wd.get('you url')
su = wd.find_element_by_id('su')
su.click()                                ## ==> 单击按钮
print kw.get_attribute('value')           ## ==> 返回 " 测试 "

wd.close()
```

5.5　下拉列表对象操作

下拉列表对象即为 select 元素对象，该元素下面需要有 option 子元素才可以显示下拉菜单的内容。通常我们定位时直接定位到 select 元素，而具体操作时还需要涉及 option 元素，因此在操作上需要一些注意的地方。这里以下面的 select 元素的 HTML 代码为例来学习如何操作 select 对象。

```
<select id="lang" name="lang">
 <option value ="python" selected>PYTHON</option>
 <option value ="java">JAVA</option>
 <option value="ruby">RUBY</option>
 <option value="php">PHP</option>
</select>
```

接下来的代码里将依次对 select 对象进行子项选择、获取选中内容的操作，具体见如下代码。

```
#!/usr/bin/env python
# -*- coding: utf-8 -*-
from selenium import webdriver

wd = webdriver.Firefox()
wd.get('you url')
select = wd.find_element_by_id('lang')
options= select.find_elements_by_tag_name('option')  ## ==> 获取所有的 option 子元素

options[2].click()                                   ## ==> 选择第 3 个 option 子项

for i in range(len(options)):
        if options[i].get_attribute('value') == 'python':
            options[i].click()                       ## ==> 选择 value 值为 python 的子项
            break

for i in range(len(options)):
```

```
            if options[i].text == 'PYTHON':
                options[i].click()                      ## ==> 选择 text 值为 PYTHON 的子项
                break

for i in range(len(options)):
        if options[i].get_attribute('selected'):
            print options[i].get_attribute('text')      ## ==> 返回当前被选中子项的
                                                             text 内容
            print options[i].get_attribute('value')     ## ==> 返回当前被选中子项的
                                                             value 内容

            break

wd.close()
```

从上面的代码可以看到，操作 select 对象可以有三种可选方法，分别是通过索引、value 和 text 属性。除了可以使用上面的代码以外，Selenium 也提供了 select 对象的操作库，同样的功能，使用 Select 库的代码如下所示。

```
#!/usr/bin/env python
# -*- coding: utf-8 -*-
from selenium import webdriver
from selenium.webdriver.support.select import Select

wd = webdriver.Firefox()
wd.get('you url')

select = Select(wd.find_element_by_id("lang"))   ## 获取 Select 对象
options= select.options()                        ## ==> 获取所有的 option 子元素

select.select_by_index(2)                        ## ==> 选择第 3 个 option 子项

select.select_by_value('python')                 ## ==> 选择 value 值为 python 的子项

select.select_by_visible_text('PYTHON')          ## ==> 选择 text 值为 PYTHON 的子项

option = select.first_selected_option()  ## ==> 返回第一个或者当前被选中子项
print option.get_attribute('value')              ## ==> 获取子项的 value 值

wd.close()
```

5.6   链接对象操作

最后介绍下链接对象，对于链接对象常见的操作为单击、获取链接文字以及链接地址等。这里假设链接的 HTML 内容如下。

```
<a href="http://www.seleniumhq.org" id="selenium">Selenium 官网 </a>
```

对于该链接元素可以进行的操作及对应的效果见如下代码。

```python
#!/usr/bin/env python
# -*- coding: utf-8 -*-
from selenium import webdriver

wd = webdriver.Firefox()
wd.get('you url')

a = wd.find_element_by_id("selenium")
a.click()                      ## ==> 单击链接
print a.text                   ## ==> 返回 "Selenium 官网 "
print a.get_attribute('href')  ## ==> 返回 "http://www.seleniumhq.org"

wd.close()
```

到此为止，日常所需要操作的基本元素都已介绍过，大部分的元素操作效果都是一样的，只有少数的几个方法是针对特定元素类型的，针对不同元素使用正确的方法即可。接下来将介绍一些特殊场景里会遇到的对象及其处理方法。

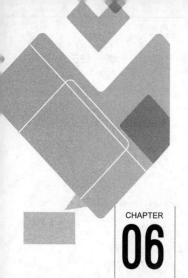

06

第 6 章

Web UI 自动化特殊场景处理

　　第 5 章中学习了常见 Web 元素的操作，本章学习如何处理测试过程中的一些特殊的场景。这些场景会时不时地出现在测试执行过程之中，只有处理好这些场景才能让测试过程正常进行。接下来——介绍。

6.1　处理多窗口测试场景

　　这里的多窗口指的是多个浏览器窗口，并且是从同一个浏览器进程中打开的多个窗口；例如，通过单击链接而打开的新窗口或者选项卡；对于这类场景，我们在进行元素查找和操作的时候，需要切换 WebDriver 到对应的浏览器对象上，才能保证后续的元素操作有正确的结果。其逻辑的大致示意如图 6-1 所示。

　　即如果我们需要单击"百度一下"时，必须先把 WebDriver 对象与浏览器 1 进行一个绑定，而当我们需要查找 Selenium 官网中的 Download Selenium 链接时，就需要先把 WebDriver 对象与浏览器 2 进行绑定，然后才能进行正确的元素查找操作，否则将会报元素未找到错误。

　　既然处理多浏览器场景的关键是浏览器间的切换，那么接下来就看看具体操作的代码，详见如下代码。

```
#!/usr/bin/env python
# -*- coding: utf-8 -*-
from selenium import webdriver
```

```
wd = webdriver.Firefox()
wd.get('http://www.baidu.com')
wd.find_element_by_id('kw').send_keys('selenium')
wd.find_element_by_id('su').click()
first_link = wd.find_element_by_css_selector('#content_left a:nth-child(1)')
first_link.click()                ## ==> 单击第一个结果的链接，此时会弹出新窗口或选项卡
whds = wd.window_handles          ## ==> 获取所有浏览器对象的句柄，此时为两个句柄
print whds        ## ==> [u'{146a3f33-24fe-4ba6-89ac-7b7007a427ef}',
                         u'{9c1afe61-e73a-4ae1-ac08-d53670aa0611}'], 其中第一个为 ' 百
                         度 ' 窗口句柄，第二个为新开窗口的句柄

wd.switch_to_window(whds[1])      ## ==> 切换 WebDriver 到新窗口
print wd.title    ## ==> 新窗口的title: 'Selenium - Web Browser Automation'

wd.switch_to_window(whds[0])      ## ==> 切换 WebDriver 到原窗口
print wd.title                    ## ==> 原窗口的title: 'selenium_ 百度搜索 '

wd.close()
```

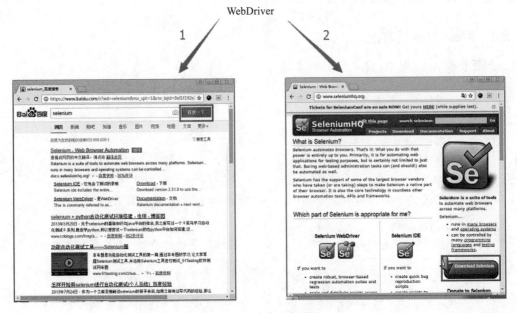

图 6-1　多窗口场景

　　从代码中可以看到，切换 WebDriver 与浏览器之间绑定的方法为 switch_to_window，该方法接收一个 name 或者句柄作为参数，然后将 WebDriver 对象与之绑定，接着就可以查询和操作被绑定的浏览器中的元素。

注意　switch_to_window 方法接收的参数中，name 为浏览器窗口的 name 属性，并非浏览器的 title 值，也并非 WebDriver 对象的 name 属性，该属性可以通过 Windows Spy 之类的工具进行查找；另一个参数为 window_handle，即浏览器窗口的句柄，从代码里可以看到直接使用 window_handles 属性即可获取到。

6.2　处理浏览器弹框场景

在日常的测试场景中，经常会遇到浏览器的弹框提示，虽然这种提醒用户的方式不是很优雅，并且大多数专业的前端开发人员早已不再这样使用了，但是在自动化的场景中如果遇到了，还是需要去解决和处理的。

由于浏览器的弹框不属于 HTML 页面元素，而是属于 Windows 的控件元素，所以 Selenium 在处理弹框时的方式与处理 HTML 元素时是不一样的。不能通过浏览器的类 find 方法来查找弹框，而是使用与处理多浏览器一样的方式，即使用类 switch 的方式来获取弹框。接下来就看看在 Selenium 中处理 Alert 的方式。

6.2.1　Alert 对象及方法

想要获取 Alert 对象，有如下几种方式。

```python
#!/usr/bin/env python
# -*- coding: utf-8 -*-
from selenium import webdriver
from selenium.webdriver.common.alert import Alert
from time import sleep

wd = webdriver.Chrome()
wd.get(r'file:///C:/Users/Administrator/Desktop/alert.html')

wd.find_element_by_id('alert').click()      ## ==> 单击触发弹框的元素
alt = wd.switch_to_alert()                  ## ==> 第一种方式，后期会被抛弃不再支持
sleep(1)
alt.accept()

wd.find_element_by_id('alert').click()      ## ==> 单击触发弹框的元素
alt = wd.switch_to.alert                    ## ==> 第二种方式
sleep(1)
alt.accept()

wd.find_element_by_id('alert').click()      ## ==> 单击触发弹框的元素
alt = Alert(wd)                             ## ==> 第三种方式
sleep(1)
```

```
alt.accept()

wd.close()
```

在上面的几种方式中，这里推荐后两种中的任意一种即可。获取到 Alert 对象之后，接下来要做的就是对 Alert 对象的操作，那么 Alert 对象又有哪些方法和属性呢？下面列出了具体的列表。

❑ alert.accept() # 等同于单击"确认"或 OK。

❑ alert.dismiss() # 等同于单击"取消"或 Cancel。

❑ alert.authenticate(username,password) # 验证，针对需要身份验证的 alert。

❑ alert.send_keys(keysToSend) # 发送文本，针对有提交需求的 prompt 框。

❑ alert.text # 获取 alert 文本内容。

有了这些方法就可以根据弹出的 Alert 对话框的具体形式来调用相应的方法来处理场景了。

6.2.2　优雅地处理 Alert 弹框

在处理 Alert 弹框时仅知道获取和调用其方法还不够，因为一旦上下文场景没有处理妥善就会抛出异常。通常新手会遇到的异常有 UnexpectedAlertPresentException 等。下面就介绍处理 Alert 场景时，如何优雅地避免抛出这些异常。具体请看如下代码。

```python
#!/usr/bin/env python
# -*- coding: utf-8 -*-
from selenium import webdriver
from selenium.webdriver.support.ui import WebDriverWait
from selenium.webdriver.support import expected_conditions as EC
from selenium.common.exceptions import TimeoutException

browser = webdriver.Chrome()
browser.get("file:///C:/Users/Administrator/Desktop/alert.html")
browser.find_element_by_id("alert").click()
try:
    WebDriverWait(browser, 3).until(EC.alert_is_present(),'Timed out waiting
for Alert')
    alert = browser.switch_to_alert()
    alert.accept()
    print "alert accepted"
except TimeoutException:
    print "no alert"
```

这段代码与 6.2.1 节中的代码的不同点在于，这段代码中 alert 弹框具体有没有弹出都没有关系，因为代码里处理了等待 alert 弹框的机制，即浏览器等待 3s，3s 内 alert 弹框出现则单击"接受"按钮，如果没有出现则抛出 TimeoutException 异常，并被捕获后处理。

6.3　Selenium 进行键盘鼠标操作

在 Selenium 的使用中，有时候会需要用到一些鼠标、键盘类的用户操作场景，例如，快捷键的测试、鼠标右键、悬停的测试等，这些在 Selenium 中都是可以轻松完成的。下面就来分别学习如何进行相关的操作。

6.3.1　键盘操作

在 Selenium 中键盘操作需要用到 Keys 库，这个库里面有许多预定义的键盘按钮，包括 26 个英文字母，也包括回车、Tab、Ctrl、Shift、Up、Down 等特殊的功能键。下面的代码简要地演示了 Keys 库中元素的使用方法。

```
#!/usr/bin/env python
# -*- coding: utf-8 -*-
from selenium import webdriver
from selenium.webdriver.common.keys import Keys
import time

driver = webdriver.Chrome()
driver.get("file:///C:/Users/Administrator/Desktop/test.html")
driver.find_element_by_name("username").send_keys("1290800466")
driver.find_element_by_name("username").send_keys(Keys.TAB)
driver.find_element_by_name("password").send_keys("15866584957")
driver.find_element_by_name("password").send_keys(Keys.ENTER)
time.sleep(5)
driver.close()
```

除了 Tab、Enter，其他键盘操作的元素值请参见下面的列表。这里对它们进行了简单的分类，首先是数学计算用到的按键。

❑ ADD：加。

❑ SUBTRACT：减。

❑ MULTIPLY：乘。

❑ DIVIDE：除。

❑ EQUALS：等于。

❑ NUMPAD0 ～ NUMPAD9：小键盘的 0 ～ 9 数字。

接下来是一组常用的功能按键。

❑ TAB：Tab 键。

❑ ALT：Alt 键。

❑ CONTROL：Ctrl 键。

❑ SHIFT：Shift 键。

❑ LEFT_ALT：左边 Alt 键。

❑ LEFT_CONTROL：左边 Ctrl 键。

❑ LEFT_SHIFT：左边 Shift 键。

❑ ENTER：回车键。

❑ SPACE：空格键。

❑ BACKSPACE：退格键。

❑ BACK_SPACE：退格键。

❑ ESCAPE：Esc 键。

❑ F1-F12：F1 ～ F12 键。

❑ INSERT：插入键。

❑ DELETE：删除键。

❑ HOME：定位行首。

❑ END：定位行尾。

下面还有一些方向相关的按键。

❑ UP：上。

❑ DOWN：下。

❑ LEFT：左。

❑ RIGHT：右。

❑ ARROW_UP：向上。

❑ ARROW_DOWN：向下。

❑ ARROW_LEFT：向左。

❑ ARROW_RIGHT：向右。

❑ PAGE_DOWN：下一页。

❑ PAGE_UP：上一页。

当然了，除了这些常用的按键之外，还有一些不常用的按键这里没有一一罗列出来，如果这些按键还不够用，或者是感兴趣的读者可以直接使用 dir(Keys) 命令来列出所有的按键元素。

6.3.2　鼠标操作

上面了解了 Selenium 中键盘操作的使用方法，而与之紧密配合的则是鼠标的操作。接下来继续来看看 Selenium 中，如何进行鼠标的控制，代码如下。

```
#!/usr/bin/env python
# -*- coding: utf-8 -*-
```

```
from selenium import webdriver
from selenium.webdriver.common.keys import Keys
from selenium.webdriver.common.action_chains import ActionChains
import time

driver = webdriver.Chrome()
driver.get("file:///C:/Users/Administrator/Desktop/test.html")
## 左键
submit=driver.find_element_by_id("submit")
ActionChains(driver).click(submit).perform()
## 右键
submit=driver.find_element_by_id("submit")
ActionChains(driver).context_click(submit).perform()
## 双击
submit=driver.find_element_by_id("submit")
ActionChains(driver).double_click(submit).perform()
## 拖放到指定坐标位置
submit=driver.find_element_by_id("submit")
ActionChains(driver).drag_and_drop_by_offset(submit, 10, 10).perform()
## 拖放到目标元素位置
submit=driver.find_element_by_id("submit")
target=driver.find_element_by_id("alert")
ActionChains(driver).drag_and_drop(submit, target).perform()
## 鼠标在指定坐标悬停
submit=driver.find_element_by_id("submit")
ActionChains(driver).move_by_offset(10, 10).perform()
## 鼠标在指定元素悬停
ActionChains(driver).move_to_element(submit).perform()
## 鼠标在指定元素的指定坐标悬停
submit=driver.find_element_by_id("submit")
ActionChains(driver).move_to_element_with_offset(submit, 5, 5).perform()
## 鼠标左键元素并保持
submit=driver.find_element_by_id("submit")
ActionChains(driver).click_and_hold(submit).perform()
##Ctrl+c 拷贝组合件
ActionChains(driver).key_down(Keys.CONTROL).send_keys('c').key_up(Keys.CONTROL).perform()
driver.close()
```

上面的操作基本包含日常测试场景中会遇到的一些鼠标的特殊操作，包括一些特定的组合按键与单击等。通过这些鼠标、键盘的配合就可以让我们可以支持的测试场景更加丰富和健壮。

6.4　非 Web 控件的操作实现

在学会了如何使用键盘和鼠标操作之后，如果在测试场景中遇到了一些非常规的 Web 控件，就可以通过鼠标和键盘的组合形式来模拟用户的操作。例如，特定位置的鼠标单击、文字输入、组合键使用等场景。

下面假设这样一个场景：页面中有一个视频播放控件，我们需要通过单击播放完视频，之后再来检查页面上的弹出广告内容。对于这样的场景可以有多种方法，而最直接的方法就是把光标移动到播放键的位置，然后单击即可。因为视频播放控件是 Flash 对象，我们无法像操作普通 Web 控件那样直接获取播放键对象，所以就需要通过控制鼠标的移动和单击来达到模拟用户操作的效果。具体代码如下。

```python
#!/usr/bin/env python
# -*- coding: utf-8 -*-
from selenium import webdriver
from selenium.webdriver.common.keys import Keys
from selenium.webdriver.common.action_chains import ActionChains
import time

driver = webdriver.Chrome()
driver.get("file:///C:/Users/Administrator/Desktop/test.html")
## 获取播放器控件
flv=driver.find_element_by_id("flvplayer")
## 获取播放器对象的左上角坐标、宽、高
location = flv.location
size = flv.size
## 计算 " 播放 " 按钮的坐标位置
play_x = location['x'] + 30
play_y = location['y'] + size['height'] - 35
## 移动鼠标到按钮位置
ActionChains(driver).move_by_offset(play_x, play_y).perform()
ActionChains(driver).click().perform()
…
driver.close()
```

上述代码中首先获取播放器对象，其次通过 location 属性获取到它的坐标位置，再通过 size 属性获取到它的宽和高，这样就可以计算出"播放"按钮的绝对位置，之后再通过 move_by_offset 方法把鼠标移动到该位置，最后执行下左键操作即可。

提示　除了上述列出的方法，完成这个场景还有其他可选的方法，但是需要我们对业务属性比较了解。例如，部分站点的视频播放可以通过 Space 键来控制，那么我们就可以直接发送一个 Space 键给播放控件对象，代码如下。

```python
ActionChains(driver).send_keys(Keys.SPACE, flv).perform()
flv.send_keys(Keys.SPACE)
```

6.5 Selenium 执行 JavaScript 及操作 DOM

Selenium 中已经封装了很多常用的方法和接口，但总会有些情况或者业务场景需要我们进行一些非常规的操作，而此时只能通过一些非常规的方法才能实现，这里称之为 Geek 的方法。例如，通过 Selenium 执行 JavaScript 操作。

了解 JavaScript 的读者都知道，它主要是在浏览器中执行并且可以操作 DOM 的一种脚本语言，通常 Web 页面上的动态效果都是由 JavaScript 来实现的。可以这么说，用户能够对页面所做的操作，JavaScript 都可以做到，用户做不到的操作 JavaScript 也可以做到，所以说 Selenium 提供了这个接口，就相当于我们又掌握了一把打开新世界的钥匙。

顺便说一下，Selenium1 的核心驱动就是 JavaScript 实现，所以可以想象 JavaScript 在 Selenium 中可以直接使用的益处可见一斑。那么接下来就学习下如何通过 Selenium 使用 JavaScript，示例代码如下。

```python
#!/usr/bin/env python
# -*- coding: utf-8 -*-
import time
from selenium import webdriver

driver = webdriver.Chrome()
driver.get("file:///C:/Users/Administrator/Desktop/test.html")
driver.execute_script('alert("ok")')
alt = driver.switch_to.alert
time.sleep(1)
alt.accept()
print driver.execute_script('return 1+1')
driver.close()
```

上述代码中，通过 execute_script 方法就可以直接执行一段 JavaScript 代码来动态地调出提示框；另外还可以执行一个表达式，并且把执行的结果返回到 Selenium 中，由此可以知道在执行其他需求的 JavaScript 代码时也是可行的。除了上面的方法，Selenium 还提供了异步执行 JavaScript 的接口，该方法可以用来发送 AJAX 请求并接受响应内容，具体代码如下。

```python
# -*- coding: utf-8 -*-
import time
from selenium import webdriver

driver = webdriver.Chrome()
driver.get("file:///C:/Users/Administrator/Desktop/test.html")
## 设置脚本执行超时时间，默认是 0
driver.set_script_timeout(5)
driver.execute_async_script('''
    var callback = arguments[arguments.length - 1];
    var xhr = new XMLHttpRequest();
```

```
        xhr.open('GET', 'http://test.url', true);
        xhr.onreadystatechange = function() {
            if (xhr.readyState == 4) {
                callback(xhr.responseText);
            }
        }
        xhr.send();
        ''')
driver.close()
```

上述代码中的 JavaScript 是一段发送 AJAX 的代码，只要在 5s 内能够返回则正常，否则会报 Timeout 异常。另外，JavaScript 代码中 arguments 是获取代码参数的接口，我们自己也可以传递参数到这个数组，代码如下。

```
driver.execute_async_script('''
        alert(arguments[0]);
        alert(arguments[1]);
        ''', 'java', 'python')
```

上述代码中，arguments 的第一个参数接收的是 Java 字符，第二个参数接收的是 Python 字符。另外，默认的 arguments 的最后一个参数始终是一个 callback 函数。因此在上一段代码里虽然没有传参数，但还是可以获取到 callback 函数。

注意　在发送 AJAX 的时候，由于跨域安全的问题，URL 只能是同一个域下面的 URL 地址，否则会报 JavaScript 的跨域访问异常。

6.6　Selenium 截屏操作

在执行自动化测试的时候，无论是对既定场景的界面检查，还是对发生错误的场景进行保存，都需要进行的一种操作就是截屏。有了截屏很大程度上可以辅助我们进行测试结果的评判和错误场景的断定，能够有效地帮助脚本执行后推断素材。接下来看看如何使用截屏功能，代码如下。

```
#!/usr/bin/env python
# -*- coding: utf-8 -*-
import time
from selenium import webdriver

driver = webdriver.Chrome()
driver.maximize_window()
driver.get("file:///C:/Users/Administrator/Desktop/test.html")
```

```
driver.save_screenshot('demo.png')
driver.close()
```

上述代码中代码执行结束后会在当前文件夹下保存一张名为 demo.png 的图片。这里需要注意的是，该方法只能截图可见区域的页面内容，不在浏览器可见区域的内容则无法截屏。而对于想要截取完整页面的，则可以通过 PhantomJS 浏览器来达到截取全屏的目的。具体代码如下。

```
#!/usr/bin/env python
# -*- coding: utf-8 -*-
from selenium import webdriver

driver = webdriver.PhantomJS()
driver.get("file:///C:/Users/Administrator/Desktop/test.html")
driver.save_screenshot('demo.png')
driver.close()
```

注意 如果想要执行上面的代码，需要安装 PhantomJS 的驱动，官方地址为 http://phantomjs.org/。可以下载到 exe 文件，解压后直接复制到 Python 的 Scripts 目录即可，即与 IE、Chrome 的 driver 放在同一个目录。

第 7 章
UnitTest 单元测试框架

CHAPTER
07

正如 Java 拥有 JUnit 一样，每一个语言都有一个用于单元测试的工具包，可以使用它来进行单元测试用例的开发和测试。同样，由于其执行用例的逻辑也可以移植到 Web 自动化的测试上来。因此，本章就来学习下 Python 的单元测试框架 UnitTest。

7.1 常规使用方式

在正式开始代码学习之前，先来了解一下关于单元测试框的几个概念，即 Test Case、Test Suite、Test Runner、Test Fixture。单元测试基本是由这几个重要部分组成的。

- ❑ Test Case：测试用例，即一个完整流程的测试场景，包括环境初始化与恢复。
- ❑ Test Suite：由多个 Test Case 组成的一套测试用例集，主要用于归档执行。
- ❑ Test Runner：用来执行 Test Case 与 Test Suite 的部件。
- ❑ Test Fixture：测试装置，主要指的是测试前后需要做的一些事情，通常都在 setUp 和 tearDown 函数中执行。

了解了这几个概念之后，就可以大概知道单元测试框架的基本流程就是，创建一个 Test Case 并配置好对应的 Test Fixture，然后添加到 Test Suite 中，最后由 Test Runner 来加载并执行。接下来从 Test Case 开始学习单元测试框架。示例代码如下。

```
import random
import unittest
class TestSequenceFunctions(unittest.TestCase):
```

```
        def setUp(self):
            self.seq = range(10)
        def test_choice(self):
            element = random.choice(self.seq)
            self.assertTrue(element in self.seq)
        def test_sample(self):
            with self.assertRaises(ValueError):
                random.sample(self.seq, 20)
            for element in random.sample(self.seq, 5):
                self.assertTrue(element in self.seq)
        def tearDown(self):
            self.seq = None
    if __name__ == '__main__':
        unittest.main()
```

上述代码中是一个 Test Case 文件里面包含两个测试方法，所有的测试方法都必须以 test 开头，这样才能被认为是测试方法。另外，还有一个 setUp 和一个 tearDown 方法。setUp 主要就是用来进行测试环境的，而 tearDown 则是进行测试环境清理操作的，它们就是前面提到的 Test Fixture。除了这两个方法，setUpClass、tearDownClass 方法对应的是 Class 执行前后要做的事情。最后一个重要的地方就是 assert 断言语句，例如代码中的 assertTrue，用来断言测试结果为 True，相似的断言语句还有很多，用来针对不同的测试结果进行断言。

如果对测试用例整体执行的流程和顺序还不是很明确，可以通过下面的示例代码进一步理解。

```
import unittest
class ExampleOrderTestCase(unittest.TestCase):
    def setUp(self):
        print
        print 'I am setUp'
    def tearDown(self):
        print 'I am tearDown'
    def test_do_something(self):
        print 'I am test_do_something'
    def test_do_something_else(self):
        print 'I am test_do_something_else'
if __name__ == '__main__':
        unittest.main(verbosity=2)
```

上述代码的执行结果如下。

```
test_do_something (__main__.ExampleOrderTestCase) ...
I am setUp
I am test_do_something
I am tearDown
ok
test_do_something_else (__main__.ExampleOrderTestCase) ...
I am setUp
```

```
I am test_do_something_else
I am tearDown
ok
```

从结果中可以看到，setUp 和 tearDown 被执行了两次，也就是每一个测试方法执行的前后都会被调用。此外，在 setUp 和 tearDown 方法中如果出现了 failure 或者 error，那么当次的测试就会出现 error；而如果在 testXXX 方法中即使出现了 failure 或者 error，tearDown 方法中的代码始终都会被执行。

提示　failure 即指测试代码中的 assert 断言失败，例如，assertTrue(False)；error 即指测试代码中的语法错误，例如 1/0。

7.2　测试套件使用

前面已经提到过 Test Suite 的概念，即测试套件，也就是用来归档和整理 Test Case 的集合，方便我们在执行用例时按需进行用例的分类和执行。首先看下测试套件的基本使用方法，如以下代码所示。

```
#-*- encoding: UTF-8 -*-
import unittest
class ExampleTestCase(unittest.TestCase):
    def test_do_somthing(self):
        self.assertEqual(1, 1)
    def test_do_somthing_else(self):
        self.assertEqual(1, 1)
class AnoterExampleTestCase(unittest.TestCase):
    def test_do_somthing(self):
        self.assertEqual(1, 1)
    def test_do_somthing_else(self):
        self.assertEqual(1, 1)
def suite_use_make_suite():
    suite = unittest.TestSuite()
    suite.addTest(unittest.makeSuite(ExampleTestCase))
    return suite
def suite_add_one_test():
    suite = unittest.TestSuite()
    suite.addTest(ExampleTestCase('test_do_somthing'))
    return suite
def suite_use_test_loader():
    test_cases = (ExampleTestCase, AnoterExampleTestCase)
    suite = unittest.TestSuite()
    for test_case in test_cases:
        tests = unittest.defaultTestLoader
.loadTestsFromTestCase(test_case)
```

```
        suite.addTests(tests)
    return suite
if __name__ == '__main__':
    unittest.main(defaultTest='suite_use_test_loader')
```

从上述代码中可以看出，TestSuite 有两种方式用来添加测试用例，一种是 addTest，一种是 addTests，分别用来添加单个测试对象和一组测试对象。其中，这个测试对象可以是一个测试方法，或者是一个测试套件；代码中的第一种 addTest 方法添加的测试对象就是一个测试套件，这个测试套件包含 ExampleTestCase 类中的所有测试方法。代码中第二种 addTest 方法指定了特定的测试方法，所以这里的测试对象就是测试方法 test_do_something。代码中 addTests 方法直接一次添加了多个测试方法，同理，addTests 也可以同时添加多个测试套件。

了解 Test Suite 的基本使用方法之后，再来看看获取 Test Suite 实例的方式。第一种就是上述代码中直接实例 unittest.TestSuite 类的方式来获取一个空 Test Suite 容器；第二种是上述代码中的 unittest.makeSuite 方法，通过一个 TestCase 类来生成一个 Test Suite 并包含该测试类中的所有测试方法。接下来再看下 Test Suite 其他的获取方式。

```
class ExampleTestSuite(unittest.TestSuite):
    def __init__(self):
        unittest.TestSuite.__init__(self,
            map(ExampleTestCase,
            ("test_do_something",
            "test_do_something_else")))
suite = ExampleTestSuite()
```

从上述代码中可以看到，这里是通过继承 TestSuite 类来实现的，并且在实例化父类的时候指定测试类与测试方法并加载到 TestSuite 容器中。此外，还有一种方式也是实例化 TestSuite 类，但是可以带上参数来添加到实例的 Test Suite 中，具体代码如下。

```
suite1 = unittest.makeSuite(ExampleTestCase)
suite2 = unittest.makeSuite(AnoterExampleTestCase)
alltests = unittest.TestSuite((suite1, suite2))
tests = unittest.defaultTestLoader
.loadTestsFromTestCase(ExampleTestCase)
alltests2 = unittest.TestSuite(tests)
```

7.3　TestLoader 的使用

关于 TestLoader 在 7.2 节中已经见识过，通过它可以从一个测试类中获取测试方法，例如，loadTestsFromTestCase 方法就可以用来从单个测试类中加载测试方法。而除此之外，TestLoader 还有其他几种方式来加载测试方法，本节就来了解一下。首先可以通过 dir 命令来查看 TestLoader 的成员方法，其结果如图 7-1 所示。

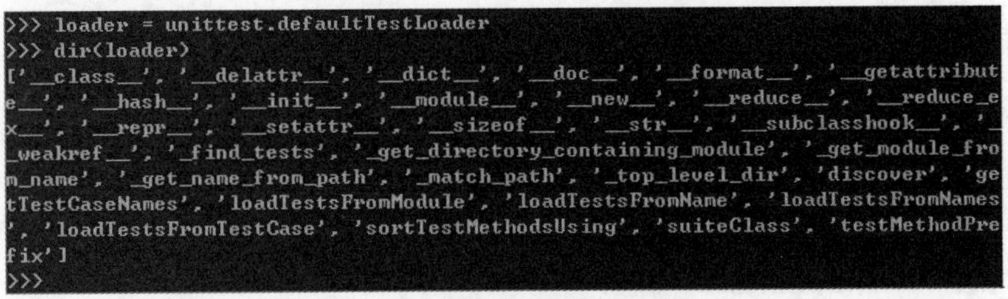

图 7-1　Python 查看对象成员

由此可知，TestLoader 对象除了前面见到过的 loadTestsFromTestCase 之外，还有如下几个加载测试方法的成员。

❑ loadTestsFromModule：从模块中加载测试，即 Python 文件。

❑ loadTestsFromName：从名字中加载测试，这个名字可以是 Module、TestCase 类，测试方法，亦或是一个可调用的返回测试用例或测试套件的实例。

❑ loadTestsFromNames：同上，可以一次接受多个 name 的序列。

可以假设目前有两个单元测试文件，其内容分别如以下两个代码清单所示。

代码清单 7-1　Test1.py

```
import unittest
class TestCase1(unittest.TestCase):
    def setUp(self):
        print 'setUp'
    def test_sample(self):
        print 'i am in Test1'
    def tearDown(self):
        print 'teardown'
```

代码清单 7-2　Test2.py

```
import unittest
class TestCase2(unittest.TestCase):
    def setUp(self):
        print 'setUp'
    def test_sample(self):
        print 'i am in Test2'
    def tearDown(self):
        print 'teardown'
```

现在可以通过上面提到的三种方法进行测试用例的加载，代码如下。

```
import unittest
import Test1
```

```
loader = unittest.defaultTestLoader
test1 = loader.loadTestsFromModule(Test1)
test2 = loader.loadTestsFromName('Test1')
test3 = loader.loadTestsFromName('Test1.TestCase1')
test4 = loader.loadTestsFromName('Test1.TestCase1.test_sample')
test5 = loader.loadTestsFromNames(['Test1', 'Test2'])
```

7.4　UnitTest 加载流程

到此为止，我们已经掌握了 UnitTest 的基本概念与使用方法，最后总结一下 UnitTest 的加载与执行的整个流程。在此之前先看下 UnitTest 的最后一个概念 TestRunner，即用来执行 Test Suite 的执行器，通常启动 TestRunner 的方式如下。

```
runner = unittest.TextTestRunner()
runner.run(test_suite)
```

现在可以理清 UnitTest 的执行流程了。具体顺序为：编写带有测试方法的 TestCase 类，通过显式或隐式的方式调用 TestLoader 来加载要执行的 TestCase 类或方法，加载完成之后再添加到 TestSuite 容器中，最后再使用 TestRunner 来执行 TestSuite 中的测试用例。

对于 7.1 节代码清单中的执行顺序也是如此，只是所有流程都隐式地封装在 UnitTest 的 main 方法里了。

第 8 章

CHAPTER
08

分层框架设计与实现

在刚开始学习自动化测试的时候，都是从一个简单的测试用例脚本开始的，所有的测试数据都是包含在一个文件甚至是一个测试用例里面。当我们再继续写下一个用例的时候，最简单的就是复制一份代码然后根据业务情况来修改一下测试代码。最常见的测试用例代码格式如代码清单 8-1 所示。

代码清单 8-1　无分层结构测试用例

```python
#!/usr/bin/env python
# -*- coding: utf-8 -*-
from selenium import webdriver
from selenium.webdriver.common.alert import Alert
from time import sleep

wd = webdriver.Chrome()
wd.get(r'http://www.baidu.com')

wd.find_element_by_id('kw').send_keys("selenium")
wd.find_element_by_id('su').click()
sleep(1)
assert 'selenium' in wd.title
wd.close()
```

可以看到，测试使用的定位符、输入数据、期望结果等都在测试用例文件中。一旦这些数据有变动需要修改，我们只好逐一地修改每一处的测试代码。当然在只有几个测试场景的情况下，没有太大的问题，而当用例数量变得庞大的时候，我们在维护脚本的时候就开始凸显出问题了。同时，我们可能还有很多重复的业务代码没进行分离和提取，当这部分代码需要维护时，工作量也会成倍增加。

因此，当一开始就准备实施一个较大型或者较多数量的自动化测试时，就需要对测试工具、测试技术和测试框架进行选型和设计，以便在业务扩展和变化的情况下能够及时响应，使用尽量短的时间来完成存量测试用例维护的工作。本章主要讲解如何设计一个良好的测试框架，其核心思想是把本来写在一个测试用例里的业务进行分层拆解，把不同的数据类型、业务模型进行分离，降低业务与数据间的耦合度，提高测试脚本的可维护性。

下面看下一般分层框架都具有哪些基础结构，如图 8-1 所示的框架就是一个比较通用的分层框架的结构。其主要包括定位符驱动层、页面操作层、业务逻辑层、异常处理层、数据驱动层、结果驱动层等六大模块。其中，测试用例层则是需要开发的测试用例。

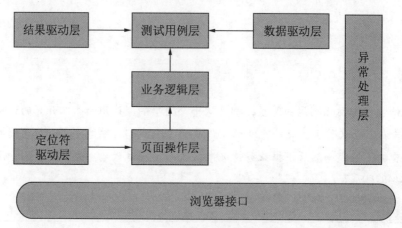

图 8-1　通用分层框架结构图

图 8-1 中垂直、水平方向都有三层结构，把不同功能模块、业务数据都进行了分离。同时，针对业务也进行了分层，让每一份代码始终只有一个出处。分模块和分层的好处在于当测试需求有变化的时候，始终只需改动特定模块内部的代码即可，修改所带来的影响对模块外的其他模块是透明的。例如，如果页面元素的定位属性变了，只要修改定位符驱动层的数据即可；再如，某个页面元素的操作需要增加延时等待，只需要在页面操作层添加延时语句即可。接下来逐一了解具体的框架逻辑与代码实现。

8.1　数据驱动层

测试数据驱动层主要是用来提供测试数据的独立存储。具体的数据可以来自文本文件，例如，TXT、XML 等；也可以来自数据库，如 SQLite、MySQL 等。本节就来详细介绍下测试数据层的设计与使用方法。本章将根据不同的存储方式分为两节来分别进行介绍。

8.1.1 文件存储

文件存储即把测试数据直接存放在独立的文本文件中，可以是 TXT 文件、CSV 文件、XML 文件、JSON 文件等。因为我们使用的语言为 Python，在这里选择的存储文件直接就是 Python 文件，其优点是省去了对数据文件进行解析的步骤。而对测试数据的管理有其他要求的情况，则可以根据具体的需求来选择最合适的方式。

接下来就基于代码清单 8-1，来学习如何分离测试数据驱动层。首先确定下代码清单 8-1 中需要分离的测试数据。由于代码清单 8-1 非常简单，需要分离的数据只有两处，一处是输入 URL 地址，另一处则是输入搜索关键字。其对应的代码如下所示。

```
wd.get(r'http://www.baidu.com')
wd.find_element_by_id('kw').send_keys("selenium")
```

其中，"http://www.baidu.com" 就是 URL 地址内容，"selenium" 则是需要在页面上输入的搜索关键字。它们都是用户的输入数据，也就是需要被分离的测试数据内容。这里把它们分离到一个独立的 Python 测试数据文件里，假设名为 DataPool.py，则内容格式如下。

```
#!/usr/bin/env python
# -*- coding: utf-8 -*-

DataPool = {
    'BAIDU_HOME_URL' : 'http://www.baidu.com',
    'SELENIUM' : 'selenium',
        ...
}
```

可以看出测试数据文件的内容非常简单，只有一个 DataPool 的字典变量，并在该字典中添加了若干条测试数据。编写好 Python 数据文件之后，把它保存到与测试用例文件相同的目录。而在具体的用例层代码里我们的引入和使用方式如下所示。

```
from DataPool import DataPool as dp          ## 引入测试数据
...
dp.get('BAIDU_HOME_URL')                      ## 获取具体的测试数据
```

而代码清单 8-1 经过数据分离之后的更新代码如代码清单 8-2 所示。

代码清单 8-2   有数据分离的测试用例

```
#!/usr/bin/env python
# -*- coding: utf-8 -*-
from selenium import webdriver
from selenium.webdriver.common.alert import Alert
from time import sleep
from DataPool import DataPool as dp
```

```
wd = webdriver.Chrome()
wd.get(dp.get('BAIDU_HOME_URL'))

wd.find_element_by_id('kw').send_keys(dp.get('SELENIUM'))
wd.find_element_by_id('su').click()
sleep(1)
assert dp.get('SELENIUM') in wd.title
wd.close()
```

　　当然，由于上面的测试数据非常少，可以把所有的测试数据都放在一个文件内；而在正式的自动化测试项目中，还需要给测试数据进行分类管理。例如，一个测试用例文件使用一个独立的测试数据文件；而对于大部分用例都需要用到的测试数据可以单独提取到一个公共测试数据文件中，这样可以更好地确保测试数据的统一性。

8.1.2　数据库存储

　　数据库存储即把测试数据直接存储在数据库中，例如，SQLite、MySQL 等都是可选的对象。相对于文件存储来说，数据库存储更加易于对数据进行管理和设计。缺点则是我们需要做额外的工作来支持。例如，数据库的安装、数据库驱动的安装、数据库读取代码的开发、测试数据获取方法的封装等。

　　本节以 MySQL 为例来讲解如何从数据库中获取测试数据，其步骤大概如下。

　　（1）安装 MySQL。

　　（2）安装 Python 的 MySQL 驱动。

　　（3）数据库读取代码开发。

　　（4）测试数据表的设计。

　　（5）测试数据获取方法封装。

　　（6）测试数据层的引入与使用。

1. 安装 MySQL

MySQL 的安装步骤如下。

　　（1）进入 MySQL 下载页面 http://dev.mysql.com/downloads/mysql/。

　　（2）下载对应的安装文件，本文为 Windows 的 32 位版本。

　　（3）双击下载的文件。

　　（4）直接默认或选择安装目录进行安装。

　　（5）设置 MySQL 的 root 密码。

　　（6）完成安装并使用下面的命令进行测试。

```
mysql -u root -p${youpassword}                    ## 替换为你设置的密码
```

（7）如果正常进入 MySQL 提示符界面则表示安装成功。

2. 安装 Python 的 MySQL 驱动

在前面的章节中已经介绍过了 Python 环境的安装及 pip 的安装，因此我们在 MySQL 驱动的时候就可以直接使用 pip 来进行安装，具体安装命令如下。

```
pip install MySQL-python
```

安装完成后可以通过 pip list 命令来查看是否正确安装。

3. 数据库读取代码开发

MySQL 数据库和驱动都安装完成后，需要测试下环境是否搭建成功，并编写数据库读取的代码，测试的具体代码见代码清单 8-3。

代码清单 8-3　MySQL 数据测试代码

```
#!/usr/bin/python
# -*- coding: UTF-8 -*-

import MySQLdb

db = MySQLdb.connect("localhost","root","root","test" )    ## 数据库连接
cursor = db.cursor()                                        ## 获取游标
cursor.execute("SELECT VERSION()")                          ## 执行 SQL 语句
data = cursor.fetchone()                                    ## 获取一条查询结果数据
print "Database version : %s " % data
db.close()                                                  ## 关闭连接
```

上面的代码执行后如果能正常打印出数据库的版本，则表示数据库相关的环境搭建成功；接下来就可以把这段代码封装到 DataPool 类的方法中，具体的代码见代码清单 8-4。

代码清单 8-4　DataPool 类

```
#!/usr/bin/python
# -*- coding: UTF-8 -*-

import MySQLdb
class DataPool(object):
    @staticmethod
    def select_data(sql):
        db = MySQLdb.connect("localhost","root","root","test" )   ## 数据库连接
        cursor = db.cursor()                 ## 获取游标
        cursor.execute(sql)                  ## 执行 SQL 语句
        data = cursor.fetchone()             ## 获取一条查询结果数据
        db.close()
        return data
```

封装后的代码可以直接通过 DataPool.select_data 方法来进行数据库的查询操作，唯一需要传入的参数则是具体的 SQL 查询语句，而后面的步骤则会设计出具体的 SQL 内容。

4. 测试数据表的设计

测试数据表指的是用来存放测试数据的具体的表，这个表的结构需要提前设计好，并在数据库中进行创建，之后就可以往表中添加具体的测试数据，然后再通过 DataPool 类的具体方法来获取测试数据。

由于我们的表是用来存放测试数据的，因此表结构是非常简单的，只需要设计一些存放测试数据的字段即可，具体的数据库、数据表的创建语句大致可以如下。

```
CREATE DATABASE datapool;
use datapool;
CREATE TABLE `test_data` (
  `id` int(255) NOT NULL AUTO_INCREMENT,
  `modle` varchar(255) DEFAULT NULL COMMENT '模块名',
  `test_case` varchar(255) NOT NULL COMMENT '测试用例名称',
  `name` varchar(255) NOT NULL COMMENT '测试数据名',
  `value` varchar(255) NOT NULL COMMENT '测试数据的值',
  `desc` varchar(255) DEFAULT NULL COMMENT '测试数据的描述',
  `result` text COMMENT '对应的测试期望结果',
  `status` enum('active','inactive') DEFAULT 'active' COMMENT '数据是否有效',
  `createAt` date DEFAULT NULL COMMENT '创建日期',
  PRIMARY KEY (`id`),
  UNIQUE KEY `test_case` (`test_case`,`name`)
) ENGINE=InnoDB DEFAULT CHARSET=utf8;
```

具体而言，首先创建了一个名为 datapool 的数据库，然后进入 datapool 数据库并创建了一个名为 test_data 的表。表的字段有模块名、测试用例名称、测试数据名、测试数据的值、测试数据的描述、对应的测试期望结果、数据是否有效及创建日期。其中，test_case、name、value 为必填项，且 test_case 与 name 字段为联合唯一键，即同一个用例下不能有同名的测试数据存在。

通过对数据表的简单设计，就可以对测试数据进行一些简单的管理了。例如，按照模块进行数据的分类、按照用例对数据进行分类、对重复数据进行限制、对数据的有效性进行设置。更多关于测试数据、测试结果管理的设计，有兴趣的读者可以更加深入地研究，也可以到 http://www.testdoc.org 上来进行探讨。

5. 测试数据获取方法封装

数据表设计好之后我们就知道如何去读取测试数据了。为了能够兼容代码清单 8-2 的测试代码，需要把测试数据获取的方法封装成一致的接口。具体的完整代码见代码清单 8-5。

代码清单 8-5　封装 MySQL 的 DataPool 类

```python
#!/usr/bin/env python
# -*- coding: utf-8 -*-
import MySQLdb
from ExceptionWarpper import NOTESTDATAERROR

class DataPool(object):
    def __init__(self, test_case, module=None):
        self.test_case = test_case
        self.module = module

    def get(self, name):
        where = ' AND 1=1 '
        if self.module:
            where += ''' AND module='%s' ''' % self.module

        sql = '''SELECT value FROM test_data
                WHERE test_case='%s'
                AND name='%s'
                AND status='active' %s;''' % (self.test_case, name, where)

        data = self.select_data(sql)
        if data:
            return data[0]
        else:
            raise NOTESTDATAERROR(self.module, self.test_case, name)

    def select_data(self, sql):
        db = MySQLdb.connect("localhost","root","root","datapool" )  ## 数据库连接
        cursor = db.cursor()                                         ## 获取游标
        cursor.execute(sql)                                          ## 执行 sql 语句
        data = cursor.fetchone()                                     ## 获取一条查询结果数据
        db.close()
        return data
```

该代码清单相比于代码清单 8-4，select_data 方法由原来的 @staticmethod 改成了实例方法，主要是为了支持对测试数据按模块、用例来进行分类的需要。新增了一个 get 方法用于获取具体的测试数据，get 方法接受一个数据名的参数并返回当前用例下对应数据名的值。如果查找的数据名没有记录，则抛出 NOTESTDATAERROR 错误，该错误会在用例层被捕获并记录。关于 NOTESTDATAERROR 将会在 8.6 节中进行详细介绍。

6. 测试数据层的引入与使用

在完成了所有的前提准备之后，就可以在用例层来调用新封装的 DataPool 类了。具体的用例层调用方式如下。

```python
from DataPool import DataPool
...
```

```
dp = DataPool('demo')
dp.get('BAIDU_HOME_URL')
```

如果之前使用的是文件存储方式来分离数据，那么现在只需简单地修改代码清单 8-2 的内容即可替换为数据库存储方式。更新后的代码见代码清单 8-6。

代码清单 8-6　数据库分离测试数据

```
#!/usr/bin/env python
# -*- coding: utf-8 -*-
from selenium import webdriver
from selenium.webdriver.common.alert import Alert
from time import sleep
from DataPool import DataPool

dp = DataPool('demo')
wd = webdriver.Chrome()
wd.get(dp.get('BAIDU_HOME_URL'))

wd.find_element_by_id('kw').send_keys(dp.get('SELENIUM'))
wd.find_element_by_id('su').click()
sleep(1)
assert dp.get('SELENIUM') in wd.title
wd.close()
```

该代码清单中唯一的一处代码更新见粗体标识。与之前的 DataPool 类使用相比，唯一的区别是多了一步实例化的操作。原因是我们增加了对测试数据进行分类管理的功能，在实例化的时候需要传入当前 TestCase 的名称，例如 demo。这样在获取具体测试数据的时候则只会在 demo 用例的测试数据中查询。而模块名在不传入的情况下则默认为空。

总的来讲，关于测试数据管理这一块我们既可以使用最简单的文本方式来存储，也可以使用数据库来存储；不同的方式对测试数据的管理支持不同，文本的方式更加简洁，更容易变通，但是不利于统一管理；数据库的方式可以更加集中地来管理测试数据，保证测试数据的统一性，但是需要更多的基础支持和环境管理。

在实际的测试项目中，则可以根据自己项目的需求来确定使用什么方式来管理和存储测试数据。其中可以参考的准则例如，哪种方式更方便去维护测试数据，哪种方式更容易生成测试数据，哪种方式最高效等。

8.2　定位符驱动层

定位符指的是用于定位 Web 页面上特定元素的字符串。在第 2 章中已经学习了如何定位并操作 Web 元素。Selenium 中支持元素定位的方式有很多种，本书中推荐使用 CSS 定位方式。理由是使用同一种定位方式更加便于统一管理。另外，CSS 定位方式可以支持定位任何类型、任何位置的 Web 元素。而本章主要介绍的内容是如何把用例脚本中的定位符数据提取出来，作为独立的定位符驱动层。

定位符驱动层与 8.1 节的测试数据驱动层形式基本相同，只是所要提取的数据内容不相同。定位符驱动层的主要作用是把定位符内容与具体的代码进行分离。当某个页面元素的定位符需要更新的时候，只需要更新定位符层的内容即可，而不需要修改任何代码。

同样地，我们的定位符层也可以有两种方式来存储：一种是本地文本存储，另一种是远程服务存储方式。

8.2.1　本地文件存储

定位符的本地文件存储方式也是有很多可选的，除了 Python 文件之外，还有像 TXT、CSV、XML、JSON 等格式可以选择。为了让本地文件存储可以有多一种的可选方式，本节以 CSV 文件存储的形式来介绍定位符层的提取与使用。

CSV（Comma-Separated Values）文件，即俗称的逗号分隔符文件。默认的 CSV 文件的每一行内容都是以逗号来进行分割的，分割的每一个小部分可以称之为列。这样就可以把一个文本文件当作一个二维表格来使用，并在文件内进行数据的分行分列管理。

首先，基于代码清单 8-6 的 demo 代码，可以分析出需要提取定位符数据的代码只有如下两行。

```
wd.find_element_by_id('kw').send_keys(dp.get('SELENIUM'))
wd.find_element_by_id('su').click()
```

其中，'kw' 'su' 则是需要提取的定位符数据。如果选择使用 CSV 文件来存储的话，那么其文件内容形式应该类似下面的代码。

```
KEY_WORLDS,#kw
SEARCH,#su
...
```

可以看出每一行只描述了一个定位符；第一列为定位符的名字，第二列为定位符的具体的值。如果使用该 CSV 文件来存储定位符数据，则需要再做点儿额外工作来读取 CSV 文件的数据，否则，在用例层就无法直接获取到定位符数据。

关于 CSV 文件的读取，可以有很多种方式，在这里选择使用 Python 的 csv 类库来进行读取。假设把 csv 文件读取代码保存在 Locator.py 文件中，具体的代码内容如下。

```
#!/usr/bin/python
# -*- coding: UTF-8 -*-
import csv

def read_csv(fn):
```

```
csv_file = file(fn, 'rb')
reader = csv.reader(csv_file)
d = {}
for line in reader:
    if not line:
        continue
    if len(line)<2:
        d[line[0]] = ''
    else:
        d[line[0]] = line[1]
csv_file.close()
return d
```

代码中 read_csv 函数接受一个 CSV 文件路径作为参数，并读取 CSV 文件的内容，最后返回一个包装好定位符的字典对象。在用例层引入和使用 CSV 的定位符代码的方式如下。

```
from Locator import read_csv
...
Locator = read_csv('${path_of_csv_file}')
Locator.get('kw')
```

这里假设 Locator.py 文件与测试用例脚本文件已经存放在同一个目录下，则针对代码清单 8-6，把定位符数据提取出来之后，其代码内容更新如代码清单 8-7 所示。

代码清单 8-7　定位符本地存储分离

```
#!/usr/bin/env python
# -*- coding: utf-8 -*-
from selenium import webdriver
from selenium.webdriver.common.alert import Alert
from time import sleep
from DataPool import DataPool
from Locator import read_csv

locator = read_csv('${path_of_csv_file}')
dp = DataPool('demo')
wd = webdriver.Chrome()
wd.get(dp.get('BAIDU_HOME_URL'))

wd.find_element_by_id(locator.get('KEY_WORLDS')).send_keys(dp.get('SELENIUM'))
wd.find_element_by_id(locator.get('SEARCH')).click()
sleep(1)
assert dp.get('SELENIUM') in wd.title
wd.close()
```

上述代码中修改的部分为加粗字体，通过上述修改之后测试用例代码中的定位符数据就被提取到定位符层了。

8.2.2 远程服务存储

远程存储是相对于本地存储方式而言，它可以在不同机器间进行共享。8.1 节中的数据库存储方式就是远程存储方式的一种，除此之外，还可以使用 Web Service 的方式来提供远程存储服务。而本节将继续以数据库存储的方式来讲解定位符的远程存储。

数据库存储的基础环境安装在 8.1.2 节已经介绍过了，这里补充说明下如果需要 MySQL 数据库支持远程访问，还需要进行如下两个步骤的设置。

❑ 修改 msql.ini 配置文件。

❑ 修改非本机访问的 IP 限制。

首先要找到 mysql.ini 文件，不同系统和 MySQL 版本该文件存放位置有所区别。然后搜索 bind-address 关键字，并在下面这行前面添加 # 来注释掉，然后重启 MySQL 服务。

```
bind-address = 127.0.0.1
```

接着，使用 root 账户进入 MySQL，并切换到 MySQL 库。然后进行 IP 访问限制的修改，具体的操作代码如下所示。

```
mysql -u root -pyoupassword
mysql>use mysql;
mysql>update user set host = '%' where user ='root' and host='127.0.0.1';
mysql>select host, user from user;
mysql>flush privileges;
```

经过上面两个步骤的操作之后，我们的 MySQL 数据库就可以支持使用 root 账户在任意的可访问的网络机器上登录了。

最后需要考虑的是定位符表的结构设计，如果没有特殊需求的话，该表的结构与测试数据表的结构基本一致。内容如下所示。

```
CREATE TABLE `locator` (
  `id` int(11) NOT NULL AUTO_INCREMENT,
  `module` varchar(255) DEFAULT NULL COMMENT '模块名',
  `page` varchar(255) NOT NULL COMMENT '测试页名称',
  `name` varchar(255) NOT NULL COMMENT '测试数据名',
  `value` varchar(255) NOT NULL COMMENT '测试数据的值',
  `desc` varchar(255) DEFAULT NULL COMMENT '测试数据的描述',
  `status` enum('active','inactive') DEFAULT 'active' COMMENT '数据是否有效',
  `createAt` date DEFAULT NULL COMMENT '创建日期',
  PRIMARY KEY (`id`),
  UNIQUE KEY `page_name` (`page`,`name`)
) ENGINE=InnoDB AUTO_INCREMENT=1 DEFAULT CHARSET=utf8;
```

由于在 8.1.2 节中读取数据库的方式不够优化，每一次获取测试数据都需要重新连接数据库。为了让数据库读取能够有更好的性能，这里对数据库读取代码进行了优化。假设新代码保存在 DBLocator.py 文件中，改进后的数据库读取代码如下。

```python
#!/usr/bin/env python
# -*- coding: utf-8 -*-

import MySQLdb
from ExceptionWarpper import NOLOCATORERROR

class Locator(object):
    def __init__(self, page, module=None):
        self.page = page
        self.module = module
        sql = self.__get_sql__()
        self.data = self.select_data(sql)

    def get(self, name):
        value = self.data.get(name)
        if value:
            return value
        else:
            raise NOLOCATORERROR(self.module, self.page, name)

    def __get_sql__(self):
        where = ' AND 1=1 '
        if self.module:
            where += ''' AND module='%s' ''' % self.module
        sql = '''SELECT name, value FROM locator
                WHERE page='%s'
                AND status='active' %s;''' % (self.page, where)
        return sql

    def select_data(self, sql):
        db = MySQLdb.connect("localhost","root","root","datapool" )    ## 数据库连接
        cursor = db.cursor()                          ## 获取游标
        cursor.execute(sql)                           ## 执行 SQL 语句
        data = cursor.fetchall()                      ## 获取所有查询结果数据
        db.close()
        if data:
            return dict(data)
        else:
            raise NOLOCATORERROR(self.module, self.page, None)
```

上述代码中相对于 8.1.2 节的代码，重点优化部分为加粗字体。新增了一个内部方法 __get_sql__ 专门用来拼接 SQL 查询，并在初始化的时候即调用。初始化方法中还调用了 select_data 方法，直接获取指定页面上的所有 locator 定位符数据并保存在 data 属性中。之后的所有 get 方法都是在 self.data 属性中获取，而不再需要重新连接数据库。

在用例层代码中想要引入和使用该模块的方式如下。

```python
from DBLocator import Locator
...
```

```
locator = Locator('${test_case_name}')
locator.get('KEY_WORLDS')
```

针对代码清单 8-7 进行更新后的完整代码如代码清单 8-8 所示。

代码清单 8-8　定位符本地存储分离优化

```
#!/usr/bin/env python
# -*- coding: utf-8 -*-
from selenium import webdriver
from selenium.webdriver.common.alert import Alert
from time import sleep
from DataPool import DataPool
from DBLocator import Locator

locator = Locator('demo')
dp = DataPool('demo')
wd = webdriver.Chrome()
wd.get(dp.get('BAIDU_HOME_URL'))

wd.find_element_by_id(locator.get('KEY_WORLDS')).send_keys(dp.get('SELENIUM'))
wd.find_element_by_id(locator.get('SEARCH')).click()
sleep(1)
assert dp.get('SELENIUM') in wd.title
wd.close()
```

上述代码中更新内容为加粗字体，可以看到我们只对引入和实例化进行了修改，而在数据获取的接口上与原来保持一致，以尽量减少对既有代码的改动。

注意　如果是从原来的 CSV 文件存储方式，修改为使用数据库存储的方式，记得代码更新完成后，还需要在数据库中添加 CSV 文件中对应的数据，否则会抛出 NOLOCATORERROR 异常。

8.3　页面操作层

页面操作层是专门用于封装页面元素操作的。每一个页面都需要有一个对应的操作类，在这个类里面包含该页面上所有的测试场景所需要的用户操作。在上层的业务层或者用例层中可以直接引入该类并调用其对应的元素操作方法，而无须再关心定位符及具体的元素操作流程。

接下来就以代码清单 8-8 为基础，来提取页面层的操作代码。首先，从代码清单 8-8 中可以看出其页面操作主要有三个，分别为进入百度首页、在百度首页输入框中输入内容、单击百度首页的搜索按钮。经过简单的提取把百度首页的三个操作存放在独立的 BaiduHome.py

文件中。其具体的代码如代码清单 8-9 所示。

代码清单 8-9　页面层分离

```python
#!/usr/bin/env python
# -*- coding: utf-8 -*-
from DBLocator import Locator

class BaiduHome(Object):
    def __init__(self, wd):
        self.wd = wd
        self.locator = Locator('demo')

    def goto(self, url):
        self.wd.get(url)

    def input_keywords(self, key_words):
        self.wd.find_element_by_id(\
            self.locator.get('KEY_WORLDS'))\
            .send_keys(key_words)

    def click_search_btn(self):
        self.wd.find_element_by_id(\
            self.locator.get('SEARCH')).click()
```

上述代码中，已经把跟百度首页有关的操作都提取到了独立的 Python 文件中，并且封装在名为 BaiduHome 的类中。类中除了初始化方法之外，还为每个具体操作单独定义了一个对应的方法。goto 方法用于跳转到百度首页，input_keywords 方法用于在百度首页输入框中进行输入，click_search_btn 方法用于单击百度首页的搜索按钮。

另外，从代码清单 8-9 中还可以发现，只能对 Locator 进行引用和初始化，而并未对 DataPool 进行引用。这是因为 Locator 与具体的页面是绑定，而测试数据则与具体的测试场景相关，它应该在用例层进行引用。

在对页面操作代码进行提取之后，代码清单 8-8 的内容应该修改成如代码清单 8-10 所示的内容。

代码清单 8-10　提取页面操作层

```python
#!/usr/bin/env python
# -*- coding: utf-8 -*-
from selenium import webdriver
from selenium.webdriver.common.alert import Alert
from time import sleep
from DataPool import DataPool
from BaiduHome import BaiduHome

dp = DataPool('demo')
```

```
wd = webdriver.Chrome()

bdh = BaiduHome(wd)
bdh.goto(dp.get('BAIDU_HOME_URL'))
bdh.input_keywords(dp.get('SELENIUM'))
bdh.click_search_btn()

sleep(1)
assert dp.get('SELENIUM') in wd.title
wd.close()
```

经过上述提取操作之后，就已经得到了一个页面操作层。但这个页面操作层仅仅是把页面操作内容提取出来。为了让页面操作层能更加统一和健壮，还需要给页面操作层增加一些封装的功能。例如，检查操作元素是否存在，操作异常记录、复杂元素对象的操作等。由于这些功能对于每一个页面操作都是需要的，为此可以定义一个基础的页面操作类，而其他实际页面操作类都会继承自该类。该基础页面类可以是如代码清单 8-11 所示的内容，假设代码保存在 PageBase.py 文件中。

代码清单 8-11　基础页面操作类

```python
#!/usr/bin/env python
# -*- coding: utf-8 -*-

from selenium.webdriver.support.select import Select
from ExceptionWarpper import *

class PageBase(object):
    def __init__(self, driver, locators):
        self.wd = driver
        self.locators = locators

    def __del__(self):
        pass

    @element_not_found_exception
    def get_element(self, locator):
        return self.wd.find_element_by_css_selector(self.locators.get(locator, ''))

    @element_not_found_exception
    def get_elements(self, locator):
        return self.wd.find_elements_by_css_selector(self\
                                    .locators.get(locator, ''))

    def select_by_index(self, locator, index):
        ele = self.get_element(locator)
        if ele and ele.get_attribute('tagName')=='SELECT':
            options = ele\
                        .find_elements_by_css_selector('option')
```

```python
                if options and len(options)>=index+1:
                    Select(ele).select_by_index(index)
                else:
                    print 'options too less to select'
            else:
                print 'element is not select object'

    def select_by_value(self, locator, value):
        ele = self.get_element(locator)
        if ele and ele.get_attribute('tagName')=='SELECT':
            options = ele.find_elements_by_css_selector('option')
            if options:
                for option in options:
                    new_value = option.get_attribute('value')
                    if value==new_value:
                        Select(ele).select_by_value(value)
                        return
                print 'no value matched'
            else:
                print 'options is too less to select'
        else:
            print 'element is not select object'

    def select_by_text(self, locator, text):
        ele = self.get_element(locator)
        if ele and ele.get_attribute('tagName')=='SELECT':
            options = ele.find_elements_by_css_selector('option')
            if options:
                for option in options:
                    new_text = option.get_attribute('innerText')
                    if text==new_text:
                        Select(ele).select_by_visible_text(text)
                        return
                print 'no text matched'
            else:
                print 'options is too less to select'
        else:
            print 'element is not select object'

    def check_box(self, locator, on=True):
        ele = self.get_element(locator)
        if ele and ele.get_attribute('tagName')=='INPUT' and ele.get_
attribute('type')=='checkbox':
            status = ele.is_selected()
            if status != on:
                ele.click()
        else:
            print 'element is not checkbox object'

    def radio_box(self, locator, on=True):
```

```
        ele = self.get_element(locator)
            if ele and ele.get_attribute('tagName')=='INPUT' and ele.get_
attribute('type')=='radio':
                status = ele.is_selected()
                if status != on:
                    ele.click()
        else:
                print 'element is not checkbox object'
        def goto(self, url):
                    self.wd.get(url)
```

上面的基础页面类中，封装了一些基本的方法，主要内容如下。

❑ 对查找元素方法的封装。

❑ 对 select、checkbox、rediobox 元素操作的封装。

❑ 对异常场景的处理封装，如：装饰器 @element_not_found_exception。

其中，装饰器 @element_not_found_exception 用来处理和记录查找元素失败时的场景，具体的函数代码在后面将会讲到。

有了代码清单 8-11 中的代码之后，在具体实现某个页面操作类时，就可以继承该基础类，从而获得相应的方法。而代码清单 8-9 就可以修改成如代码清单 8-12 所示的样子。

代码清单 8-12　页面层代码优化

```
#!/usr/bin/env python
# -*- coding: utf-8 -*-
from PageBase import PageBase
from DBLocator import Locator

class BaiduHome(PageBase):
    def __init__(self, wd):
        PageBase.__init__(self, wd, Locator('demo'))

    def input_keywords(self, key_words):
        self.get_element('KEY_WORLDS')\
            .send_keys(key_words)

    def click_search_btn(self):
        self.get_element('SEARCH').click()
```

在代码清单 8-12 中继承了 PageBase 类，然后在查找页面元素时直接使用 PageBase 类中的 get_element 方法。需要注意的是，get_element 方法仅支持 CSS 定位符规则。

而在经过上述代码修改之后，代码清单 8-10 中的用例层代码却不需要任何的改变就可以直接运行。这就是提取页面操作层的好处，当页面操作代码需要调整时，某些时候并不需要修改用例层代码。

8.4　业务逻辑层

　　所谓的业务就是常规的用户操作，而业务层就是针对某一个业务流程的逻辑层。通常一个系统中各个业务流程之间都有一些相通之处，这些相通的业务部分都是可以被我们进行提取的。在具体的测试用例开发之前先进行可复用的业务代码开发，可以帮助我们提高业务代码的复用率和用例开发效率，下面将分两节来介绍业务逻辑层的实现。

8.4.1　公共业务

　　公共业务指的是那些属于基础模块的业务，这些业务是上层业务的基础操作或者前提，并且会被多个上层业务所调用。例如，登录模块，所有需要身份认证的其他模块都需要调用。总而言之，就是可以被多次复用的基础业务。接下来就以登录场景为例来介绍下业务层的封装与使用。具体代码见代码清单 8-13 为登录页的操作类，代码清单 8-14 为登录业务的封装类。

代码清单 8-13　登录页操作封装

```python
#!/usr/bin/env python
# -*- coding: utf-8 -*-

from PageBase import PageBase
from DBLocator import Locator

class LoginPage(PageBase):
    def __init__(self, wd):
        PageBase.__init__(self, wd, Locator('demo'))

    def __del__(self):
        pass

    def input_user_name(self, value):
        self.get_element('USER_NAME').send_keys(value)

    def input_passwrod(self, value):
        self.get_element('PASSWORD').send_keys(value)

    def click_login_btn(self):
        self.get_element('LOGIN').click()
```

代码清单 8-14　登录页业务封装

```python
#!/usr/bin/env python
# -*- coding: utf-8 -*-

from LoginPage import LoginPage
```

```python
class LoginModule(object):
    def __init__(self, wd):
        self.page = LoginPage(wd)

    def __del__(self):
        pass

    def login(self, username, password):
        self.page.input_user_name (username)
        self.page.input_passwrod (password)
        self.click_login_btn()
```

代码清单 8-14 中引入了 LoginPage 类，并在 LoginModule 类的 login 方法中封装了登录业务的具体操作。在用例层的代码里调用 login 方法的具体方式见代码清单 8-15。这里假设代码清单 8-14 的代码保存在 Business.py 文件中。

代码清单 8-15　登录页方法调用

```python
#!/usr/bin/env python
# -*- coding: utf-8 -*-
from selenium import webdriver
from selenium.webdriver.common.alert import Alert
from time import sleep
from DataPool import DataPool
from Business import LoginModule

dp = DataPool('demo')
wd = webdriver.Chrome()
lm = LoginModule(wd)

wd.goto(dp.get('LOGIN_URL')
lm.login(dp.get('USERNAME'), dp.get('PASSWORD'))

sleep(1)
Alert dp.get('LOGIN_SUCCESS_TEXT') in wd.title
wd.close()
```

代码中重点部分为加粗字体，主要为 LoginModule 业务模块的引入、实例及使用，其他部分与上一节一致。

8.4.2　常规业务

常规业务不是作为其他模块所必需的前提业务，但也是可以对其进行业务提取的。因为除了测试正常流程之外，还需要对非法流程进行检查。即使对于单一的某个业务流程来说，也需要反复测试很多遍不同的数据和操作，对于这类业务场景也是可以提取到业务层的。

假设有一个被测试的页面需要经 N 步操作才能到达，这样对于该页面上的所有用例来说，到达该页面之前的业务流程即为可以被提取的常规业务流程。常规业务的封装、使用方法与公共业务的方式一致，在这里需要补充说明下如何在用例层同时引入并使用页面层和业务层的方法。

首先基于 8.2.1 节的代码清单场景，已经引入并使用 LoginModule 类，接着需要再引入一个登录成功后的页面操作类，在这个页面只做一件事，即获取用户的登录名。页面操作类的具体代码见代码清单 8-16。

代码清单 8-16　登录成功页操作

```python
#!/usr/bin/env python
# -*- coding: utf-8 -*-

from PageBase import PageBase
from DBLocator import Locator

class DashBoard(PageBase):
    def __init__(self, wd):
        PageBase.__init__(self, wd, Locator('demo'))

    def __del__(self):
        pass

    def get_user_name(self):
        return self.get_element('USER_DISPALY_NAME')\
                    .get_attribute('innerText')
```

接下来要在用例层的代码中引入并使用该页面类的方法，具体如代码清单 8-17 所示。

代码清单 8-17　用例层代码调用登录页

```python
#!/usr/bin/env python
# -*- coding: utf-8 -*-
from selenium import webdriver
from selenium.webdriver.common.alert import Alert
from time import sleep
from DataPool import DataPool
from Business import LoginModule
from Dashboard import DashBoard

dp = DataPool('demo')
wd = webdriver.Chrome()
lm = LoginModule(wd)
db = DashBoard(wd)

wd.goto(dp.get('LOGIN_URL')
lm.login(dp.get('USERNAME'), dp.get('PASSWORD'))
user_name = db.get_user_name()
```

```
sleep(1)
Alert dp.get('USER_DISPLAY_NAME') == user_name
wd.close()
```

代码中粗体部分为关键变化内容。即在引入的时候把需要的页面类、业务类都引入；在初始化的时候把两个类都进行实例化；最后在使用时通过赋值变量调用对应的封装方法即可。

8.5　结果驱动层

结果驱动层主要是用来记录测试结果及过程日志的。除了可以记录通过和失败的用例信息，还可以记录测试过程中的上下文信息。例如，异常信息、测试用例信息等。而在记录日志方面最容易想到的就是 Python 自带的日志库，可以很方便地记录各种等级的日志信息。此外还可以自定义一个日志类，专门用于记录测试结果所用。本章就来学习这两种日志的记录方式。

8.5.1　日志 Logger 记录

Python 中记录日志所用的模块是 logging，其为内置模块，无须安装即可直接使用。简单的使用方式如下。

```
import logging
logging.critical("The critical message")
##output => WARNING:root:The critical message
logging.error("The error message")
##output => WARNING:root:The error message
logging.warning("The warning message")
##output => WARNING:root:The warning message
logging.info("The info message")
##output =>
logging.debug("The debug message")
##output =>
```

从代码中可以看出，logging 模块可以为日志的输出提供多种日志等级，从高到低依次为 critical > error > warning > info > debug。只有当我们日志记录语句的等级高于或等于所设置的日志等级时，该条日志记录语句才能被输出。默认的 logging 模块日志等级为 warning，所以在代码中只有 warning、error、critical 的信息被打印出来，而低于 warning 等级的 info、debug 信息则没有被打印。

另外，上面的代码会把日志内容直接打印在控制台，而如果我们希望能够把日志信息以固定的格式来记录到指定的日志文件里，则需要在使用之前对 logging 模块进行一些设置。例如，代码清单 8-18 就对日志等级、日志文件、日志格式进行了设置。

代码清单 8-18　　日志格式设置

```python
#!/usr/bin/python
# -*- coding: UTF-8 -*-
import logging

logging.basicConfig(level=logging.DEBUG,
        format='%(asctime)s %(filename)s[line:%(lineno)d] %(levelname)s %(message)s',
        datefmt='%a, %d %b %Y %H:%M:%S',
        filename='test.log',
        filemode='w')

logging.debug('The debug message')
logging.info('The info message')
logging.warning('The warning message')
```

上述代码中通过 logging 模块的 basicConfig 方法来进行日志的基本设置。level 参数用于设置日志等级；format 参数用来设置日志的输出格式及内容；datefmt 参数用来设置日期的输出格式；filename 参数用来指定日志文件的位置；filemode 参数用来设置日志的写入模式，w 为覆盖写入，a 为追加写入。代码清单 8-18 输出的结果如下。

```
2016-12-12 21:33:52 uTest3.py[line:11] DEBUG The debug message
2016-12-12 21:33:52 uTest3.py[line:12] INFO The info message
2016-12-12 21:33:52 uTest3.py[line:13] WARNING The warning message
```

根据结果对照代码清单 8-18 所示的 format 格式串，可以知道 format 格式串中的 %(asctime)s 是一个当前时间的占位符，%(filename)s 是打印日志语句所在文件名，%(lineno)d 是打印日志语句所在的行数，%(levelname)s 是当前日志的等级，%(message)s 才是我们真正所记录的日志信息。除此之外，format 格式串还有其他的一些占位符可以选择，感兴趣的读者可以再进一步研究下，会有更多的收获。

接下来看看 logging 模块在记录测试日志、结果时应该如何设置才能发挥它最好的效果。由于我们同时需要记录测试日志信息和测试结果，所以最好把这两个信息存放在不同的文件里便于分析和统计；而且同时我们也希望脚本在执行的时候能有日志在控制台输出，方便及时查看运行状态。

为此需要使用 logging 模块所支持的多日志记录功能来达到效果。其使用方式可以通过配置 logging 的配置文件来很方便地实现，具体来看下已经配置好的 logging 配置文件示例。这里假定内容保存在名为 logger.conf 的文件中。

```
#logger.conf
###############################################
[loggers]
keys=root,result,infomation
[logger_root]
```

```
level=DEBUG
handlers=infohander,resulthander
[logger_result]
level=CRITICAL
handlers=resulthander,consolehander
qualname=result
propagate=0
[logger_infomation]
level=DEBUG
handlers=infohander,consolehander
qualname=infomation
propagate=0
###############################################
[handlers]
keys=resulthander,infohander,consolehander
[handler_resulthander]
class=FileHandler
formatter=form01
args=('testresult.log', 'w')
[handler_infohander]
class=FileHandler
formatter=form02
args=('testinfo.log', 'w')
[handler_consolehander]
class=StreamHandler
formatter=form02
args=(sys.stderr,)
###############################################
[formatters]
keys=form01,form02
[formatter_form01]
format=%(message)s::%(filename)s.%(funcName)s
datefmt=%Y-%m-%d %H:%M:%S
[formatter_form02]
format=%(asctime)s %(filename)s.%(funcName)s[line:%(lineno)d] %(levelname)s
%(message)s
datefmt=%Y-%m-%d %H:%M:%S
```

　　该配置文件配置了两个自定义的 logger——result 和 information 分别用来记录测试结果
和日志信息。配置了 resulthander、infohander 和 consolehander 共三个 hander，分别用来记录
到结果文件、日志文件和输出到控制台。而且给结果日志和信息日志分别定义了不同的日志
格式。logging 模块加载和使用该配置文件如代码清单 8-19 所示。

代码清单 8-19　日志模块加载

```
#!/usr/bin/python
# -*- coding: UTF-8 -*-
import logging
import logging.config
```

```
logging.config.fileConfig("logger.conf")
resulter = logging.getLogger("result")
infor = logging.getLogger("infomation")

resulter.critical('PASS')
resulter.critical('FAIL')

infor.debug("The debug message")
infor.info('The info message')
infor.warning('The warning message')
```

代码中粗体标示的代码为使用配置文件的关键代码；通过 logging 的 fileConfig 方法来加载配置文件，并通过 logger 的名称来获取对应的 logger，之后就可以通过获取的 logger 记录结果和日志了。

提示　logging.getLogger("result") 中的 result 并不是配置文件中的 [logger] 下的 result，而是 qualname 的值为 result 的 logger，由于我们配置时使用的都是 result，所以没有很明显的区别。

使用代码打印出来的输出有三处：第一处是控制台；第二处是结果文件 testresult.log；第三处是信息日志 testinfo.log。三处打印的内容如图 8-2 所示。

```
2016-12-18 10:47:31 Result.py.<module>[line:10] CRITICAL PASS
2016-12-18 10:47:31 Result.py.<module>[line:11] CRITICAL FAIL
2016-12-18 10:47:31 Result.py.<module>[line:13] DEBUG The debug message
2016-12-18 10:47:31 Result.py.<module>[line:14] INFO The info message
2016-12-18 10:47:31 Result.py.<module>[line:15] WARNING The warning message
console

PASS::Result.py.<module>
FAIL::Result.py.<module>
testresult.log

2016-12-18 10:47:31 Result.py.<module>[line:13] DEBUG The debug message
2016-12-18 10:47:31 Result.py.<module>[line:14] INFO The info message
2016-12-18 10:47:31 Result.py.<module>[line:15] WARNING The warning message
testinfo.log
```

图 8-2　测试日志结果

到目前为止，我们已经学习了 Python 的 logging 模块的基本使用和定制化的配置。还需要把配置好的日志模块加入到前面的自动化框架中，完成整个测试框架的集成工作。简单来说，就是把之前使用 print 打印的代码，替换为使用 logger 来进行记录。这样就可以直接把测试代码中的所有信息都很方便地记录到不同的日志文件中。

最后，再来看看如何把日志记录的功能添加到测试框架中。首先需要把日志记录功能进

行简单的封装,对外部提供一个统一的调用接口,便于框架中的各模块进行调用。这里假定
封装后的结果记录文件名为 Result.py,则其代码如代码清单 8-20 所示。

代码清单 8-20 日志封装模块

```python
#!/usr/bin/python
# -*- coding: UTF-8 -*-
import logging
import logging.config
import sys,os
def findcaller(func):
    def wrapper(*args):
        f=sys._getframe()
        filename=f.f_back.f_code.co_filename
        funcname=f.f_back.f_code.co_name
        lineno=f.f_back.f_lineno
        args = list(args)
        args.append('%s.%s.%s' % (os.path.basename(filename),
funcname, lineno))
        func(*args)
    return wrapper

class Result(object):
    def __init__(self):
        logging.config.fileConfig("logger.conf")
        self.resulter = logging.getLogger("result")
        self.infor = logging.getLogger("infomation")

    @findcaller
    def log_pass(self, caller=''):
        self.resulter.critical('PASS::'+caller)

    @findcaller
    def log_fail(self, caller=''):
        self.resulter.critical('FAIL::'+caller)

    @findcaller
    def log_debug(self, msg, caller=''):
        self.infor.debug('[%s] %s' % (caller, msg))

    @findcaller
    def log_info(self, msg, caller=''):
        self.infor.info('[%s] %s' % (caller, msg))

    @findcaller
    def log_warning(self, msg, caller=''):
        self.infor.warning('[%s] %s' % (caller, msg))

    @findcaller
    def log_error(self, msg, caller=''):
```

```
        self.infor.error('[%s] %s' % (caller, msg))

    @findcaller
    def log_critical(self, msg, caller=''):
        self.infor.critical('[%s] %s' % (caller, msg))
```

代码解析 代码中定义了一个 Result 类和一个 findcaller 的装饰器。Result 类就是我们在测试框架中需要调用的日志类；而 findcaller 装饰器主要用来获取调用日志代码所在的函数名、文件名、行数等信息。

有了上面封装好的 Result 类，在测试框架中直接引入、实例之后就可以使用，具体的代码调用示例如代码清单 8-21 所示。

代码清单 8-21　封装日志模块调用

```
#!/usr/bin/env python
# -*- coding: utf-8 -*-
from selenium import webdriver
from selenium.webdriver.common.alert import Alert
from time import sleep
from DataPool import DataPool
from Business import LoginModule
from Dashboard import DashBoard
from Result import Result

dp = DataPool('demo')
wd = webdriver.Chrome()
lm = LoginModule(wd)
db = DashBoard(wd)
result = Result()

result.log_info('Open URL: %s' % dp.get('LOGIN_URL'))
wd.goto(dp.get('LOGIN_URL'))
lm.login(dp.get('USERNAME'), dp.get('PASSWORD'))
result.log_info('Login Done')
user_name = db.get_user_name()

sleep(1)
Alert dp.get('USER_DISPLAY_NAME') == user_name
result.log_pass()
wd.close()
```

代码解析 代码中引入和使用 Result 类的方法都已经使用粗体标识。logInfo 和 logPass 都直接在测试方法中使用；而 logFail 方法则会在 7.6 节中介绍如何打印，它会在 assert 失败时自动记录。

至此，使用 Python 自带的 logging 模块来记录测试结果的方法就已经讲完，如果有需要记录更多日志和结果信息的读者可以查看下关于 logging 模块的更多支持功能。

8.5.2　自定义 Logger 记录

正常情况下，我们使用 Python 自带的 logging 模块就可以完成结果和日志的记录功能。其特点是使用方便、快捷，只需要简单的封装即可；不足之处就是需要对 log 文件进行分析才能得到格式化的结果，不利于统一的管理。

除了通过 logging 模块记录测试结果之外，还可以自己编写一个自定义的日志模块，专门用来记录测试结果和测试过程中的信息。其使用方法和接口可以与 8.5.1 节保持一致，而内容则是记录在数据库中。其特点是方便查询和追溯测试结果，便于测试信息的查看和提取。

本节讲解下如何自定义一个 Logger 模块来记录测试结果，且 Logger 模块提供的接口与8.5.1 节保持一致。即提供两种结果记录方法，5 种日志信息记录方法；最终都将会被记录到数据库中对应的表中。

首先，按照惯例先来列一下数据库表的结构，其具体字段与前面讲到的两个表稍微有一些差异，这里要分类记录不同的日志类型和等级，可以设计两张表分别用来记录测试结果与测试日志信息，这里假定结果表的名字分别为 result、log，其表结构如下所示。

```
CREATE TABLE `result` (
  `id` int(11) NOT NULL AUTO_INCREMENT,
  `test_set` varchar(255) DEFAULT NULL COMMENT '模块名',
  `test_case` varchar(255) NOT NULL COMMENT '测试用例名称',
  `test_method` varchar(255) NOT NULL COMMENT '测试方法名',
  `result` enum('PASS','FAIL','ERROR') DEFAULT 'PASS' COMMENT '测试结果记录',
  `status` enum('active','inactive') DEFAULT 'active' COMMENT '数据是否有效',
  `createAt` date DEFAULT NULL COMMENT '创建日期',
  PRIMARY KEY (`id`)
) ENGINE=InnoDB AUTO_INCREMENT=1 DEFAULT CHARSET=utf8;

CREATE TABLE `log` (
  `id` int(11) NOT NULL AUTO_INCREMENT,
  `result_id` int(11) NOT NULL,
  `file_name` varchar(255) DEFAULT NULL COMMENT '测试日志调用的文件名',
  `func_name` varchar(255) DEFAULT NULL COMMENT '测试日志调用的函数名',
  `line_no` int(11) DEFAULT NULL COMMENT '测试日志调用的行号',
  `level` varchar(255) DEFAULT NULL COMMENT '测试日志等级',
  `log` varchar(255) DEFAULT NULL COMMENT '测试日志信息',
  `status` enum('active','inactive') DEFAULT 'active' COMMENT '数据是否有效',
  `createAt` date DEFAULT NULL COMMENT '创建日期',
  PRIMARY KEY (`id`)
) ENGINE=InnoDB AUTO_INCREMENT=1 DEFAULT CHARSET=utf8;
```

代码中 result 表主要用来记录测试结果，其可以存的结果类型有 PASS、FAIL、ERROR 三种，分别记录测试通过、测试失败、测试异常的情况。log 表用来记录测试过程中的调试信息，以 result 表中的 id 作为外键，可以通过 result 的 id 来查询其对应调试信息。

表结构定义之后就可以进行数据存取的代码封装了。为了区别于 8.5.1 节的 Result 类，这里使用 DBResult 类进行数据库存储操作。具体代码参见代码清单 8-22。

代码清单 8-22　自定义数据库日志模块

```python
class DBResult(object):
    def __init__(self):
        self.__connect()

    def __del__(self):
        self.cursor.close()
        self.db.close()

    def __connect(self):
        self.db = MySQLdb.connect("localhost","root",
"root","datapool" )                           ## 数据库连接
        self.cursor = self.db.cursor()          ## 获取游标

    def log_init(self, test_set, test_case, test_method):
        sql = '''INSERT INTO result (test_set, test_case,
test_method, result, createAt)
                 VALUES ('%s','%s','%s','%s',now())''' %
                        (test_set, test_case, test_method, 'FAIL')
        self.cursor.execute(sql)
        self.db.commit()
        return self.cursor.lastrowid

    def log_pass(self, case):
        return self.__log_result(case, 'PASS')

    def log_fail(self, case):
        return self.__log_result(case, 'FAIL')

    def __log_result(self, case, result):
        sql = '''UPDATE result SET result='%s'
                 WHERE id=%s''' % (result,
case.__class__.test_result_id)
        r = self.cursor.execute(sql)
        self.db.commit()
        return r

    @findcaller
    def log_debug(self, case, msg, caller={}):
        return self.__log_info(case, msg, 'DEBUG', caller)
```

```
    @findcaller
    def log_info(self, case, msg, caller={}):
        return self.__log_info(case, msg, 'INFO', caller)

    @findcaller
    def log_warning(self, case, msg, caller={}):
        return self.__log_info(case, msg, 'WARNING', caller)

    @findcaller
    def log_error(self, case, msg, caller={}):
        return self.__log_info(case, msg, 'ERROR', caller)

    @findcaller
    def log_critical(self, case, msg, caller={}):
        return self.__log_info(case, msg, 'CRITICAL', caller)

    def __log_info(self, case, msg, level, caller={}):
        sql = '''INSERT INTO log (`result_id`,`file_name`,
`func_name`,`line_no`,`level`,`log`)
                VALUES ('%s','%s','%s','%s','%s','%s')''' %
            (case.__class__.test_result_id,
            caller.get('file_name'),caller.get('func_name'),
            caller.get('line_no'), level, msg)
        self.cursor.execute(sql)
        self.db.commit()
        return self.cursor.lastrowid
```

代码解析 代码中 DBResult 为主类，在其初始化时进行数据库的连接操作；其他对外可访问方法与 8.5.1 节中的保持一致，唯一区别在于调用时传入的参数有所增加。log_init、log_pass、log_fail 记录 result 表，log_debug、log_warning、log_info、log_error、log_critical 记录 log 表。

按照惯例，最后演示下如何在测试框架中引入和使用自定义的 Logger，与 8.5.1 节方式基本一致，调用时稍微有些许差别，具体见代码清单 8-23。

代码清单 8-23　框架中集成日志模块

```
#!/usr/bin/env python
# -*- coding: utf-8 -*-
from selenium import webdriver
from selenium.webdriver.common.alert import Alert
from time import sleep
from DataPool import DataPool
from Business import LoginModule
from Dashboard import DashBoard
```

```
from DBResult import DBResult

class TestDemo(unittest.TestCase):
    def setUp(self):
        self.dp = DataPool('demo')
        self.wd = webdriver.Chrome()
        self.lm = LoginModule(wd)
        self.db = DashBoard(wd)
        self.result = DBResult()

    def tearDown(self):
        self.wd.close()

    @name_logger
    def test_sample(self):
        self.result.log_info(self, 'Open URL: %s' % self.dp.get('LOGIN_URL'))
        self.wd.goto(self.dp.get('LOGIN_URL'))
        self.lm.login(self.dp.get('USERNAME'), self.dp.get('PASSWORD'))
        self.result.log_info(self, 'Login Done')
        user_name = self.db.get_user_name()

        sleep(1)
        Alert self.dp.get('USER_DISPLAY_NAME') == user_name
        self.result.log_pass(self)
```

由于需要记录测试用例名称等相关信息，所以代码中以单元测试的方式来管理用例代码。关键代码已用粗体表示，分别为 DBResult 的引入、实例和使用。与 8.5.1 节稍微不同之处在于，调用具体的方法时需要传入 self 对象作为第一个参数。

此外，代码中还使用了一个 @name_logger 装饰器，该装饰器的作用有：记录测试用例的名称，给测试用例添加 test_result_id 属性。其具体内容如下。

```
def name_logger(func):
    def namelogger(self):
        self.__class__.test_result_id = self.result\
                .log_init('', self.__class__.__name__, \
                        func.__name__)   ## 设置 test_result_id
        self.result.log_info('Test Class is:'
                                +self.__class__.__name__)
        return func(self)
    namelogger.__name__=func.__name__
    return namelogger
```

提示　之所以需要多传入一个 self 对象，是因为在 name_logger 装饰器中会给 self 对象的 __class__ 属性添加 test_result_id 属性，而 test_result_id 则是插入 / 更新数据时的唯一标识字段。

8.5.3　邮件通知结果

前两节学习了如何进行测试结果与日志的定制化记录。而在测试执行完之后，测试结果到底如何则是我们最关心的，因此一个标准的自动化测试框架应该要配备一个自动发送邮件的功能。本节就简答介绍下如何使用 Python 进行自动的邮件发送，而具体的测试结果的统计与邮件体样式工作，则可以根据自己的需求来进行日志的过滤和筛选。

Python 中自动发送邮件的库有很多，这里使用的是 smtp、email 库；它们配合使用可以很方便地发送不同类型的邮件，如文本类型、HTML 类型、带附件类型的。具体的发送邮件的代码见代码清单 8-24。

代码清单 8-24　邮件发送模块

```python
#!/usr/bin/env python
#encoding: utf-8

from email.mime.multipart import MIMEMultipart
from email.mime.base import MIMEBase
from email.mime.text import MIMEText
from email.utils import COMMASPACE,formatdate
from email import encoders
import smtplib
import os

def send_mail(server, fro, to, subject, text, files=[]):
    assert type(server) == dict
    assert type(to) == list
    assert type(files) == list

    msg = MIMEMultipart()
    msg['From'] = fro
    msg['Subject'] = subject
    msg['To'] = COMMASPACE.join(to) #COMMASPACE==', '
    msg['Date'] = formatdate(localtime=True)
    ##msg.attach(MIMEText(text, 'text', 'utf-8'))      ## 文本类型邮件体
    msg.attach(MIMEText(text, 'html', 'utf-8'))        ##HTML 类型邮件体

    for f in files:
        part = MIMEBase('application', 'octet-stream') #binary data
        part.set_payload(open(f, 'rb').read())
        encoders.encode_base64(part)
            basename = os.path.basename(f)
        part.add_header('Content-Disposition',
'attachment; filename="%s"' % basename)
        msg.attach(part)

    smtp = smtplib.SMTP(server['name'], server['port'])
    smtp.ehlo()
```

```
        smtp.starttls()
        smtp.ehlo()
        smtp.login(server['user'], server['passwd'])
        smtp.sendmail(fro, to, msg.as_string())
        smtp.close()

if __name__=='__main__':
server = {'name':'smtp.163.com',
                        'user':'username',
                        'passwd':'password',
                        'port':25}
        fro = 'username@163.com'
        to = ['to@163.com']
        subject = '''title'''
        text = r'''<p>EMAIL body</p>'''
        files = ['attach1.txt']
        send_mail(server, fro, to, subject, text)
```

上述代码需要进行一下简单修改，替换掉其中的邮箱登录账号、密码、接收邮箱、主题、邮件体及附件文件的路径等。如果账号和密码均输入正确，则可以正常地发送邮件。

提示 在使用账户发送邮件之前，需要确保账户的 SMTP 服务功能是开启的，否则会提示 500 错误；具体的开启 SMTP 服务的操作，不同的邮箱服务提供商其设置会有所不同。

8.6 异常处理层

异常处理层主要是用来统一处理测试过程中的各种异常。例如，元素未找到、测试数据未找到、断言异常及其他程序运行时异常等。在前面已经多次接触过异常处理的代码使用，本节重点则是对之前所使用过的异常处理函数进行梳理和说明。

异常处理在测试脚本中主要分为两类，一类是程序运行时的各种抛出异常，另一类是测试断言失败所抛出的异常。由于这两类异常的处理方式有所不同，所以这里把它们分开进行讲解。

8.6.1 程序异常处理

所谓的程序异常在这里主要指的是程序运行时触发的各类异常，例如，语法错误、None类型错误。另外还包括业务层的错误，例如，测试数据未找到、元素未定位到、初始化失败等错误。

在 Python 中捕获异常的方式是使用 try 和 except 语句来处理，通常的使用方式是将可能会抛出异常的代码块放到 try 语句下，而在 except 语句下则是异常触发后的响应代码。当然我们也可以这么做，但是那样的话我们的测试用例函数的代码可能如代码清单 8-25 所示的形式。代码清单 8-25 以 BaiduHome 的测试用例代码为例。

代码清单 8-25　异常捕获

```python
def test_sample(self):
    try:
        self.page.key_worlds_input(self.dp.get('SELENIUM'))
        self.page.search_click()
        assert True
    except AssertionError, ex:
        print ex
        ##Assert 异常处理，通常是记录到结果日志中
    except Exception, ex:
        print ex
        ## 普通异常处理，通常是记录异常日志中
```

从代码中可以看出，虽然测试用例中实际的测试代码只有三行；但为了能够捕获各类异常并记录到结果或日志中去，需要为每一个测试用例都添加这些额外的冗余代码。虽然代码是可以正常工作的，但是却不够灵活。那么有没有方法可以把这些处理异常的代码提取出来呢？比较好的一个选择就是使用 Python 的装饰器来封装异常处理代码。

关于 Python 的装饰器，在前面的章节中已经介绍过了，可以把它理解为封装函数的函数，甚至是封装函数的函数的封装函数，也就是嵌套封装的概念。它的特点是接受一个函数对象作为参数，并返回一个与原型函数一致的函数对象。最简单的一个装饰器可以是下面代码中的情况。

```python
def foo(func):
    def warpper():                          ## 该函数的参数需要与 func 的参数保持一致
        print 'execute %s' % func.__name__
        return func()
    return warpper
```

该装饰器接受一个 func 函数作为参数，并在内部定义了一个与 func 函数的参数形式一致的 warpper 函数，即 warpper 函数是一个模仿 func 的函数。其中，warpper 函数的内容就是进行包装时所需要处理的代码，在这里只打印了一条执行函数名的日志。最后返回了 warpper 函数对象，而此时 warpper 函数对象就可以理解为被装饰过后的 func 函数对象，这就是装饰器的由来。

在前面的框架代码中，与上面的装饰器最接近的装饰器是 @ name_logger 装饰器，其作用就是用来记录被装饰函数所在 Test Case 的名称，因为在测试框架中需要知道当前执行到哪个测试用例了。

那么，用来处理异常的装饰器内容该如何定义呢？在理解了装饰器的原理之后，我们的异常处理装饰器就变得比较简单了，具体而言就是在 warpper 函数体中添加异常处理的代码。这里以未找到元素异常的情况为例，介绍如何实现一个异常处理的装饰器。假定该装饰器名称为 @element_not_found_exception，具体代码见代码清单 8-26。

代码清单 8-26　装饰器封装异常

```
def element_not_found_exception(func):
    def warpper(self, locator):
        try:
            return func(self, locator)
        except NoSuchElementException:
            print 'element not found for locator:',locator, 'At method:',
func.__name__
            return None
    return warpper
```

在上述代码的 warpper 函数体中使用了 try 和 except 语句来捕获异常，并且把被装饰的函数直接放在 try 语句下，这样一旦被装饰的函数在执行时抛出了对应的异常就会自动捕获并记录。这里只捕获了 NoSuchElementException 异常，而其他类型的异常则会作为普通程序异常在用例层被捕获。

除了上面提到的两个装饰器之外，还有一个通用的异常装饰器，用来捕获所有类型的异常。这样就可以把测试过程中的所有异常都进行分类和记录。通用异常装饰器的代码内容如代码清单 8-27 所示。

代码清单 8-27　通用异常装饰器

```
def exception_logger(func):
    def warpper(self):
        try:
            return func(self)
        except Exception, ex:
            print Exception,":",ex.message, 'At method:', func.__name__
            print sys.exc_info()
            # print traceback.print_exc()                    ## 打印完整堆栈用于定位代码行
    return warpper
```

该异常装饰器也只是在捕获异常之后打印异常信息，并且可以支持打印程序异常的堆栈信息。代码中对堆栈信息的打印提供了两种方式，具体可以根据自己的需求来选择，使用前注意要引入对应的支持库。

接下来，再来回顾下在用例层应当如何使用异常装饰器。这里直接以 BaiduHome 的测试用例代码来展示，具体的用例代码见代码清单 8-28。

代码清单 8-28　异常装饰器使用

```python
#!/usr/bin/env python
# -*- coding: utf-8 -*-
from selenium import webdriver
from selenium.webdriver.common.alert import Alert
from time import sleep
from DataPool import DataPool
from Business import LoginModule
from Dashboard import DashBoard
from DBResult import DBResult
from ExceptionWarpper import *

class TestDemo(unittest.TestCase):

@exception_logger
    @name_logger
    def setUp(self):
        self.dp = DataPool('demo')
        self.wd = webdriver.Chrome()
        self.lm = LoginModule(wd)
        self.db = DashBoard(wd)
        self.result = DBResult()

    @exception_logger
    def tearDown(self):
        self.wd.close()

    @exception_logger
def test_sample(self):
        self.result.log_info('Open URL: %s' % self.dp.get('LOGIN_URL'))
        self.wd.goto(self.dp.get('LOGIN_URL'))
        self.lm.login(self.dp.get('USERNAME'), self.dp.get('PASSWORD'))
        self.result.log_info('Login Done')
        user_name = self.db.get_user_name()

        sleep(1)
        Alert self.dp.get('USER_DISPLAY_NAME') == user_name
        self.result.log_pass()
```

与代码清单 8-25 相比，test_sample 测试方法中现在只需要编写具体的业务代码即可，而关于异常处理的代码都可以省略掉。与此同时，通过添加 @exception_logger 异常装饰器来处理测试过程中抛出的通用异常。

另外，还可以看到除了 test_sample 测试方法之外，setUp、tearDown 方法也使用 @exception_logger 异常装饰器，这样处理同一种类型的异常代码只需实现一份。同样的

@name_logger 装饰器被用在了 setUp 之上，用来专门记录当前测试用例所在类名。

最后，还有一个需要注意的地方就是 setUp 和 test_sample 方法都使用了两个装饰器，那么这两个装饰器与被装饰方法之间的关系是怎样的呢？

提示　从代码清单 8-28 中，可以注意到 setUp 和 test_sample 方法都同时使用两个装饰器，这两个装饰器的执行顺序分别是：name_logger、exception_logger。即 name_logger 装饰的对象是 setUp，而 exception_logger 装饰的对象则是 name_logger。所以它们的顺序不能颠倒，否则记录的信息和捕获异常的范围将与期望不一致。

细心的读者可能会发现，代码清单 8-28 中并没有使用到 @ element_not_found_exception 装饰器。原因是该装饰器用于捕获元素未找到异常，所以它装饰的对象在页面操作层。准确地说，它只需用来装饰 PageBase 类中的 get_element 和 get_elements 对象即可。具体详见代码清单 8-11。

8.6.2　断言异常处理

断言异常是测试用例中独有的一类异常，通常是在判断结果失败时抛出，这样我们就可以知道用例执行过后到底有没有通过。在这里把断言异常拿出来单独讲，主要是因为其他异常处理时，只需要简单地打印日志即可。对于断言异常有一个需要额外处理的就是统计断言失败的数量和测试名，这样在全部的测试用例执行完之后就可以很容易地得到一个测试通过率的统计结果。

提示　Python 的单元测试框架本身也带了统计测试通过和失败的日志，但信息量都非常简单，如果在你的框架里需要能够获得更多的测试过程数据，那么就可以考虑使用断言异常来记录相关需要用到的信息了。

关于断言处理装饰器的内容，与前面的异常处理装饰器基本一致。只不过我们在捕获到具体的断言异常之后，所要记录的信息要多一点儿、有针对一点儿。具体记录哪些信息、以什么方式记录则要依据最后统计数据时的需求而定。这里只列出断言处理装饰器的雏形代码，具体见代码清单 8-29。

代码清单 8-29　处理断言装饰器

```
def assert_logger(func):
    def warpper(self):
        try:
```

```
        print 'Test Case is:', func.__name__
        return func(self)
    except AssertionError, ex:
        print 'AssertError in: %s.%s', (self.__class__.__name__, func.__name__)
                                    ## 打印了当前的测试用例和测试方法名
    warpper.__name__=func.__name__
    return warpper
```

8.6.3　自定义异常类

自定义异常是根据具体的需要，通过继承 Exception 类来定义的一个新异常类型。前面使用了两个自定义的异常，在这里就把这两个异常的定义原型给列出来，具体见代码清单 8-30。

代码清单 8-30　自定义异常

```
class NOTESTDATAERROR(Exception):
    def __init__(self, module, test_case, name):
        self.value = '%s: Module: %s, TestCase: %s, Name: %s' % (self.__name__,
module, test_case, name)
    def __str__(self):
        return repr(self.value)

class NOLOCATORERROR(Exception):
    def __init__(self, module, test_case, name):
        self.value = '%s: Module: %s, TestCase: %s, Name: %s' % (self.__name__,
module, test_case, name)
    def __str__(self):
        return repr(self.value)
```

代码中的两个自定义异常分别是 NOTESTDATAERROR 和 NOLOCATORERROR，它们对应的触发场景分别是获取测试数据失败时及获取定位符失败时。这两个异常分别在 8.1.2 节与 8.2.2 节的代码清单中使用过，而最终它们都将在用例层被 @exception_logger 装饰器所捕获并记录。

到此为止，关于自动化框架的设计与实现部分都已经讲完。正如前面所提到的一样，进行框架设计的目的是为了功能复用与代码解耦，最大程度地降低后期代码维护的成本，让自动化脚本能够轻快到跑起来。在实际的自动化项目中，并非一定要用到自动化框架或者平台，一切以能否真正解决问题为前置条件。

由于前面都是分开单独讲解的，重点关注在单个文件内的代码上，而对于各代码文件之间的互相引入并没有一一说明，为了能够对框架整体的结构有一个认识，在这里对经过整理后的测试框架目录结构做一个截图展示，具体如图 8-3 所示。

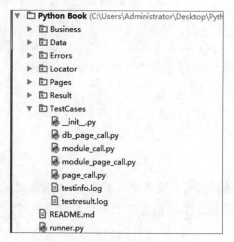

图 8-3 测试框架目录结构

另外，此项目已经上传到 GitHub 上，具体地址为 https://github.com/five3/psaf，现在是初级版本，后期会进行一些功能上的升级，有需要的读者请在 GitHub 上关注即可。

第 9 章

测试脚本部署

CHAPTER
09

当在本地机器上对测试脚本进行开发并测试完成之后，就需要对自动化脚本进行提交并统一管理和部署，这一点与产品开发的代码一样。因为通常测试脚本可能是由多名测试人员一起进行编写的，在多人协作进行开发的时候，测试脚本就需要统一进行管理，这样项目中的每一个人都可以很方便地获取到全部的测试脚本，并且可以规范使用统一的脚本启动方式来启动测试脚本，规避不同人员开发脚本和使用脚本的差异性。本章将介绍如何对测试脚本进行统一管理和部署。

9.1　使用 SVN 管理测试脚本

管理测试脚本可以直接参考产品代码的管理流程，这里要引入一个概念就是代码管理工具。代码管理工具就是帮助我们对开发的代码（脚本）进行统一管理的工具，其主要特点如下。

- ❑ 支持统一管理和存储代码。
- ❑ 支持多版本控制。
- ❑ 支持多分支开发。
- ❑ 支持历史操作查询。
- ❑ 支持代码变动的检查。
- ❑ 支持自动代码整合及冲突提醒。

　　上述特点只是代码管理工具最常使用的部分功能，通常代码管理工具还有更多其他的功能用于支持我们的日常开发工作，这里暂不做介绍，有兴趣的读者可以进行延伸阅读。

　　关于代码管理工具的选择目前比较流行的有 SVN、GIT、VSS、CVS 等。日常工作中最经常接触到的应该就是 SVN 了，主要原因是它在 Windows 下提供支持 UI 图形化的客户端，使用起来更加简单和方便，不需要记住各种操作命令，所以本节以 SVN 作为代码管理工具来介绍如何管理测试脚本。

　　SVN 代码管理工具是由两个部分组成，一个是 SVN 服务，另一个是 SVN 客户端。服务端用来统一管理和存储全部代码，客户端是用于从服务端检出、向服务端检入代码的本地工具。通常 SVN 服务端是安装在网络中的某一台服务器上，而客户端则是安装在开发者本地的机器上。

　　SVN 的服务端和客户端都有很多个版本，分别可以支持不同的平台。例如，Linux 下有 Subversion，Windows 下有 VisualSVN Server 服务端和 TortoiseSVN 客户端。这里将介绍在 Windows 环境下安装和使用 SVN 的服务端和客户端。

9.1.1　SVN 服务安装

　　（1）进入 VisualSVN Server 下载页，如图 9-1 所示。

图 9-1　SVN Server 下载页

　　（2）选择相应的版本下载安装文件（本文中的安装文件地址为：https://www.visualsvn.com/files/VisualSVN-Server-3.6.0-x64.msi）。

（3）双击打开下载的安装文件，并同意安装条款，如图 9-2 所示。

（4）选择第一个选项，并单击 Next 按钮，如图 9-3 所示。

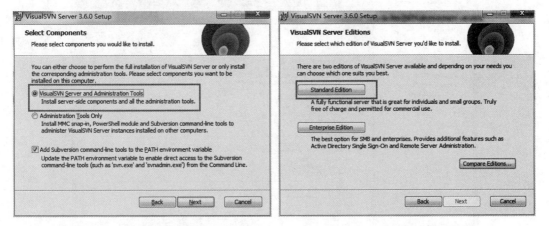

<table>
<tr><td>图 9-2　SVN Server 安装向导 1</td><td>图 9-3　SVN Server 安装向导 2</td></tr>
</table>

（5）单击 Standard Edition 按钮，进入安装目录选择界面，如图 9-4 所示。

（6）设置相应的服务配置信息，单击 Next 按钮并执行安装，如图 9-5 所示。

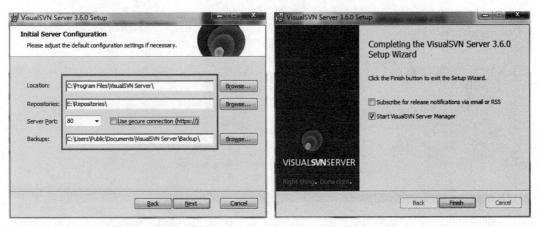

<table>
<tr><td>图 9-4　SVN Server 安装向导 3</td><td>图 9-5　SVN Server 安装向导 4</td></tr>
</table>

（7）勾选 Start VisualSVN Server Manager 复选框并单击 Finish 按钮启动管理界面，如图 9-6 所示。

（8）右击 Repositories 选项，在弹出的快捷菜单中执行 Create New Repository 命令，如图 9-7 所示。

（9）进入 Create New Repository 对话框，如图 9-8 所示。

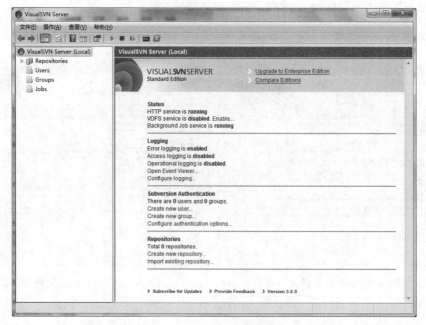

图 9-6　SVN Server 管理界面

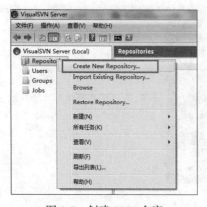

图 9-7　创建 SVN 仓库

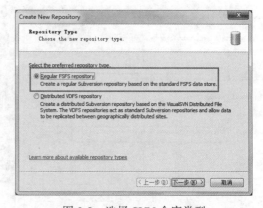

图 9-8　选择 SVN 仓库类型

（10）选中 Regular FSFS repository 单选按钮，并单击"下一步"按钮，如图 9-9 所示。

（11）输入新建仓库的名称，并单击"下一步"按钮，如图 9-10 所示。

（12）选中第一个单选按钮，单击"下一步"按钮创建一个空的仓库，如图 9-11 所示。

（13）选中第二个单选按钮，设置所有用户都有读写权限，单击 Create 按钮完成仓库创建，如图 9-12 所示。

（14）查看 SVN 管理面板，此时新仓库已创建完成，如图 9-13 所示。

至此已完成 SVN 服务端的安装与仓库创建，接下来还要继续为 SVN 服务创建用户，用于访问 SVN 的仓库。具体创建用户的方法步骤如下。

（1）在 SVN 管理面板右击 Users 选项，在弹出的快捷菜单中执行 Create User…命令，如图 9-14 所示。

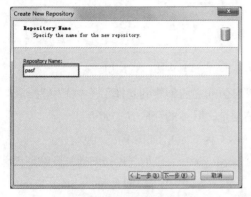

图 9-9　设置 SVN 仓库名

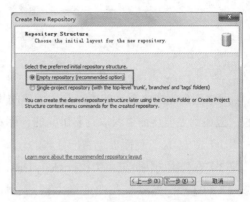

图 9-10　设置 SVN 仓库结构

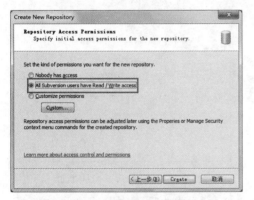

图 9-11　设置 SVN 仓库权限

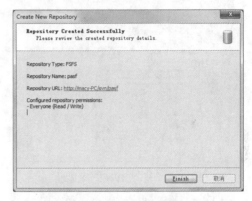

图 9-12　SVN 仓库创建完成

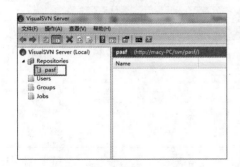

图 9-13　查看 SVN 仓库

图 9-14　创建 SVN 用户

（2）在 Create New User 对话框中输入用户名和密码，并单击 OK 按钮，如图 9-15 所示。

（3）在 SVN 管理面板单击 Users 选项，查看创建的用户，如图 9-16 所示。

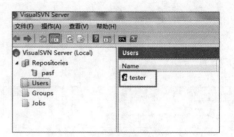

图 9-15　设置 SVN 用户名及密码　　　　图 9-16　SVN 用户查看

用户创建完成之后，就可以使用创建的用户来访问之前创建的仓库了（本文中为 pasf 仓库）；但在此之前还需要获取到要访问的仓库具体地址，具体的获取方式如下。

（1）在 SVN 管理面板上右击具体的仓库名（本文为 pasf），如图 9-17 所示。

（2）在弹出的快捷菜单中执行 Copy URL to Clipboard 命令，获取仓库访问地址到粘贴板。

（3）打开浏览器，在地址栏中粘贴仓库的 URL（本文中的访问地址为 http://localhost/svn/pasf/），如图 9-18 所示。

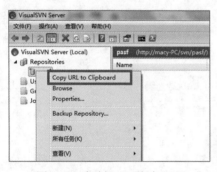

图 9-17　复制 SVN 仓库地址　　　　图 9-18　访问 SVN 仓库地址

（4）输入前面创建的用户名和密码（tester:tester），登录成功后显示的页面如图 9-19 所示。

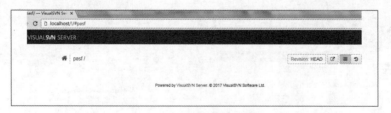

图 9-19　SVN 仓库登录成功

提示　本节以 VisualSVN Server 为例介绍 SVN 服务端的安装与配置，主要是因为其自身集成了 Subversion 和 Apache 相关服务，可以更加方便地搭建和配置 SVN 服务；此外，Subversion 还支持在 Linux 平台下搭建 SVN 服务，同样地，Linux 平台下也有支持图形化的 SVN 管理软件，例如 SVNManager。

9.1.2　SVN 客户端安装

（1）进入 TortoiseSVN 下载页（https://tortoisesvn.net/downloads.html），如图 9-20 所示。

图 9-20　SVN 客户端下载页面

（2）选择相应的版本进行下载（本文的下载地址为 https://nchc.dl.sourceforge.net/project/tortoisesvn/1.9.5/Application/TortoiseSVN-1.9.5.27581-x64-svn-1.9.5.msi）。

（3）在页面的下部还可以下载对应的中文语言包（本文的下载地址为 https://nchc.dl.sourceforge.net/project/tortoisesvn/1.9.5/Language%20Packs/LanguagePack_1.9.5.27581-x64-zh_CN.msi）。

（4）双击 TortoiseSVN 客户端安装文件，并同意安装条款，如图 9-21 所示。

（5）选择客户端的安装位置，并单击 OK 按钮，如图 9-22 所示。

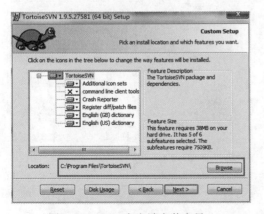 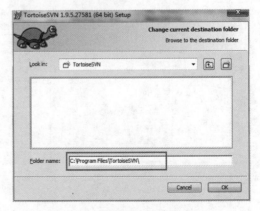

图 9-21　SVN 客户端安装向导 1　　　　图 9-22　SVN 客户端安装向导 2

（6）单击 Install 按钮并完成安装，如图 9-23 所示。

（7）安装完成后重启计算机。

至此，TortoiseSVN 客户端已经安装完成。要确认是否已安装成功，则可以在桌面或者文件夹的任意空白处右击，如果在弹出的快捷菜单中有 SVN 命令则表示安装成功，如图 9-24 所示。

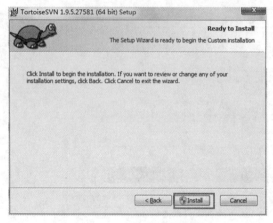

图 9-23　SVN 客户端安装向导 3　　　　　　　　　图 9-24　SVN 客户端菜单

接下来，要对中文包进行安装和语言配置，具体的操作步骤如下。

（1）双击 SVN 客户端中文安装包。

（2）单击 Next 按钮以默认配置完成安装。

（3）在桌面空白处右击，在弹出的快捷菜单中执行 TortoiseSVN 命令，如图 9-25 所示。

（4）执行 Settings 命令，进入设置界面，如图 9-26 所示。

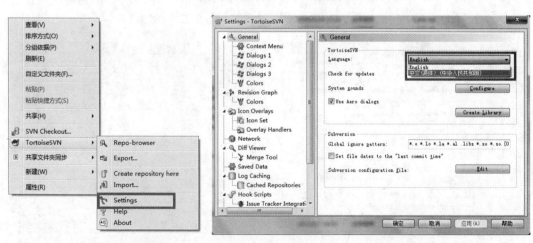

图 9-25　SVN 客户端设置入口　　　　　　　　图 9-26　SVN 客户端设置界面

（5）在语言下拉列表框中选择"中文（简体）"，并单击"确定"按钮。

（6）设置完成之后，在桌面空白处右击并查看 TortoiseSVN 命令，如图 9-27 所示。

目前 SVN 的客户端 TortoiseSVN 及其中文语言包都已经安装完成，之后就可以使用 SVN 客户端来访问 SVN 仓库，并从仓库中获取代码及提交本地代码到仓库中。具体的操作流程在 9.1.3 节中将进行介绍。

> **提示**　通过浏览器可以直接访问 SVN 的仓库，为什么还要再安装 SVN 客户端呢？因为浏览器只能对仓库中的代码进行查看，不具有代码提交、文件比对、历史查询等功能。

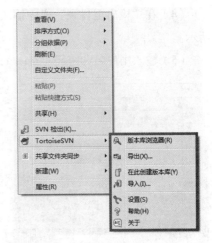

图 9-27　SVN 菜单中文界面

9.1.3　SVN 使用简介

在 SVN 的服务端、客户端均已安装配置完成之后，就可以正常使用 SVN 来管理测试代码了。日常工作中最常用的 SVN 功能有代码检出、代码更新、代码检入、冲突处理、查看代码改动、查看代码提交历史等；除此之外，SVN 还具有版本控制和分支管理的功能，感兴趣的读者可以进行延伸阅读。这里将对 SVN 的常用功能进行简单介绍。

代码检出：是指从仓库地址中导出一份完整的项目代码；例如，针对某一项目的全部测试脚本。代码检出是从无到有的过程，相当于把 SVN 服务端仓库中的所有内容进行一个复制到本地的过程。具体的代码检出的操作如下。

（1）在准备存放代码的目录空白处右击。

（2）选择"SVN 检出"选项，如图 9-28 所示。

（3）在"版本库 URL"栏中输入获取到的 SVN 仓库地址（本文为 http://localhost/svn/pasf/），如图 9-29 所示。

图 9-28　SVN 检出

图 9-29　SVN 地址输入

（4）在"检出至目录"栏中输入将要存放代码的地址，并单击"确定"按钮，如图 9-30 所示。

（5）输入用户名和密码（tester:tester），并单击"确定"按钮，如图 9-31 所示。

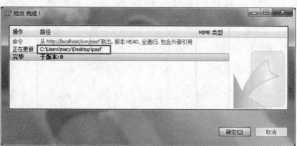

图 9-30　输入 SVN 用户名及密码　　　　　图 9-31　SVN 检出成功

（6）查看检出目录中代码进行确认。

提示　由于之前创建的是一个空的仓库，因此当访问检出目录 C:\Users\macy\Desktop\pasf 时，该目录中将不会有任何内容。

代码检入：是指将本地"检出目录"中新增、更新的文件上传到 SVN 服务的仓库中。这里包含两种检入方式：一种是添加一个新的文件，另一种是更新一个变化的文件。这两种方式的操作步骤如下。

（1）进入到本地的检出目录（本文中为 C:\Users\macy\Desktop\pasf）。

（2）复制或者新建一个文件名为"wd.py"的文件，其内容如下。

```python
#!/usr/bin/env python
# -*- coding: utf-8 -*-
from selenium import webdriver
from selenium.webdriver.common.alert import Alert
from time import sleep

wd = webdriver.Chrome()
wd.get(r'http://www.baidu.com')

wd.find_element_by_id('kw').send_keys("selenium")
wd.find_element_by_id('su').click()
sleep(1)
assert 'selenium' in wd.title
wd.close()
```

（3）在检出目录空白处右击，在弹出的快捷菜单中执行"SVN 提交"命令，如图 9-32 所示。

（4）在提交弹出框中勾选 wd.py 复选框，并单击"确定"按钮，如图 9-33 所示。

图 9-32 "SVN 提交…"选项

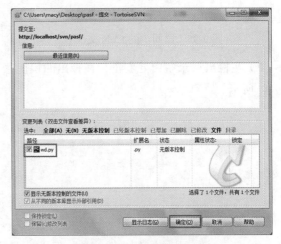

图 9-33 SVN 提交操作

（5）提交成功则显示如下，如图 9-34 所示。

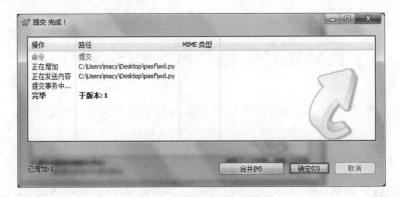

图 9-34 SVN 提交成功

（6）查看检出目录中的 wd.py 文件，其图标上多了一个绿色的对勾，如图 9-35 所示。

（7）再次编辑并修改 wd.py 文件，修改内容如下。

```
wd.find_element_by_id('kw').send_keys("selenium")
```

改为

```
wd.find_element_by_id('kw').send_keys("selenium hq")
```

（8）此时 wd.py 文件图标中的绿勾变成了红感叹号，如图 9-36 所示。

图 9-35　已同步的 SVN 文件　　　　　图 9-36　已修改的 SVN 文件

（9）在检出目录空白处右击，在弹出的快捷菜单中执行"SVN 提交"命令，弹出框如图 9-37 所示。

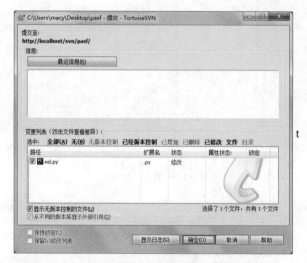

图 9-37　SVN 提交

（10）直接单击"确定"按钮（提交更新时 wd.py 文件为默认勾选状态），弹出框如图 9-38 所示。

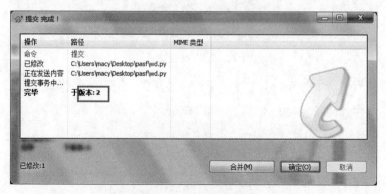

图 9-38　SVN 提交成功

（11）提交更新成功后，版本号将变为 2。

上述步骤把新增、更新 SVN 的提交过程都进行了操作，主要区别在于提交新增文件需要主动勾选，而提交修改过的文件则是默认勾选。此外，不论是新增还是更新 SVN 内容，SVN 仓库的版本号都是会向上增加的。

提示　此时如果用户从该仓库中执行一次检出操作，那么新检出的目录则不再是一个空目录，目录里将会有最新版的 wd.py 文件被检出，本文中则是版本号为 2 的 wd.py 文件。

代码更新：是指将 SVN 服务端仓库中最新的文件变化更新到本地，使本地与 SVN 服务端的内容保持一致。这在多人协作进行同一个项目脚本开发时有很重要的作用；与代码检出不同的是，代码更新只对 SVN 库中有变化的文件进行本地的更新，而 SVN 库中的文件变化通常是由其他开发者进行代码检入而产生的。

进行代码更新操作非常简单，只要在检出目录的空白处右击，在弹出的快捷菜单中执行 "SVN 更新" 命令就可以完成代码的更新操作，如图 9-39 所示。

最后介绍下代码提交冲突这个概念。代码提交冲突只有在多人协作同一个项目时才会出现，原因是同一个文件的同一处代码被两个不同的开发者分别进行了修改，这样 SVN 程序就不能判定到底以哪个开发者提交的代码为主代码。当提交发生冲突时，就需要人工对有冲突的文件进行手工删减和整理，最后再提交整理后的代码文件。

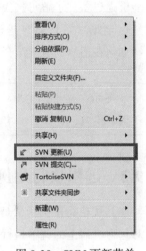

图 9-39　SVN 更新菜单

提示　同一个文件被不同的开发者分别进行修改的情况下，如果被修改的地方不是同一处代码，那么当他们分别提交代码时就不会发生冲突，此时 SVN 程序会自动进行代码合并。

9.1.4　SVN 操作规范

SVN 不仅是一个代码管理的工具，它更是一个团队协作的工具，正因为此，它才可以支持多人协作的工作方式。而单人和多人操作 SVN 在流程上还是有些区别的，单人的情况下用户只有检出、检入两种操作即可，而多人的情况下则多了更新、合并和冲突的情况。

其中，代码冲突是需要用户去手工解决的，当一个项目的代码文件变的越来越多的时候，如果有很多的冲突需要去手动解决的话，那么将会是一项很耗时且不必要的工作；因为在解决冲突的时候往往也会很容易出错，所以在多人协作的情况下，就需要对 SVN 的操作流程制定一个规范，从而最大限度地降低代码冲突的发生。

对于不同的项目由于其自身需求不同，在 SVN 操作规范的细节上也会有很多的不同之处。例如，是每天检入一次代码，还是单个功能检入一次代码。而大部分项目在 SVN 操作的主流程上，基本还是保持一致的，这里就介绍下通常主流程的一些操作规范。

❑ 每次开发新代码之前需要先进行代码更新操作。

❑ 提交代码之前需要先进行代码更新操作。

❑ 以一个完整功能的完成为阶段提交代码。

❑ 提交代码时需要添加必要的备注。

这些规范的目的主要是尽量保证本地文件与 SVN 仓库的最新版本保持一致，尽可能地保持一定的代码提交频率，以保证本地文件的最新变化能够及时地同步到 SVN 仓库，以及能够通过备注了解每次代码提交时所做的变动。

至此，关于 SVN 搭建、配置和使用的介绍都已经结束，在后面的章节里还会进一步介绍如何在适当的时候结合 SVN 来搭建一个可持续集成的自动化流程。

提示 这里只是对 SVN 操作的一些常规行为说明，真正的项目中会根据不同的需求有不同的规范，例如，会有 trunk、branch、tag 分支等。

9.2　远程执行用例场景

远程执行用例场景是测试脚本在远程机器上进行测试执行的一种方式，即在本地机器中对远程机器上的脚本执行进行控制。这样我们在本机开发的测试脚本就可以在其他的机器上来执行，其目的就是把测试脚本的执行与具体的机器进行解耦，使得脚本可以很方便地在不同的机器上无缝执行，即去除对机器的依赖性，同时也对脚本的兼容性测试提供很好的基础支持。下面通过一张图解来简要了解下远程执行用例的场景流程，具体如图 9-40 所示。

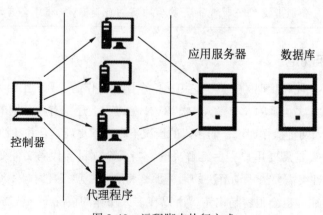

图 9-40　远程脚本执行方式

图 9-40 中的控制器就是本地机器，而代理程序则是远程机器。从图中可以看出一个控制器可能会控制多个远程机器来执行测试脚本，这样就达到一个分布式执行测试脚本的效果。假设有 4 个脚本，如果通过控制器自己来执行的话则需要执行全部的 4 个脚本，而如果通过远程机器来执行，则可以把 4 个脚本分布到不同的代理程序来执行。分布式执行显而易见的好处就是可以最大化利用资源，节省时间，提高测试脚本的执行效率。

既然远程执行具有本地执行所不具备的特有优势，那么如何使测试脚本能够支持远程执行呢？

关于这个问题如果使用的是其他的测试工具，可能需要自己开发分布式的测试框架来支持，如果使用本章中前面介绍的 Selenium 作为测试工具，那么可以使用它自带的远程执行脚本的功能。具体而言，从 Selenium 2 开始，Selenium 自动化脚本驱动浏览器执行测试的流程如图 9-41 所示。

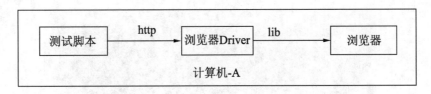

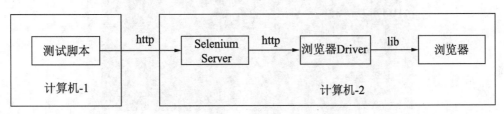

图 9-41　Selenium 2 驱动浏览器原理

正如图 9-41 所示，Selenium 2 驱动浏览器的方式是通过浏览器 Driver 来实现的，而测试脚本与 Driver 之间是通过 HTTP 来进行通信的，即使测试脚本与 driver 同时在一台机器上也是使用 HTTP 网络通信的。因此，Selenium 2 生来就支持测试脚本的远程执行，所以当我们选择了 Selenium 2 作为测试工具，那么远程执行脚本的问题自然迎刃而解。

下面依次介绍在本地和远程的情况下，是如何基于 HTTP 通信的方式来执行测试脚本的。默认情况下调用本地浏览器的测试脚本通常如代码清单 9-1 所示。

代码清单 9-1　调用本地浏览器

```python
#!/usr/bin/env python
# -*- coding: utf-8 -*-
from selenium import webdriver
from selenium.webdriver.common.alert import Alert
```

```
from time import sleep

wd = webdriver.Ie()
wd.get(r'http://www.baidu.com')

wd.find_element_by_id('kw').send_keys("selenium hq")
wd.find_element_by_id('su').click()
sleep(1)
assert 'selenium' in wd.title
wd.close()
```

上述代码中看不到使用过任何基于 HTTP 的代码，但实际情况是怎么样的呢？其实在代码的后台已经启动了一个 IEDriverServer.exe 进程，并且在执行结束之后退出了该进程。为了重现这一场景，首先在本机找到 IEDriverServer.exe 文件所在位置，然后双击该文件，如图 9-42 所示。

图 9-42　IEDriverServer 启动界面

图 9-42 中的信息表示启动 IEDriverServer.exe 已经成功，并且正在监听 5555 端口。同时在任务管理器中也能查看到 IEDriverServer.exe 进程，表示该进程为正常启动。接着把代码清单 9-1 的代码进行修改，具体如代码清单 9-2 所示。

代码清单 9-2　基于代码清单 9-1 进行修改

```
#!/usr/bin/env python
# -*- coding: utf-8 -*-
from time import sleep
from selenium.webdriver.remote import webdriver
from selenium.webdriver.common.desired_capabilities import DesiredCapabilities

wd = webdriver.WebDriver(command_executor="http://127.0.0.1:5555",
desired_capabilities=DesiredCapabilities.INTERNETEXPLORER)
```

```
wd.get(r'http://www.baidu.com')

wd.find_element_by_id('kw').send_keys("selenium hq")
wd.find_element_by_id('su').click()
sleep(1)
assert 'selenium' in wd.title
wd.close()
```

上述代码中只把原先的 webdriver 改成了 remote.webdriver，并指定了图 9-42 中的启动端口，这样测试脚本的命令就会直接发送给前面启动的 IEDriverServer.exe 进程了，然后该进程再去驱动 IE 浏览器，即代码清单 9-1 在后台所做的事情就是代码清单 9-2 显式所做的事。

注意　这种方式启动的 IEDriverServer.exe 进程服务，只能监听本机的 5555 端口。换句话说，只有在本机执行的脚步才能与它进行通信，如果把脚本复制到其他机器上则不能执行。

此外，在本地基于 HTTP 的远程执行还有另一种方式，就是使用 Selenium Server 作代理，具体做法就是先启动 Selenium Server 程序，其命令如下。

```
java -jar selenium-server-standalone-3.x.x.jar
```

启动之后命令行界面如图 9-43 所示。

图 9-43　Selenium Server 启动界面

然后再启动经过修改的本地测试代码，具体的内容如代码清单 9-3 所示。

代码清单 9-3　经过修改的本地测试

```
#!/usr/bin/env python
# -*- coding: utf-8 -*-
from time import sleep
```

```
from selenium.webdriver.remote import webdriver
from selenium.webdriver.common.desired_capabilities import DesiredCapabilities

wd = webdriver.WebDriver(command_executor="http://127.0.0.1:4444/wd/hub",
desired_capabilities=DesiredCapabilities.INTERNETEXPLORER)
wd.get(r'http://www.baidu.com')

wd.find_element_by_id('kw').send_keys("selenium hq")
wd.find_element_by_id('su').click()
sleep(1)
assert 'selenium' in wd.title
wd.close()
```

代码清单9-3与代码清单9-2唯一不同的地方是远程地址，从原来的 http://127.0.0.1:5555 改成 http://127.0.0.1:4444/wd/hub，但最后的执行效果是一样的。如果希望达到真正的远程执行目的，则可以在 A 机器（假定 IP 为 172.16.1.10）上启动 Selenium Server，并且在 B 机器（假定 IP 为 172.16.1.11）上执行测试脚本即可，当然需要把代码 9-3 中的地址 http://127.0.0.1:4444/wd/hub 修改为 http://172.16.1.10:4444/wd/hub。

综上所述，Selenium 2 本身就有支持远程执行脚本的能力，并且还有多种方式可以支持通过 HTTP 通信进行测试，而真正意义上的远程执行则是 Selenium Server 形式；但是 Selenium Server 的形式只是解决了远程执行脚本的需求，对于需要的分布式执行脚本的需要还是没能解决。那么如何才能进行分布式的执行脚本呢？9.3 节将介绍如何通过 Selenium Grid 模块来实现分布式执行测试脚本。

9.3 Selenium Grid 模块及搭建

在前面的章节中已经了解 Selenium Grid 的概念，它本身不具有脚本执行能力，可以把它简单地理解为网络中集线器交换机的功能，其主要作用就是分发测试任务及测试命令到不同的测试节点，并且会根据具体的测试脚本需求分发到对应的测试节点。例如，可以把测试 Chrome 浏览器的脚本分发到安装 Chrome 浏览器的测试节点，把测试 Linux 平台的脚本分发到 Linux 的测试节点等。

当使用 Selenium Grid 之后，原来图 9-41 中的远程驱动流程则变成了如图 9-44 所示的结构。

图 9-44 中 PC-3、PC-Windows、PC-Linux 等共同组成了一个 Selenium Grid 结构，其中，PC-3 中的 Selenium Grid 节点仅仅是集线器节点，而 PC-Windows、PC-Linux 中的 Selenium Server 则是 Node 节点。

Hub 的作用是把测试脚本的所有指令都按要求分发到不同的 Node 节点之上；而加上了 Selenium Grid 的好处就是所有测试节点上的浏览器终端可以同时进行测试，即达到了分布式并行测试的效果。接下来就介绍下如何搭建和使用 Selenium Grid 来进行测试。

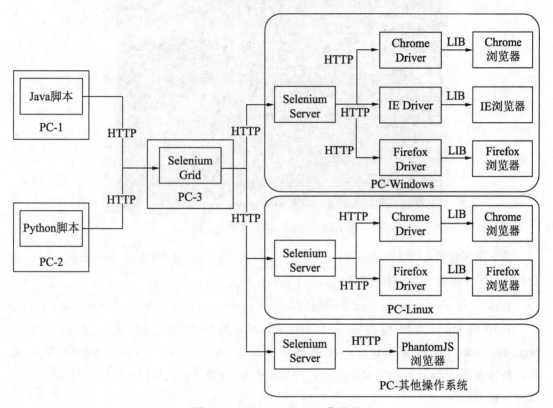

图 9-44　Selenium Grid 工作流程

9.3.1　Selenium Grid 环境搭建

Selenium Grid 是一个网格架构的统称，其主要是由一个 Hub 与多个 Node 节点共同组成的一个网络网格结构，所以需要分别启动 Hub（集线器）和 Node（节点）才能使用；由于其代码已经包含在 selenium-server-standalone-3.x.x.jar 包中，因此不需要额外下载启动包，直接使用下面的命令就可以启动 Selenium Hub 节点。

```
java -jar selenium-server-standalone-3.x.x.jar -role hub
```

启动后在命令行的显示内容如图 9-45 所示。

图中有两处加框标记，一处为 0.0.0.0:4444，表示所有外部 IP 都可以通过 4444 端口来发送测试指令；另一处为 http://192.168.0.104:4444/grid/register，表示 Selenium Server 节点需要通过这个 URL 来注册到 Hub 上，注册后 Selenium Hub 才能把接收到的指令转发给具体的测试节点，其中，192.168.0.104 为 Selenium Hub 所在机器的 IP。

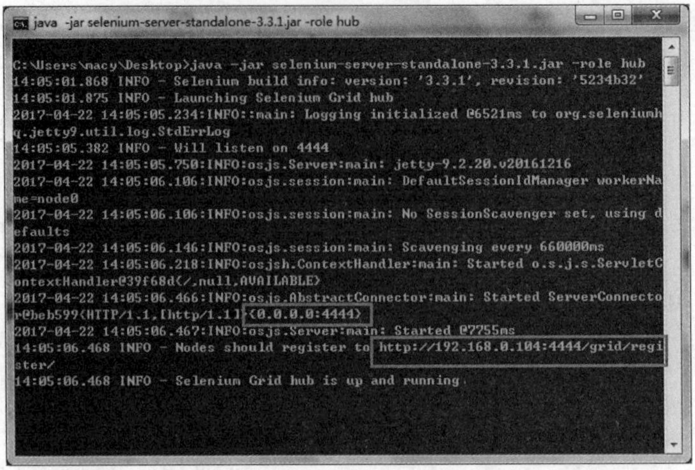

图 9-45　Selenium Grid 启动界面

接下来还需要启动 Selenium Server 作为 Node 节点，与之前单独启动 Selenium Server 命令相比多了一些参数，具体的命令内容如下。

```
java -jar selenium-server-standalone-3.x.x.jar -role node  -hub ${url}
```

其中的 ${url} 需要替换成启动 Selenium Hub 时回显的注册 URL，在本文中为 http://192.168.0.104:4444/grid/register，而如果 Node 与 Hub 是在同一台机器启动的，则 URL 可以是 http://localhost:4444/grid/register，并且这也是它的默认值；在执行后命令行显示内容如图 9-46 所示。

图 9-46　Selenium Node 注册

从图 9-46 中可以看出，Node 已经成功注册到 Hub 上，此时可以通过 Selenium Grid 提供的一个在线接口来查看 Hub 及 Node 的相关状态。打开浏览器并在地址栏中输入 http://localhost:4444/grid/console，就可以查看相关状态信息。具体页面内容如图 9-47 所示。

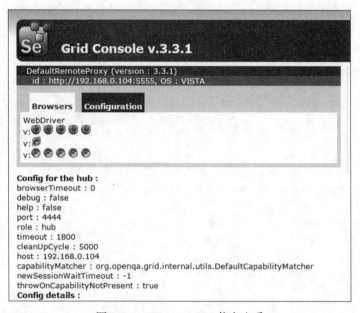

图 9-47　Selenium Grid 信息查看

图 9-47 中可以看到 Hub 的状态及注册 Node 的节点信息，这里在注册 Node 节点时使用的是默认参数来配置浏览器及平台，从图中可以看出一台 Windows 机器在默认情况下会注册 5 个 Firefox 节点、1 个 IE 节点、5 个 Chrome 节点。

如果测试机器上只有 IE 浏览器时，那么在注册 Node 节点时则需要特别地指定浏览器类型，具体的注册命令如下。

```
java -jar selenium-server-standalone-3.3.1.jar -role node -capabilities
browserName="internet explorer",maxInstances=1
```

此外，capabilities 参数还可以指定平台类型，具体参数和部分可选值如下。

❑ browserName：可选值有 internet explorer、firefox、chrome、safari、opera 等。

❑ platform：可选值有 VISTA、LINUX、MAC，默认根据执行平台决定。

❑ maxInstances：可选值为数字 $1 \sim n$，其中，n 为 Hub 启动时设置的最大 Session 数量，默认是 5。

❑ seleniumProtocol：默认值为 WebDriver。

如果需要同时指定多个浏览器，那么可以使用多个 capabilities 参数，每一个 capabilities 参数后面跟具体的配置节点信息即可。

9.3.2 Selenium Grid 使用

在 Selenium Grid 架构启动完毕之后就可以使用 Selenium Grid 进行分布式测试，具体如代码清单 9-4 所示。

代码清单 9-4 使用 Selenium Grid 进行分布式测试

```python
#!/usr/bin/env python
# -*- coding: utf-8 -*-
from time import sleep
from selenium.webdriver.remote import webdriver
from selenium.webdriver.common.desired_capabilities import DesiredCapabilities

wd = webdriver.WebDriver(
        command_executor="http://127.0.0.1:4444/wd/hub",
    desired_capabilities=DesiredCapabilities.INTERNETEXPLORER)
wd.get(r'http://www.baidu.com')
wd.find_element_by_id('kw').send_keys("selenium hq")
wd.find_element_by_id('su').click()
sleep(1)
assert 'selenium' in wd.title
wd.close()
```

上述代码只能在启动 Hub 的机器上执行，如果在需要 Hub 之外的机器上执行，则需要修改 Hub 地址中的 127.0.0.1 为 Hub 机器的外部访问地址，本节中为 192.168.0.104。

提示 如果测试脚本比较多，需要使用分布式执行来加快执行速度，那么需要启动多个执行脚本的客户端进程，或者直接使用单元测试框架支持的并行执行功能。另外，如果测试机器资源不够，也可以考虑使用 Docker 容器技术。目前 Selenium 官方有 Grid、Chrome、Firefox、Phantomjs 节点的 Docker 镜像可以使用，具体可以查看 GitHub 项目主页 https://github.com/SeleniumHQ/docker-selenium。

9.4 持续集成的自动化测试

当可以稳定、高效地在不同平台和浏览器上运行测试脚本之后，还可以做的就是把自动化测试流程集成到整个项目开发的流程中，即在任何需要启动自动化测试的时间点，可以无缝地切入自动化测试流程中。例如，作为敏捷测试每天都会有一个 daily build，那么在每天构建完成之后就可以启动对应的单元测试、自动化的冒烟测试等。这就是一个持续跟进的项目集成的自动化测试，本节介绍如何把测试嵌入到持续集成流程之中。

持续集成已经是一个很熟悉甚至是很流行的名词，它主要指的是持续频繁地对代码进行集成和构建的过程。由于是频繁构建代码（一天至少一次），所以每一次构建完成之后就需要有对应的自动化测试来支持，否则测试人员无法跟上开发的提交频率。而我们的 UI 自动化测试由于测试用例数量、测试效率、测试资源等，通常不会频繁地被触发，但会在每日构建之后触发。

持续集成定义的是一个代码提交、评审、编译、构建、交付、部署等一系列操作的过程，具体到每一个团队、每一个项目其细节方面会根据需求来进行选择和定制；而在这整个过程中与 UI 自动化相关的则是构建过程，因为在构建之后就会触发自动化测试脚本。那么 UI 自动化测试是如何接入到构建流程之中呢？

首先，得有一个可以自动化构建的流程，在这方面有很多优秀的开源构建工具可以选择，例如，Jenkins、CruiseControl 等。本文中就以 Jenkins 为例讲解如何部署和配置自动化测试脚本到持续集成的过程中。

其次，需要让自动化测试脚本有一个启动的命令，通过调用这个命令来启动对应测试集的自动化测试，这样就可以通过 Jenkins 的脚本来远程调用这个启动命令。关于测试脚本的启动命令可以参见单元测试章节，通过单元测试集的功能来动态加载对应的测试用例即可。

最后，需要在 Jenkins 上来配置如何启动远程调用测试命令，具体的 Jenkins 工具上的配置步骤如下。

（1）下载并完成 Jenkins 的安装与配置。

（2）浏览访问 Jenkins 主页。

（3）单击"新建任务"并进入页面，如图 9-48 所示。

图 9-48　新建 Jenkins 任务

（4）输入任务名并选择构建一个自由风格的软件项目，如图 9-49 所示。

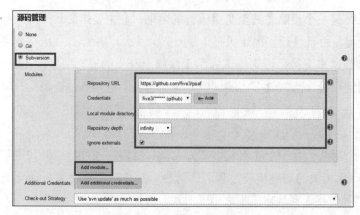

图 9-49 Jenkins 任务仓库设置

（5）选择使用 Subversion 进行源码管理，并填写相关的 SVN 地址与账户，如图 9-50 所示。

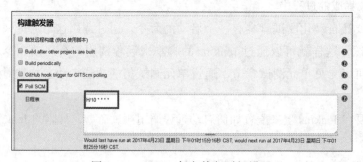

图 9-50 Jenkins 任务执行时间设置

（6）构建触发器选择 Poll SCM，并设置每 10 分钟进行一次 SVN 代码检测，如果有新代码被提交了则触发构建。

（7）构建选项默认设置为使用 Maven 进行代码构建。

（8）添加一个 Windows 脚本构建命令，并填写自动化脚本的触发命令，如图 9-51 所示。

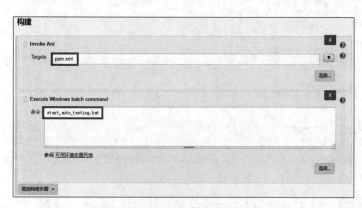

图 9-51 Jenkins 任务脚本设置

（9）保存该构建并回到项目首页，如图 9-52 所示。

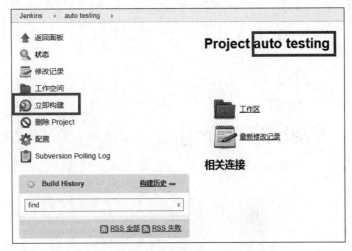

图 9-52　Jenkins 任务构建

（10）通过单击"立即构建"可以测试所配置的构建流程。

提示　在第 8 步中填写 start_auto_testing.bat 文件，是需要提前在 Jenkins 服务器上创建并编写启动命令的；如果脚本在本地就可以使用 Python 命令启动单元测试入口文件，而如果脚本在远程机器上则可以通过远程命令工具（如 putty、ssh）来执行远程机器上的 Python命令。

10

第 10 章
Web API 介绍

Web 自动化测试通常被特指为 Web 的 UI 自动化测试，而其实 Web 的 API 自动化测试也是包含在内的；关于针对 API（即接口）的自动化测试在前面的章节中已经了解过了，它相对于 UI 自动化测试来说，虽然不能模拟真实用户的场景操作，但是其在投资回报率上却比 UI 自动化高很多；所以当项目需要考虑实施自动化测试的时候，可以结合不同自动化测试的特性来配合使用。

本章先带读者来认识下具体的 Web API 的一些情况，接下来的章节将会继续介绍如何去调用和测试 Web API。

10.1 HTTP 简介

对于一名 Web 测试人员来说，尤其是 Web 的自动化测试人员，HTTP 是必须需要理解和掌握的；因为不论是 Web 页面也好，Web API 也罢，它们都是基于 HTTP 之上进行通信的，所以本节先认识下 HTTP 的一些基本概念，而对于已经掌握的读者则可以直接阅读后面的章节。

HTTP 全称为超文本传输协议（HyperText Transfer Protocol），是互联网上应用最为广泛的一种网络协议。它是一个客户端和服务器端请求和应答的标准；客户端是终端用户，服务器端是网站。用户可以通过浏览器、爬虫工具等对服务器网站进行访问。

HTTP 是一种基于 TCP/IP 之上的传输协议，其通信流程总是由客户端发起，再由服务器端进行处理和响应；并且每次收到服务器的响应之后都会立即关闭当次连接，正是由于每次请求都会发起一个新的连接，所以 HTTP 是一种无状态协议，即服务器端不能保存客户端的状态信息。

关于 HTTP 的具体内容在 RFC2616 中进行了详细的说明，而这里把 HTTP 分为两部分进行说明，一部分是浏览器发送的请求报文，另一部分为服务器的响应报文。具体每一部分的格式和包含内容下面将分别进行一个简单介绍。

10.1.1　HTTP 请求报文

HTTP 请求报文指的是客户端向服务器端发送请求时所传输的内容；该内容是由固定格式组成的，具体来说，HTTP 请求报文由请求行、请求头和请求体组成。其结构内容如图 10-1 所示。

HTTP请求格式						
请求行	请求方法	空格	请求地址	空格	协议版本	\r\n
	header1	:	value1			\r\n
	header2	:	value2			\r\n
请求头	header3	:	value3			\r\n
	header…	:	:			\r\n
	headerN	:	valueN			\r\n
空行	\r\n					
请求体	请求体					

图 10-1　HTTP 请求头格式

请求行部分由请求方法、请求 URL 地址及参数、请求协议以空格隔开共同组成。其中，请求方法包括 GET、POST、PUT、DELETE、PATCH、HEAD、OPTIONS、TRACE。最常见的两种是 GET 和 POST，如果是 RESTful 接口的话一般会用到 GET、POST、DELETE、PUT。请求协议有 HTTP 1.0 和 HTTP 1.1。具体的请求行内容如以下示例。

```
GET /helloWorld HTTP/1.1
```

请求头部分是由一组或多组键值对组成的，请求头所支持的键值对内容具体可以参考 http://tools.jb51.net/table/http_header 页面中的说明。一般情况下的请求头内容如代码清单 10-1 所示。

代码清单 10-1　请求头内容

```
Accept:image/gif.image/jpeg,*/*
Accept-Language:zh-cn
Connection:Keep-Alive
Host:localhost
User-Agent:Mozila/4.0(compatible;MSIE5.01;Window NT5.0)
Accept-Encoding:gzip,deflate
```

请求体是专门用来存放向服务器传输的数据，尤其是大批量的数据提交必须要通过请求体进行传输。此外，只有 POST、PUT 以及 PATCH 三种请求方法支持请求体，而其他的请求方法都不带请求体。

请求体内容本身还可以划分成三大类：Query String，文件分割，其他类型。其中，Query String 指的是 application/x-www-form-urlencoded 类型的请求体，这是 Form 表单提交时的默认数据类型，其内容是由 K、V 对连接串联组成的，具体可以参见图 10-2 中的请求体。

HTTP请求格式						
请求行	请求方法	空格	请求地址	空格	协议版本	\r\n
请求头	header1	:	value1			\r\n
	header2	:	value2			\r\n
	Contet-Type	:	application/x-www-form-urlencoded			\r\n
	header…	:	:			\r\n
	headerN	:	valueN			\r\n
空行	\r\n					
请求体	key1=value1&key2=value2					

图 10-2　HTTP 请求头格式 2

文件分割类型的请求体是专门用来进行文件上传的，它由多个部分组成，每一个部分都被 boundary 分割成单独的段，这个 boundary 是在请求头的 Content-Type 中指定的。具体的结构如图 10-3 所示。

HTTP请求格式						
请求行	请求方法	空格	请求地址	空格	协议版本	\r\n
请求头	header1	:	value1			\r\n
	header2	:	value2			\r\n
	Contet-Type	:	multipart/form-data;boundary={boundary}			\r\n
	header…	:	:			\r\n
	headerN	:	valueN			\r\n
空行	\r\n					\r\n
请求体 part1	--{boundary}					\r\n
	Contet-Disposition	:	from-data;name="name"			\r\n
	\r\n					\r\n
	小老虎					\r\n
请求体 part2	--{boundary}					\r\n
	Contet-Disposition	:	from-data;name="file";filename="test.txt"			\r\n
	Contet-Type	:	application/octet-stream			\r\n
	\r\n					\r\n
	文件二进制内容					\r\n
请求体 结束 标识	--{boundary}--					\r\n

图 10-3　HTTP 请求格式 3

其他类型的请求体是指 Query String 和文件分隔类型以外的类型，请求体内容的格式可以自定义，最常见的格式有 application/json、text/xml 等。

最后来看一个完整的 POST 请求报文的内容实例，如图 10-4 所示。

```
                ①请求方法    ②请求 URL    ③ HTTP 及版本
        POST /chapter17/user.html HTTP/1.1
④       Accept: image/jpeg, application/x-ms-application, ..., */*
报       Referer: http://localhost:8088/chapter17/user/register.html?
文       code=100&time=123123
头       Accept-Language: zh-CN
        User-Agent: Mozilla/4.0 (compatible; MSIE 8.0; Windows NT 6.1;
        Content-Type: application/x-www-form-urlencoded
        Host: localhost:8088
⑤       Content-Length: 112
报       Connection: Keep-Alive
文       Cache-Control: no-cache
体       Cookie: JSESSIONID=24DF2688E37EE4F66D9669D2542AC17B

        name=tom&password=1234&realName=tomson
```

图 10-4　HTTP 请求报文

10.1.2　HTTP 响应报文

HTTP 响应报文是服务器端发送给客户端的响应内容。其格式与请求报文大致相同，主要由响应行、响应头和响应体组成。其结构如图 10-5 所示。

HTTP响应格式						
响应行	协议版本	空格	状态码	空格	状态描述	\r\n
	header1	:	value1			\r\n
	header2	:	value2			\r\n
响应头	header3	:	value3			\r\n
	header…	:	⋮			\r\n
	headerN	:	valueN			\r\n
空行	\r\n					
响应体	响应体					

图 10-5　HTTP 响应格式

响应行包括协议版本、状态码和状态描述三部分。协议版本与请求行保持一致，状态码与状态描述是服务器处理完请求后的反馈信息。其中，状态码可以分为 5 类，具体如下所示。

❏ 1xx：消息，一般是告诉客户端，请求已经收到了，正在处理，别急。

❏ 2xx：处理成功，一般表示请求收悉、我明白你要的、请求已受理、已经处理完成等信息。

❏ 3xx：重定向到其他地方。它让客户端再发起一个请求以完成整个处理。

❏ 4xx：处理发生错误，责任在客户端，如客户端请求一个不存在的资源、客户端未被授权、禁止访问等。

❏ 5xx：处理发生错误，责任在服务端，如服务端抛出异常、路由出错、HTTP 版本不支持等。

上面的每一类中又有很多值可选，例如，200 表示服务器正常处理请求并返回结果，404 表示请求的资源不存在；具体每一个状态码的详解可以参考 http://tools.jb51.net/table/http_status_code 页面中的说明。

响应头与请求头格式一致，只是使用的头信息内容不一样而已。响应体就是服务器返回给客户端的具体内容了，通常分为两类：一类是用于浏览器解析 HTML 页面内容，一类是数据内容。

最后来看一个完整的响应报文的内容实例，如图 10-6 所示。

图 10-6　HTTP 响应报文

10.2　Web API 介绍

Web API 是网络应用程序接口。这类 API 是在 Web 服务器端提供，并且是通过 HTTP 来访问的；通过这些 API 可以获得各种类型的数据服务，例如，存储服务、计算服务等。10.1 节中提到 Web 服务器的响应体格式有两种，一种是 HTML 内容，另一种是非 HTML 的数据内容，Web API 的响应体就是属于第二种。

可以把 Web API 理解为 Web 上的 API，而访问它的方式就是通过 HTTP 请求来实现的；并且 Web API 是特指那些能够提供完整服务的接口，所以并不是任意的一个 URL 地址都可以认为是 Web API。例如，http://www.baidu.com 就不是 Web API，因为它只返回了固定的

HTML 内容，而 http://apis.baidu.com/kuaidicom/express_api/express_api 则是 Web API，因为它可以根据不同的快递单号来查询对应的快递信息。

　　总结来说，Web API 就是拥有特定功能的网络接口，更具象地讲就是可以提供某种服务的 URI 地址。

10.3　REST API 介绍

　　前面讲到的 Web API 是 HTTP 服务中的一种，而本节中的 REST API 则是 Web API 中的一种。REST API 不仅能提供完整的 Web API 服务，并且在其请求设计上有自己的约束条件和原则。我们可以把 REST API 理解为一套互联网应用程序的 API 设计理论，通过这套设计理论而开发出来的 Web API 就是 REST API 了。接下来就介绍下 REST API 具体有哪些设计规范和要求。

- ❑ 通信协议：总是 HTTPS。
- ❑ 域名：尽量放在专用域名下，如 http://api.example.cn, http://example.cn/api/ 等。
- ❑ 版本：应将 API 版本号放在 URL 中，如 http://api.example.cn/v1/，也有把版本号放在 Header 中的。
- ❑ 路径：即 API 的具体网址，在 RESTful 中每一个网址代表一种资源，所以网址中不能有动词，只能有名词；并且网址应该比较有意义和目的性，如果是集合的话需要用复数形式，如 http://api.example.com/v1/employees。
- ❑ 动词：即具体的操作类型，如 GET、POST、PUT、DELETE、PATCH 等。在请求时不同的操作类型代表不同的意思，具体如下。
  - ➢ GET /zoos：列出所有动物园。
  - ➢ POST /zoos：新建一个动物园。
  - ➢ GET /zoos/ID：获取某个指定动物园的信息。
  - ➢ PUT /zoos/ID：更新某个指定动物园的全部信息。
  - ➢ PATCH /zoos/ID：更新某个指定动物园的部分信息。
  - ➢ DELETE /zoos/ID：删除某个动物园。
- ❑ 过滤信息：提供可以对返回结果进行过滤的参数，如：?limit=20。
- ❑ 状态码：服务器向客户端返回的状态码和提示信息，例如，200 OK 表示获取信息成功，201 CREATED 表示创建或更新成功。
- ❑ 错误处理：如果状态码是 4xx，就应该向用户返回出错信息，通常以 error 为 key；如：{error: "Invalid API key"}。
- ❑ 返回结果：针对不同操作，服务器向用户返回的结果应该符合以下规范。

- ➢ GET /collection：返回资源对象的列表（数组）。
- ➢ GET /collection/resource：返回单个资源对象。
- ➢ POST /collection：返回新生成的资源对象。
- ➢ PUT /collection/resource：返回完整的资源对象。
- ➢ PATCH /collection/resource：返回完整的资源对象。
- ➢ DELETE /collection/resource：返回一个空文档。

❑ Hypermedia API：即请求 API 根目录时返回的请求文档，该文档相当于一个用户手册，列出了该 RESTful 架构中所有可用的 API 链接和相关请求说明。例如，访问 https:// api.github.com/ 可以得到如下代码。

```
{
    "current_user_url": "https://api.github.com/user",
    "authorizations_url": "https://api.github.com/authorizations",
    // ...
}
```

❑ 其他：API 的身份认证应该使用 OAuth 2.0 框架。服务器返回的数据格式通常为 JSON。

总而言之，REST API 就是在设计上符合上述规范的 Web API，或者说符合上述设计规范的能够提供完整服务的 URI 网络资源。

第 11 章
Web API 自动化基础

CHAPTER
11

第 10 章介绍了 Web API 的一些相关概念，可以说 Web API 也是进行 Web 自动化测试的一个重要对象；它是在 Web UI 测试前一阶段的测试，属于我们在第 3 章里提到的倒三角模型中的集成测试部分；对于这类测试不需要跟 UI 打交道，而是直接调用 API，最后对接口返回的数据进行验证即可。

由于接口类测试都需要在测试前准备数据、测试后验证数据，因此对于一些常规数据文件的处理技能，需要在进行接口测试之前就掌握好。而本章主要介绍 Web API 测试所需要掌握的一些数据处理模块。

11.1　正则表达式模块学习

正则表达式，又称规则表达式（Regular Expression，RE），是计算机科学的一个概念，它描述了一种字符串匹配的模式，通过这个模式可以对字符串进行搜索、匹配和替换等操作。

通常情况下对某个字符串进行搜索时，使用的可能是一个固定的子字符串。例如，在字符串"Hello world！"中搜索子字符串"Hello"。如果要进行搜索的内容不固定，例如，搜索以"He"开头的单词，则无法通过普通方式进行字符串搜索，而这正是正则表达式所要解决的场景。

正则表达式之所以能对不固定的内容进行搜索，是因为它提出了一种模式的概念；这个模式有它特定的语法形式，在这个语法里规定了特定的字符来代表指定的字符范围，例如，'\d' 就代表了一个任意的数字，其可以代替 0 ～ 9 中的任意一个数字；同时语法中还规定匹配数量、匹配开头、匹配结尾、匹配排除等功能的描述。关于正则表达式的具体语法形式学习请参考 http://www.runoob.com/regexp/regexp-tutorial.html。

在 Web API 自动化测试中，最重要的一个环节就是对接口返回数据进行验证；由于返回的数据可能是各种各样的内容，而需要验证的内容也可能是各种形式的，因此就需要一种很强的字符内容检索工具来实现验证的功能，而正则表达式就是不二之选。接下来就来介绍下如何在 Python 中使用正则表达式模块。

11.1.1　字符搜索

在 Python 的 RE 模块中对于字符搜索提供了两个方法，一个是 match，另一个是 search。它们都是接收一个正则表达式的 pattern 来对字符串进行搜索，不同之处在于 match 只在字符串的开头进行 pattern 匹配，而 search 会在任意位置都进行匹配。具体可以通过如下代码来理解。

```python
#!/usr/bin/env python
# -*- coding: utf-8 -*-
import re

s = 'Hello world'
pattern_str = 'Hello'

m1 = re.match(pattern_str, s)
if m1:
    print 'match1: ', m1.group()
s1 = re.search(pattern_str, s)
if s1:
    print 'search1: ', s1.group()

pattern_str2 = 'world'
m2 = re.match(pattern_str2, s)
if m2:
    print 'match2: ', m2.group()
s2 = re.search(pattern_str2, s)
if s2:
    print 'search2: ', s2.group()
```

运行结果如下。

```
match1:  Hello
search1:  Hello
search2:  world
```

上述代码中对于"Hello"的搜索，两种方法都能匹配成功；而对于"world"的搜索，只有 search 匹配成功，而 match 则匹配失败。因为 match 只对字符串开头进行匹配，"Hello"

刚好在字符串开头，所以匹配成功，而"world"不在字符串开头位置，所以就匹配失败了。

前面的 pattern 中只匹配了单个子串，而如果需要同时匹配多个子串的时候，则需要在 pattern 中添加组的模式，即在 pattern 字符串中使用小括号括起来的内容为组，具体可以参考如下代码。

```python
#!/usr/bin/env python
# -*- coding: utf-8 -*-
import re

a = "123abc456"
pattern = "([0-9]*)[a-z]*([0-9]*)"
match_obj = re.search(pattern, a)
print match_obj.group()          # 等价于 group(0)，该方法的默认参数即为 0
print match_obj.group(0)         #123abc456,返回整体
print match_obj.group(1)         #123，第一个括号中匹配的内容
print match_obj.group(2)         #456,第二个括号中匹配的内容
print match_obj.groups()         #('123', '456'), 所有组中内容的元组
```

代码中使用小括号来定义了两个组，并在 match 对象中通过 group 方法取得组中匹配的内容，groups 方法则直接返回所有组匹配到的内容。

此外，前面的示例中 pattern 只匹配到一处字符串，而如果被搜索的内容比较多的情况下，通常会匹配到多处子串。例如，对字符串" Hello world，Hello Python"使用" Hello"作为 pattern 进行搜索，就会有两处子串会被匹配到。前面介绍的 match、search 方法只能返回第一个匹配的内容，如果想要获取到所有被匹配到的子串内容，则可以使用 findall 方法。具体的使用方式可以参见如下代码。

```python
#!/usr/bin/env python
# -*- coding: utf-8 -*-
import re

s = "Tina is a good girl , she is cool ,clever, and so on ..."
print(re.findall(r'\w*oo\w*', s))    ##['good', 'cool']
print(re.findall(r'(\w)*oo(\w)', s))  ##[('g', 'd'), ('c', 'l')]
```

从代码中可以看到 findall 方法返回了一个所有匹配内容的列表，通过这个列表就可以获取到所有的匹配内容。需要注意的是，如果 pattern 中使用了组模式，则 findall 返回的就是组所匹配到的内容列表。

提示　如果是在一个非常大的文件中进行 findall 的匹配或搜索，则建议改用 finditer 方法来替换 findall 方法，因为 finditer 方法返回的是一个迭代器，它会按需进行搜索和匹配，因此在性能上会比 findall 要更好。

11.1.2 字符替换和分割

在 Python 的 RE 模块中通过 pattern 不仅可以进行字符的搜索，还可以进行字符的替换和分割；具体来说，就是可以把 pattern 匹配到的内容替换为指定的，还可以以 pattern 匹配到的内容为分隔符来对原字符串进行分割。具体的替换和分割操作见如下代码。

```
#!/usr/bin/env python
# -*- coding: utf-8 -*-
import re

s = "Tina is a good girl , she is cool ,clever, and so on ..."
print re.sub(r'\w*oo\w*', "HOLDER", s)          ## 替换
print re.split(r'\w*oo\w*', s)                   ## 分割
```

上述代码运行后分别把匹配到的内容进行了替换和分割，输出的内容如下。

```
Tina is a HOLDER girl , she is HOLDER ,clever, and so on ...
['Tina is a ', ' girl , she is ', ' ,clever, and so on ...']
```

除了基本的使用方式，还可以对替换和分隔的次数进行单独的控制，这个功能可以通过添加一个 count 参数来调用。具体参见如下代码。

```
#!/usr/bin/env python
# -*- coding: utf-8 -*-
import re

s = "Tina is a good girl , she is cool ,clever, and so on ..."
print re.sub(r'\w*oo\w*', "HOLDER", s, 1)       ## 替换 1 次
print re.split(r'\w*oo\w*', s, 1)               ## 分隔 1 次
```

运行后的结果如下所示。

```
Tina is a HOLDER girl , she is cool ,clever, and so on ...
['Tina is a ', ' girl , she is cool ,clever, and so on ...']
```

11.1.3 表达式修饰符

正则中的表达式修饰符主要用来对 pattern 的搜索规则进行设置，例如，匹配时是否大小写字符敏感等。在 Python 的 RE 中可以使用的表达式修饰符如以下列表所示。

- ❑ re.I(re.IGNORECASE)：忽略大小写（括号内是完整写法，下同）。
- ❑ re.M(re.MULTILINE)：多行模式，改变 '^' 和 '$' 的行为。
- ❑ re.S(re.DOTALL)：点任意匹配模式，改变 '.' 的行为，设置后可以匹配 \n。
- ❑ re.L(re.LOCALE)：使预定字符类 \w \W \b \B \s \S 取决于当前区域设定。
- ❑ re.U(re.UNICODE)：使预定字符类 \w \W \b \B \s \S \d \D 取决于 unicode 定义的字符

属性。

❏ re.X(re.VERBOSE)：详细模式。这个模式下正则表达式可以是多行，忽略空白字符，并可以加入注释。

而具体可以支持表达式修饰符的 RE() 函数列表如下。

❏ re.compile(pat, string, flag=0)

❏ re.findall(pat, string, flag=0)

❏ re.match(pat, string, flag=0)

❏ re.search(pat, string, flag=0)

上述方法中的 flag 参数就是用来接收表达式修饰符的，如果要使用多个标识，则格式为：

```
re.I|re.M|re.S|...
```

注意　如果 pattern 需要支持对跨行内容的匹配，需要用到的表达式修饰符为 re.S，而不是 re.M；re.M 只对包含 ^ 和 $ 字符的 pattern 有影响。

11.1.4　其他事项

前面几节主要介绍了 Python 中正则表达式 RE 模块的基本使用，这些操作方法在日常的工作中会被经常使用到；而除了这些基本的操作方法，在使用 RE 模块的时候还有一些其他事项需要提醒下。例如，预编译、贪婪匹配的概念。

在 RE 中的预编译指的是对 pattern 内容进行预编译，其作用是减少匹配时编译 pattern 的次数，从而在整体上提高匹配性能。例如，对于某个 pattern 需要进行多次匹配操作，那么就可以对该 pattern 进行预编译，之后就可以使用编译后的对象进行匹配操作。具体的实现参见如下代码。

```python
#!/usr/bin/env python
# -*- coding: utf-8 -*-
import re

s = "Tina is a good girl , she is cool ,clever, and so on ..."
s2 = "Cats are smarter than dogs"
pattern = r'\w*an\w*'

p = re.compile(pattern)                    ## 预编译
print p.search(s).group()                  ## => and
print p.search(s2).group()                 ## => than
```

上述代码中通过 re.compile 方法对 pattern 进行了预编译，之后就可以通过编译后的 pattern 对象对不同字符串进行匹配了；这样在整个过程中就减少了一次编译过程，而如果需要匹配的字符串有成百上千，则性能将会有一个明显的提升。

除了预编译之外，正则表达式中还有一个贪婪匹配的概念，即默认情况下对于复数匹配符来说，它们会尽可能地匹配到最后一个符合条件的字符。而与之对应的则是非贪婪匹配，即复数匹配符只匹配到第一个符合条件的字符即可。下面通过查看如下代码来理解什么是贪婪匹配与非贪婪匹配。

```python
#!/usr/bin/env python
# -*- coding: utf-8 -*-
import re

s = '<html><head></head><body></body></html>'
print re.search(r'^<.*>',s).group()          ## 默认的贪婪匹配模式
print re.search(r'^<.*?>',s).group()          ## 非贪婪匹配模式
```

上述代码中贪婪匹配的 pattern 中没有对复数匹配符 * 做限制，而非贪婪匹配的 pattern 中在复数匹配符 * 之后添加了一个 "?" 作为标识。运行后的结果如下。

```
<html><head></head><body></body></html>
<html>
```

即贪婪匹配模式会尽可能地匹配整个字符串中最后一个 ">" 字符才返回，同时这也是默认行为；而非贪婪匹配模式下只匹配到第一个 ">" 字符就结束匹配过程，并返回匹配到的结果。

提示　非贪婪匹配模式在日常的工作中会经常运用到，需要牢牢记住并深刻理解；同时需要注意的是，非贪婪匹配模式中的 "?" 必须放在复数匹配符的后面，同时在被限定字符的前面。复数匹配符可以是 "*" 或 "+"。

11.2　XML 读写模块的学习

XML 是可扩展标记语言的简称，大部分读者都应该对 XML 有一定的了解，它是标准通用标记语言的子集，是一种用于标记电子文件使其具有结构性的标记语言。通俗点儿来讲就是可以用来标记和组织结构化文档的语言。XML 有自己的格式和语法定义，这些语法结构的设计主要是用来存储结构化数据的。

通常使用 XML 的一个场景就是，程序 A 把需要存储的结构化数据通过 XML 的语法格式写入到一个文档中，然后程序 B 就可以通过读取这个 XML 文档来获到该结构化数据。换

句话讲可以认为 XML 的设计就是专门用来存储、传输结构化数据的，它可以在不同程序、不同编程语言、不同平台之间进行传输，可以说是不同计算机终端之间的共享信息的载体。

虽然不同终端之间共享信息的方式有很多，例如，类变量、共享内容、管道，甚至是数据库，但并不影响 XML 的出现和存在，因为不同的共享信息方式都有自己的适用场景和范围，XML 的适用范围就是在文件级别提供信息共享。

对于 XML 文件的操作一般只有读和写，在 Python 中可以对 XML 进行读写的模块还是很多的，例如，SAX、DOM、ElementTree 等。不同模块之间在使用和性能上都是有一些差异的，接下来选择一个比较易用的 XML 模块来介绍如何对 XML 文件进行读写操作，这里选择的是 ElementTree 模块。

11.2.1　读取 XML 文档

首先读取 XML 字符内容，ElementTree 模块提供了两种方法分别用来从字符串和文件中读取，如以下代码片段所示。

```
from xml.etree import ElementTree as ET
tree = ET.fromstring('''<?xml version="1.0" encoding="UTF-8"?>
                                    <root></root>''')
tree2 = ET.parse('file_to_read')
```

需要注意的是，fromstring 方法返回的是 XML 内容根节点的 Element 对象，而 parse 方法返回的则是 ElementTree 对象。换种方式理解，可以通过 tree2.getroot 方法得到其 XML 内容根节点的 Element 对象。

在得到 root 节点之后，可以对 XML 文档的子节点进行遍历和检索。对 Element 对象进行遍历的方法有多种，最简单的就是直接遍历 Element 对象，如下代码对 XML 文档进行遍历操作。

```
<?xml version="1.0"?>
<data>
    <country name="Liechtenstein">
        <rank>1</rank>
        <year>2008</year>
        <gdppc>141100</gdppc>
        <neighbor name="Austria" direction="E"/>
        <neighbor name="Switzerland" direction="W"/>
    </country>
    <country name="Singapore">
        <rank>4</rank>
        <year>2011</year>
        <gdppc>59900</gdppc>
        <neighbor name="Malaysia" direction="N"/>
    </country>
```

```
    <country name="Panama">
        <rank>68</rank>
        <year>2011</year>
        <gdppc>13600</gdppc>
        <neighbor name="Costa Rica" direction="W"/>
        <neighbor name="Colombia" direction="E"/>
    </country>
</data>
```

如非特殊说明，本节中接下来的代码中所使用的 XML 内容均以上述内容为准。

```
#!/usr/bin/env python
# -*- coding: utf-8 -*-
from xml.etree import ElementTree as ET

root = ET.fromstring(country_data_as_string)
for child in root:
    print(child.tag, child.attrib)
```

上述代码执行后的结果如下所示。

```
('country', {'name': 'Liechtenstein'})
('country', {'name': 'Singapore'})
('country', {'name': 'Panama'})
```

从结果中可以看出，直接遍历 Element 对象时得到的是其直接孩子节点；如果需要遍历非直接孩子节点的话，则可以使用 iter 方法来实现，具体参见如下代码。

```
#!/usr/bin/env python
# -*- coding: utf-8 -*-
from xml.etree import ElementTree as ET

root = ET.fromstring(country_data_as_string)
for neighbor in root.iter('neighbor'):
    print(neighbor.attrib)
```

上述代码的运行结果如下所示。

```
{'direction': 'E', 'name': 'Austria'}
{'direction': 'W', 'name': 'Switzerland'}
{'direction': 'N', 'name': 'Malaysia'}
{'direction': 'W', 'name': 'Costa Rica'}
{'direction': 'E', 'name': 'Colombia'}
```

同样可以看出，这次遍历的是所有的 neighbor 节点，而 neighbor 节点在 XML 中是 root 节点的孙子节点。有了 iter 方法之后基本上就可以遍历和查找任意子节点了，但是如果只想在直接孩子节点中查找或者过滤的话，那么还可以使用 findall 方法，具体可以参见如下代码。

```
#!/usr/bin/env python
# -*- coding: utf-8 -*-
from xml.etree import ElementTree as ET

root = ET.fromstring(country_data_as_string)
for country in root.findall('country'):
    rank = country.find('rank').text
    name = country.get('name')
    print(name, rank)
```

上述代码的运行结果如下所示。

```
('Liechtenstein', '1')
('Singapore', '4')
('Panama', '68')
```

　　上述代码中除了使用 findall 方法之外，还使用了 find 方法。find 方法与 findall 一样只在直接孩子节点中查找节点名一致的节点，区别在于 find 方法只返回第一个查找到的子节点，而 findall 则返回所有符合条件的子节点。

　　遍历子节点的方法基本就是上述介绍的几种，而当得到具体的 Element 节点之后，就要对节点本身的信息进行读取；Element 对象提供了较友好的信息读取的方法和属性，例如，get 方法可以用来读取节点具体的属性，而 tag 属性则会返回节点的 tag name。具体代码演示可以参见如下代码。

```
#!/usr/bin/env python
# -*- coding: utf-8 -*-
from xml.etree import ElementTree as ET

root = ET.fromstring(country_data_as_string)
country = root.find('country')
print 'tag: ', country.tag
neighbor = country.find('neighbor')
print 'tag: ', neighbor.tag
print 'attrib: ', neighbor.attrib
print 'get name: ', neighbor.get('name')
print 'text: ', country.find('rank').text
```

上述代码的运行结果如下所示。

```
tag:  country
tag:  neighbor
attrib:  {'direction': 'E', 'name': 'Austria'}
get name:  Austria
text:  1
```

11.2.2 写入 XML 文档

11.2.1 节介绍了使用 ElementTree 模块对 XML 内容进行读取操作，本节继续介绍使用 ElementTree 模块对 XML 内容进行修改和新增操作。

首先介绍新建一个 XML 文件的样例，具体的步骤参见如下代码。

```python
#!/usr/bin/env python
# -*- coding: utf-8 -*-
from xml.etree import ElementTree as ET

root = ET.Element('root')

cls1 = ET.SubElement(root, 'class')
cls1.set('name', '101')
cls1.set('num', '60')
cls2 = ET.SubElement(root, 'class')
cls2.set('name', '102')
cls2.set('num', '50')

student1 = ET.SubElement(cls1, 'student')
student1.text = 'Bob'
student2 = ET.SubElement(cls2, 'student')
student2.text = 'Amy'

print ET.dump(root)
et = ET.ElementTree(root)
et.write("grade.xml")
```

上述代码中首先通过 Element 类创建一个 Element 对象，然后再通过 SubElement 类在 root 节点下创建了两个子节点 cls1、cls2，并在这两个节点下分别又创建一个 student 节点；

在创建完节点后还可以通过 set 方法来设置节点的属性，通过给 text 属性赋值来设置节点的文本内容；最后打印了整个 XML 树结构并把内容保存到了 grade.xml 文件中。代码执行之后输出的 XML 内容如下。

```xml
<root>
        <class name="101" num="60">
                <student>Bob</student>
        </class>
        <class name="102" num="50">
                <student>Amy</student>
        </class>
</root>
```

　　XML 文档在生成之后如果有数据需要更新的话，则要基于原来的文档内容进行修改，在 ElementTree 模块中对 XML 文档的更新也非常方便，具体的修改和删除操作参见如下代码。

```
#!/usr/bin/env python
# -*- coding: utf-8 -*-
from xml.etree import ElementTree as ET

et = ET.parse("grade.xml")
root = et.getroot()
for cls in root:
    if cls.get('name') == '101':
        root.remove(cls)                     ## 删除
    else:
        cls.set('update', 'true')            ## 更新属性
        stu = ET.Element('student')          ## 新建
        stu.text = 'Sam'
        cls.append(stu)                      ## 追加

print ET.dump(root)
et.write("grade.xml")
```

　　上述代码中先对之前保存的 grade.xml 文件进行读取，然后遍历 root 下的 class 节点并删除掉 name 为 101 的 class 节点，而对其他 class 节点设置一个 update 属性，同时追加一个 text 为 Sam 的 student 节点；最后把经过修改之后的内容保存到 grade.xml 文件中。其代码执行之后的结果如下所示。

```
<root>
        <class2 name="102" num="50" update="true">
                <student>Amy</student>
                <student>Sam</student>
        </class2>
</root>
```

　　总结来讲，对 XML 文件的操作和更新其实就是对文档中的节点元素进行遍历、查找、更新、保存的过程；在 ElementTree 模块中所有的节点都是同样的 Element 对象，都有统一的操作接口，因此对文档的操作非常简捷和方便。接下来将会介绍另一种数据存储结构形式——JSON。

11.3　JSON 模块的学习

　　11.2 节介绍了 Python 中对 XML 文件的操作，本节介绍同样是数据存储结构的 JSON。

JSON 是 JS 对象标记的简称，它是一种轻量级的数据交换格式。在 JSON 出现之前我们对结构化数据进行存储和传输时通常会用到 11.2 节中介绍的 XML 形式，而 JSON 出现之后就多了一个选择，能用 XML 保存的结构化数据，使用 JSON 同样可以保存。

　　JSON 之所以会出现并流行起来是因为它的轻量级，主要表现在 JSON 的层次结构简洁和清晰，不仅易于人阅读和编写，而且易于机器解析和生成，并有效地提升网络传输效率，相对于处理同样数据量的 XML 文件来说，处理 JSON 的效率会更高，尤其是在处理大文件数据时尤为明显。

　　前面已经提到过 JSON 格式非常适合机器解析和生成，所以在 Python 中对 JSON 的操作也是很简单和方便的；在具体介绍代码操作之前先来了解下 JSON 字符串的语法格式，它主要由两类数据集合组成，一类是用花括号表示的 KV 键值对集合，另一类是用方括号表示的列表集合；并且这两类集合在语法上还可以相互包含。最简单的一个 JSON 字符串可以是如下形式。

```
{"name" : "Lily"}
```

　　即直接用一对大括号括起来的一个键值对，当然也可以添加更多的键值对，如下面的片段所示。

```
{
        "name" : "Lily",
        "age" : 27,
        "sex" : "male",
        "email" : "test@163.com"
}
```

　　甚至在键值对中还可以包含一个列表集合，如下面的片段所示。

```
{
        "name" : "Lily",
        "age" : 27,
        "sex" : "male",
        "email" : "test@163.com",
        "friends" : ["Bob", "Sam", "Grace"]
}
```

　　当然还可以在列表集合里再包含一个键值对集合，这里不再一一列举。通过上面的简单介绍，相信读者对 JSON 字符串有了最基本的了解，那么接下来继续介绍在 Python 中如何生成和解析 JSON 字符串。

11.3.1　JSON 串生成

　　JSON 之所以容易被机器所解析和生成，主要是因为它的数据结构形式与编程语言中

的数据结构非常相似。例如，JSON 中的花括号与
Python 中的字典结构一致，JSON 中的方括号与
Python 中的列表结构一致，而 JSON 集合中的基本
字段又可以与 Python 中的基本数据类型一一对应
上。通过表 11-1 和表 11-2 可以了解 JSON 数据与
Python 数据类型的对应关系。

正是因为有这样的对应关系，所以生成 JSON
串的过程就变成了组装 Python 数据结构的过程。只
要把 Python 的数据结构组装成对应的 JSON 串结构
形式，就可以很容易地得到对应的 JSON 串。例如，
生成一个最简单的 JSON 串，在 Python 中的代码内
容如下。

```
#!/usr/bin/env python
# -*- coding: utf-8 -*-
import json

d = {"name" : "Lily"}
print json.dumps(d)   ## {"name": "Lily"}
```

同样，如果要生成带更多键值对且包含列表集
合的 JSON 串也是非常容易的，具体见如下代码。

```
#!/usr/bin/env python
# -*- coding: utf-8 -*-
import json

d = {
    "name" : "Lily",
    "age" : 27,
    "sex" : "male",
    "email" : "test@163.com",
    "friends" : ["Bob", "Sam", "Grace"]
}
print json.dumps(d)
```

上述代码的执行结果如下所示。

```
{
    "email": "test@163.com",
    "age": 27,
    "friends": ["Bob", "Sam", "Grace"],
```

表 11-1　Python 对象转换到 JSON 数据

Python	JSON
dict	object
list、tuple	array
str、unicode	string
int、long、float	number
True	true
False	false
None	null

表 11-2　JSON 数据转换为 Python 对象

JSON	Python
object	dict
array	list
string	unicode
number(int)	int、long
number(real)	float
true	True
false	False
null	None

```
    "name": "Lily",
    "sex": "male"
}
```

通过上述两段代码的演示，可以很容易发现 Python 的数据结构与 JSON 中支持的数据结构形式基本保持一致，只有在某些基本数据类型上才会有一些区别。

11.3.2　JSON 串解析

11.3.1 节介绍了 JSON 串的生成，其实就是把 Python 数据结构转换成 JSON 串的过程。本节介绍 JSON 串的解析，其实就是 JSON 串生成的逆过程，本质上就是把 JSON 串转换成 Python 数据结构的过程。具体操作过程可以参见如下代码。

```python
#!/usr/bin/env python
# -*- coding: utf-8 -*-
import json

json_str = '''{
    "email": "test@163.com",
    "age": 27,
    "friends": ["Bob", "Sam", "Grace"],
    "name": "Lily",
    "sex": "male"
}'''
d = json.loads(json_str)
print 'name: ', d['name']
print 'email: ', d['email']
```

代码中，直接通过 json 模块的 loads 方法把 JSON 串转换为 Python 的数据结构，之后就可以对 Python 数据结构直接进行操作了。

注意　JSON 串中最外层的集合必须是大括号所代表的 KV 键值对集合，而不能是大括号所代表的列表集合。

11.4　MD5、BASE64 编解码

在 Web API 自动化测试过程中，除了需要对前面几节中特定格式的响应内容进行解析和验证之外，有时候在发送请求之前还需要对请求数据进行加工和处理。例如，请求头 Authorization 的信息数据就需要经过 BASE64 加密方式进行编码。本节介绍下在 Python 中如何对数据内容进行相关的编码与加密。

11.4.1　BASE64 编解码

BASE64 是网络上最常见的用于传输 8 位字节代码的编码方式之一，常用于在 URL、Cookie、网页中传输少量二进制数据。BASE64 编码的基本原理是把原字符串中每 3 个字节作为一组，然后依次对每一小组进行重新规划，由原来的 3 等分平均划分为 4 等分，最后根据划分后的每一个等分中的内容去查询 BASE64 对照表，都会得到一个对应的字符。最直观的感受就是 3 个字符的原字符串经过 BASE64 编码之后将得到 4 个新字符，具体见表 11-3。

表 11-3　BASE64 编码解析

	3 字节组			
原字符串	s	1	3	
对应 ASCII 码	115	49	51	
对应二进制码	01110011	00110001	00110011	
重新划分后	011100	110011	000100	110011
高位补 0	00011100	00110011	00000100	00110011
对应十进制码	28	51	4	51
BASE64 对照表	c	z	E	z

BASE64 编码在每一个语言里都有内置的库，Python 里也是如此，我们可以很方便地直接引用 base64 模块来对字符串进行 BASE64 编码。具体操作参见如下代码。

```
#!/usr/bin/env python
# -*- coding: utf-8 -*-
import base64


s = 's13'
ba64 = base64.b64encode(s)
print ba64                               ## => czEz
print base64.b64decode(ba64)             ## => s13
```

可以看到，上述代码中原字符串 "s13" 的长度为 3，经过 BASE64 编码之后就变成了长度为 4 的内容 "czEz"；同样还可以注意到，把编码之后的内容进行解码就可以得到原始字符串的内容。

注意　如果经过 BASE64 编码之后的内容是准备作为 URL 参数的，那么需要把 b64encode 方法替换为 urlsafe_b64encode 方法。

11.4.2 MD5 加密

11.4.1 节中介绍的 BASE64 编码的特点是可用于少量数据的二进制编码，并且是可以通过解码还原字符串内容的。本节介绍另一种数据加密方式——MD5 加密，它的特点是可以对大量数据进行处理，并且是一个不可逆的过程，即不能通过加密后的内容还原内容。MD5 加密主要使用场景是用于文件完整性的校验。

本质上来讲，MD5 加密其实是一个数据摘要提取的过程，也就是说 MD5 加密后的内容是根据数据本身的特征计算出来的，而不是像 BASE64 那样全文转码而来的，所以 MD5 的加密内容是不可逆的，同时其长度也是始终保持固定的。

在 Python 中对数据进行 MD5 加密也是非常方便的，可以直接使用内置的 MD5 或者 hashlib 模块进行 MD5 的加密操作。具体参见如下代码。

```python
#!/usr/bin/env python
# -*- coding: utf-8 -*-
import hashlib


s = 'this is python book for automation testing'
m = hashlib.md5()
m.update(s)
print m.hexdigest()              ## -> aad8727b5191eb33b048a8a07de45eff

m2 = hashlib.md5()
m2.update(s+' ')
print m.hexdigest()              ## -> ba9a63078189d3b9dd998459a67ea17f
```

上述代码中使用的是 hashlib 模块对字符串进行了 MD5 加密，得到的是一个 32 位长度的加密字符串；而一旦原始字符串内容被改变了，哪怕是只增加了一个空格，在重新进行 MD5 加密的时候，得到的将是一个完全不同的加密字符串。

需要注意的是，update 方法可以被多次调用，并且最后生成 MD5 时使用的数据是所有的 update 数据，而不是最后一次 update 方法传递的数据，具体可以参见如下代码。

```python
#!/usr/bin/env python
# -*- coding: utf-8 -*-
import hashlib


s = 'this is python book for automation testing'
s1 = 'append text'


m = hashlib.md5()
```

```
m.update(s)
m.update(s1)
print m.hexdigest()                 ## -> c4013f8cdb94a80561d4ef697ef96e4d

m2 = hashlib.md5()
m2.update(s+s1)                     ## 拼接后再传递
print m2.hexdigest()                ## -> c4013f8cdb94a80561d4ef697ef96e4d
```

从代码中可以看出，使用两次 update 方法分别传递两个字符串与使用一次 update 方法一次性传递两个字符串的效果是一样。

注意　如果 MD5 加密的字符串中包含中文，那么在传递给 update 方法的时候需要先进行具体的字符编码；即不能是 Python 内置的 unicode 编码，而必须是具体的编码，例如，utf-8 或 gbk 等。因为相同的中文在不同编码的情况下得到的 MD5 值是不一样的，所以需要显式地进行编码操作。

11.4.3　数据序列化

数据序列化在很多的语言中都支持，PHP 中使用的尤其广泛；在 Python 中也是可以直接把内存中的数据对象进行序列化，并存储到磁盘文件中；然后在下一次运行程序的时候直接读取序列化文件到内存，而不需要再重新组装和数据对象了。所以 Python 序列化使用的场景通常是用来存储程序退出之前的中间结果的，尤其是当中间结果需要经过大量计算步骤才能得到的情况。

在 Python 中数据序列化的过程，其实就是把数据对象从内存中 dump 到磁盘文件的过程，因此其序列化文件可以直接加载到内存，并恢复到原始的数据场景。关于 Python 中序列化的操作步骤可以参见如下代码。

```python
#!/usr/bin/env python
# -*- coding: utf-8 -*-
try:
    import cPickle as pickle
except ImportError:
    import pickle

d = dict(name='Bob', age=20, score=88)
with open('file_to_dump.txt', 'wb') as f:
    pickle.dump(d, f)          ## 从内存序列化到文件中
```

```
with open('file_to_dump.txt', 'rb') as f:
    d = pickle.load(f)          ## 从序列化文件中读取到内存
print d    ## -> {'age': 20, 'score': 88, 'name': 'Bob'}
```

  上述代码首先尝试导入 cPickle 模块，如果失败则导入 pickle 模块，因为 cPickle 模块在性能上会更加优秀。其次，通过 dump 方法把数据持久化到文件中，再使用 load 方法把数据重新载入内存中。这就是 Python 中序列化的过程，当然除了能对普通的数据结构进行序列化，还可以对复杂的 Python 对象进行序列化，感兴趣的读者可以自己尝试下。

第 12 章

Python 发送 HTTP 请求

CHAPTER

12

前面的几个章节主要介绍的是 Web API 自动化测试的一些基础概念。掌握了这些基础的概念之后，就可以学习开发脚本来进行 Web API 的自动化测试了。本章开始介绍如何编写 Python 脚本以真正调用 Web API，以及如何验证 Web API 返回的内容。后面的章节将会基于本章所讲解的内容进行扩展和丰富，使其可以更加工具化。

12.1 HTTP 请求发送

Web API 是存在于网络上的服务接口，如果想要调用该 Web 接口，则需要通过网络与之进行通信，本质上就是发送 HTTP 请求并获取响应内容。本节就开始介绍如何利用 Python 发送 HTTP 请求。

在 Python 中可以用来发送 HTTP 请求的模块有很多，内置的模块如 httplib、urllib、urllib2 等；第三方的模块选择性则更大，如 http、httplib2、requests、pyQuery 等。因为 requests 模块在易用性和功能丰富性方面都有很好的支持，所以这里选择以 requests 模块为例介绍如何发送 HTTP 请求。

12.1.1 requests 模块安装

如果按照本书介绍的方式搭建环境，那么安装 requests 模块就变得非常简单，直接使用下面的安装命令即可开始安装。

```
pip install requests
```

安装完成后可以通过 pip list 命令查看是否安装成功，也可以直接进入 Python 的解释器 shell 环境使用 import requests 命令来尝试导入 requests 模块。如果没有报错，则表示 requests 模块已安装成功。安装成功后其显示结果如图 12-1 所示。

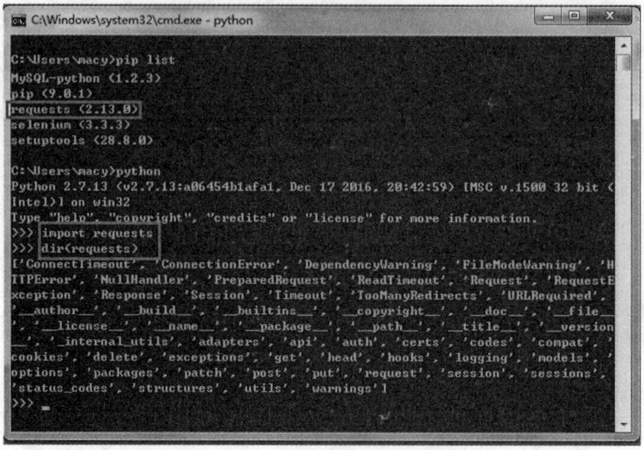

图 12-1 requests 包导入

12.1.2 发送 GET 请求

requests 模块安装完成之后，就可以开始使用该模块了。首先来看如何用 requests 模块来发送 GET 请求。最简单的一个 GET 请求代码如下。

```
import requests
resp = requests.get('https://api.github.com')
```

上述代码中只用了 requests 模块的 get 方法就可以直接发送 GET 请求，而请求发送完之后响应信息被赋值给 resp 变量，接着就可以通过 resp 变量来获取具体的响应内容。例如，通过 status_code 属性获取响应状态码，通过 headers 属性来获取所有的响应头信息，通过 text 属性来获取响应体的文本内容。完整的操作代码如下。

```
#!/usr/bin/env python
# -*- coding: utf-8 -*-
import requests

r = requests.get('https://api.github.com')
print r.status_code
print r.headers['content-type']
print r.encoding
print r.text
print r.json()
```

代码中还可以看到响应体对象的 json 方法被调用了，作用是直接把 JSON 字符串的响应体转换为 Python 对象。使用该方法之前请先确保响应体内容为标准的 JSON 格式。运行代码之后的输出结果如下。

```
200
application/json; charset=utf-8
utf-8
{"current_user_url":"https://api.github.com/user",...}
{u'issues_url': u'https://api.github.com/issues',...}
```

注意　代码中使用的 url 是 HTTPs，如果你的 Web API 是 HTTP，则需要更新 url 为"http://"前缀。

前面发送的是一个默认的 GET 请求，即 url 中没有带特定的参数，而有时候 Web API 的接口是需要带参数的。在 requests 中，如果需要发送带参数的请求，当然不需要自己去拼接 KV 键值对的字符串，可以直接传递一个字典对象给它，剩下的就交给 requests 来处理。具体见如下代码。

```
#!/usr/bin/env python
# -*- coding: utf-8 -*-
import requests

payload = {'key1': 'value1', 'key2': 'value2'}
r = requests.get("http://httpbin.org/get", params=payload)
print r.status_code
print r.url
```

上述代码中的请求地址 http://httpbin.org/get 是一个 HTTP 镜像服务，即它会把发送过去的内容全部返回，通常作为调试 HTTP 请求的工具；而我们代码中打印的 r.url 其实就是我们实际发送过去的 URL 内容，其具体内容如下所示。

```
http://httpbin.org/get?key2=value2&key1=value1
```

可以看出，requests 模块已经把我们传递过去的字典参数转换成了对应的 KV 对字符串。需要注意的是，如果字典参数中有值为 None 的子项，则不会被添加到 url 中作为参数；另外，如果请求参数中某些键有多个值的情况，则可以在字典参数中给该键值赋值一个列表对象，如以下代码所示。

```
#!/usr/bin/env python
# -*- coding: utf-8 -*-
import requests

payload = {'key1': 'value1', 'key2': ['value2', 'value3']}
```

```
r = requests.get("http://httpbin.org/get", params=payload)
print r.status_code
print r.url
```

上述代码的执行结果如下所示。

```
200
http://httpbin.org/get?key2=value2&key2=value3&key1=value1
```

可以看到请求参数中有两个 key2 参数，并且分别赋予参数列表中不同的值。关于 requests 的 GET 请求使用方法就介绍到这里，接下来介绍如何发送 POST 请求。

12.1.3　发送 POST 请求

在 requests 模块中发送 POST 请求跟发送 GET 请求相似，只需直接调用 post 方法即可。例如下面的代码片段。

```
r = requests.post("http://httpbin.org/post")
```

同样地，如果需要发送带请求体的 POST 请求，则可以传递一个字典参数，如下面的代码片段。

```
payload = {'key1': 'value1', 'key2': 'value2'}
r = requests.post("http://httpbin.org/post", payload)
```

到目前为止，发送的参数都是默认的类型，即前面章节中提到的 Content-Type 为 application/x-www-form-urlencoded；而如果想要发送 Content-Type 为 JSON 格式的请求体，那么就要在发送请求之前添加对应的请求头信息。具体的完整代码如下。

```
#!/usr/bin/env python
# -*- coding: utf-8 -*-
import requests, json

payload = {'key1': 'value1', 'key2': 'value2'}
headers = {'content-type': 'application/json'}
r = requests.post("http://httpbin.org/post", json.dumps(payload),
headers=headers)
print r.status_code
print r.text
```

上述代码中主动添加了 Content-Type 请求头信息，并且在传递数据参数的时候把 Python 字典对象转换成了 JSON 串，否则 requests 会自动把 Python 字典对象转换成 x-www-form-urlencoded 形式。此外，还有另一种方法来达到上述代码的效果，具体参见如下代码。

```
#!/usr/bin/env python
# -*- coding: utf-8 -*-
import requests, json
```

```
payload = {'key1': 'value1', 'key2': 'value2'}
r = requests.post("http://httpbin.org/post", json=payload)
print r.status_code
print r.text
```

上述代码中直接把 Python 的字典对象传递给 post 方法的 json 参数，而 requests 在内部会自动地把它转换为 JSON 串，并添加上 Content-Type 请求头信息。可以看到 requests 中发送各类 POST 请求也非常容易！接下来看下如何发送一个带文件的 POST 请求。

12.1.4　发送 multipart/form-data 请求

在第 9 章中提到过，HTTP 的请求体类型大致可以分为三类：Query String、文件分割和其他类型。其中，Query String 指的就是 x-www-form-urlencoded 类型，其他类型指的是包括 JSON、XML 在内的自定义数据类型，这两种请求在 12.1.3 节中分别进行了介绍，而所谓的文件分割类型其实就是 multipart/form-data 类型，这也是本章将要介绍的 POST 请求类型。

multipart/form-data 的 POST 请求跟其他类型的 POST 请求的不同之处在于，它会把指定文件的二进制内容作为请求体的一部分一起发送到服务器端，同时它还要标记字段名、文件名、文件类型等信息，所以它的请求体格式就比其他的 POST 请求体要复杂。具体而言，multipart/form-data 请求体中的不同字段之间是由一个特定内容的分隔符分隔开的，分隔后的每一个小段中就可以独立地描述该字段的各种信息而不会再互相干扰，而这个分隔符则取自请求头中的 Content-Type 字段中。关于 multipart/from-data 请求报文的详细结构请回顾第 9 章中的相关内容。

在 requests 中上传文件的请求也变得非常简单，前面提到的各种分隔符、请求头概念在 requests 中都不需要自己去处理，唯一要做的就是传递文件相关的参数信息即可，如以下代码所示。

```
#!/usr/bin/env python
# -*- coding: utf-8 -*-
import requests

files = {'file': open('report.xlsx', 'rb')}
r = requests.post("http://httpbin.org/post", files=files)
print r.status_code
print r.text
```

在这里只要以二进制的方式打开一个文件句柄，并赋值给一个字段名，再把数据字典对象传递给 post 方法的 files 参数即可。当然还可以指定这个文件段的一些描述信息，例如文件名、文件类型等，具体参见如下代码。

```
#!/usr/bin/env python
# -*- coding: utf-8 -*-
import requests, json

files = {'file':                        ## 字段名
    (
        'test.xlsx',                    ## 指定文件名
        open('report.xlsx', 'rb'),      ## 文件句柄
        'application/vnd.ms-excel',     ## 文件类型
        {'Expires': '0'}                ## 请求头信息
    )
}
r = requests.post("http://httpbin.org/post", files=files)
print r.status_code
print r.text
```

上述代码中显式地指定了文件名、文件类型等。如果没有指定，requests 会根据给定的文件句柄来自动获取这些信息。

12.1.5 发送其他类型请求

在 requests 中除了可以支持前面内容中介绍的 GET、POST 的请求之外，还可以支持几种其他类型的 HTTP 方法，例如 PUT、DELETE、HEADER 等。具体的使用方式参见如下代码。

```
#!/usr/bin/env python
# -*- coding: utf-8 -*-
import requests

r = requests.put("http://httpbin.org/put")
r = requests.delete("http://httpbin.org/delete")
r = requests.head("http://httpbin.org/get")
r = requests.options("http://httpbin.org/get")
```

可以看到一如既往的 requests 代码风格，对于可以支持请求体的方法其使用方法和 POST 方法一致。

12.2 HTTP 请求认证

在此之前，发送的所有 HTTP 请求都是不需要带身份认证的。如果访问的是一个需要身份验证的接口，那么在发送请求的同时，带上合法有效的身份认证信息才能请求成功。

在 Web API 上可以使用的身份认证有许多不同的类型，依据不同的服务提供商的需求，可能会使用不同的身份认证机制，而本节将介绍 requests 中可以支持的几种身份认证形式。

12.2.1　HTTP Basic Auth

Basic Auth 是 Web 上最简单的一种身份认证，它是通过在 HTTP 的 Authorization 请求头中携带经过 BASE64 加密的用户名和密码而实现的一种认证方式。服务端在接收到 HTTP 请求时会读取 Authorization 头信息，并解密其内容，从而获取用户名和密码，之后再去同数据库中的用户名和密码进行验证。

在 requests 中对 Basic Auth 的支持是开箱即用的级别，如以下代码所示。

```
#!/usr/bin/env python
# -*- coding: utf-8 -*-
import requests
from requests.auth import HTTPBasicAuth

r = requests.get('https://api.github.com/user',
                        auth=HTTPBasicAuth('user', 'password'))
print r.status_code
print r.text
```

其中，user、password 需要替换成真实有效的账户和密码，在账户信息正确的情况下会返回与该用户相关的一些基本信息，例如 ID、用户名、头像 url 等。由于 Basic Auth 身份认证比较常用，所以在 requests 中对于 Basic Auth 还有更简单的一种写法，参见如下代码。

```
#!/usr/bin/env python
# -*- coding: utf-8 -*-
import requests

r = requests.get('https://api.github.com/user',
                        auth=('user', 'password'))
print r.status_code
print r.text
```

12.2.2　HTTP Digest Auth

Digest Auth 是摘要式身份认证，也是 Web 上比较常用的一种认证方式。这种形式的认证在客户端第一次请求的时候会进行摘要盘问并返回一组参数，客户端根据这些参数生成摘要响应并附带在下一次请求中，服务器在接收到带有摘要响应的请求时，也要重新计算响应中各参数的值，如果计算出来的结构与客户端一致，则认证成功。

在 requests 中对于 Digest Auth 身份认证的支持也是很方便的，具体实现如以下代码所示。

```
#!/usr/bin/env python
# -*- coding: utf-8 -*-
import requests
```

```
from requests.auth import HTTPDigestAuth

url = 'http://httpbin.org/digest-auth/auth/user/pass'
r = requests.get(url, auth=HTTPDigestAuth('user', 'pass'))
print r.status_code
print r.text
```

其中的 user、pass 同样要替换成真实有效的账户信息。

12.2.3　OAuth 认证

OAuth 认证是目前比较流行的一种身份认证方式，通常用于 Web API 之上。OAuth 认证有 OAuth1 和 OAuth2 两个版本。由于篇幅有限，关于 OAuth 工作流程的更多信息，请参见 OAuth 官方网站 https://oauth.net/。

这里看一下在 requests 中如何直接使用 OAuth1 认证接口，具体实现见如下代码。

```
#!/usr/bin/env python
# -*- coding: utf-8 -*-
import requests
from requests_oauthlib import OAuth1

url = 'https://api.twitter.com/1.1/account/
          verify_credentials.json'
auth = OAuth1('YOUR_APP_KEY', 'YOUR_APP_SECRET',
                'USER_OAUTH_TOKEN', 'USER_OAUTH_TOKEN_SECRET')
r = requests.get(url, auth=auth)
print r.status_code
print r.text
```

其中，只需要把 YOUR_APP_KEY、YOUR_APP_SECRET、USER_OAUTH_TOKEN、USER_OAUTH_TOKEN_SECRET 替换成服务提供商分配的真实值即可。而关于 OAuth2 的认证流程在 requests 中暂未集成，但是可以直接使用 requests_oauthlib 库来完成 OAuth2 方式认证，具体样例请参见官方地址 http://requests-oauthlib.readthedocs.io/en/latest/examples/real_world_example.html。

注意　执行代码之前需要先安装 requests_oauthlib 模块，可以使用安装命令 pip install requests_oauthlib 来进行安装。

12.2.4　自定义认证

除了前面提到过的一些 Web 标准认证方式，某些服务提供商也会提供自定义的认证机制，此时就需要自定义一个认证类支持 requests 模块。假设有一个认证场景是当请求头

isLogin 的值为 True 时就认为身份认证成功（当然不会有这样的场景，举例而已），那么自定义认证的类就可以用如下代码这样写。

```python
#!/usr/bin/env python
# -*- coding: utf-8 -*-
import requests

class MyAuth(requests.auth.AuthBase):
    def __call__(self, r):
        r.headers['isLogin'] = True
        return r

url = 'http://httpbin.org/get'
r = requests.get(url, auth=MyAuth())
print r.status_code
print r.text
```

代码中自定义认证类继承自 requests.auth.AuthBase 类，并且实现了 __call__ 方法，方法体中直接给 request 对象添加上 isLogin 请求头并设置值为 True，而实际在请求发送时就会自动把请求头 isLogin 附带上。

12.3　URL 的编解码

尽管在 requests 中发送数据时已无须再进行 URL 编码，但是作为 HTTP 请求中可能引发请求失败的一个因素，还是应该掌握 URL 的编解码相关知识。

URL 编码指的是一种专门用来打包 Web 表单输入的格式。URL 编码遵循下列规则：每对 name/value 由 & 符分开；而 name/value 之间由 = 符分开。在 name 或 value 中如果出现任何特殊的字符（如汉字）将以百分符 % 加上其十六进制编码表示，当然也包括像 =、& 和 % 这些特殊的字符。其实 URL 编码就是一个字符 ASCII 码的十六进制。

通过 URL 编解码流程可以很容易地理解 URL 编码。首先，Web 客户端（如浏览器）获取需要传输的表单数据并对其进行 URL 编码。得到编码后的数据后再发送给服务器端。服务器在接收到数据后会先对其进行解码的过程，解码之后得到的将是表单里的原始提交数据。具体的数据变化以以下代码所示。

```html
表单数据:
<form action="/" type="GET">
        <input type="text" name="lang" value="python" />
        <input type="text" name="type" value="testing" />
        <input type="text" name="country" value=" 中国 " />
</form>
```

```
URL 编码后:
lang=python&type=testing&country=%E4%B8%AD%E5%9B%BD

URL 解码后:
{
        "lang" : "python",
        "type" : "testing",
        "country" : " 中国 "
}
```

通过上述代码可以看到,普通的 ASCII 码字符(如英文)在编码前后并没有任何改变,而中文字符在编码前后的内容已经改变,"中国"两个中文字符在编码后变成"%E4%B8%AD%E5%9B%BD",% 是 URL 编码的前缀,E4 之类的则是 ASCII 的十六进制表示。

那么在 Python 中如果不使用 requests 发送 HTTP 请求,该怎么给请求数据进行编码呢?答案就是使用 urllib 的 urlencode 方法,同样的请求数据使用 urlencode 编码之后其结果也是一样的,参见如下代码。

```
#!/usr/bin/env python
# -*- coding: utf-8 -*-

import urllib
d = {'lang':'python','type':'testing', 'country' : ' 中国 '}
print urllib.urlencode(d)
```

上述代码的运行结果如下。

```
lang=python&country=%E4%B8%AD%E5%9B%BD&type=testing
```

除了编码,Python 中也有对应的 URL 解码的方法,使用方式也很简单,具体参见如下代码。

```
#!/usr/bin/env python
# -*- coding: utf-8 -*-

import urllib
s = 'lang=python&country=%E4%B8%AD%E5%9B%BD&type=testing'
print urllib.unquote(s)
```

上述代码执行后的结果如下。

```
lang=python&country= 中国 &type=testing
```

可以看到,使用的是 urllib 的 unquotes 方法进行 URL 解码,把字符串中的编码字符替换成了原始字符。

提示　其实还可以使用 urllib 的 quotes 方法对字符串进行编码，刚好与 unquotes 方法效果相反。quotes 方法与 urlencode 方法的区别在于接收的参数形式不同，quotes 接收字符串，urlencode 接收字典对象。

12.4　HTTP 响应内容验证

前面介绍了如何使用 Python 发送各种 HTTP 请求及注意事项，但是作为 Web API 测试来讲，能够发送正确的 HTTP 请求只是完成前半部分工作而已，后半部分的 Web API 测试工作则是对 HTTP 响应内容的验证。接下来将介绍在 Web API 的自动化测试中需要对响应内容进行哪些验证。

12.4.1　状态码验证

在 HTTP 返回的内容中包括三类信息：响应行、响应头和响应体。这三类信息都可以是需要进行验证的对象，而对于响应行而言基本上只对其中的状态码进行验证。

HTTP 中状态码可以分为 5 类，每一类状态码分别代表某一类反馈信息，如下所示。

❏ 1XX（消息）：代表请求已被接受，需要继续处理；通常情况不会出现。

❏ 2XX（成功）：代表请求已成功被服务器接收、理解，并接受。

❏ 3XX（重定向）：代表需要客户端采取进一步的操作才能完成请求。

❏ 4XX（请求错误）：代表客户端看起来可能发生了错误，妨碍了服务器的处理。

❏ 5XX、6XX（服务器错误）：代表服务器在处理请求的过程中有错误或者异常状态发生，也有可能是服务器意识到以当前的软硬件资源无法完成对请求的处理。

并且每一类状态中又有很多细分状态码。例如，200 代表请求成功，响应正常；301 代表被请求的资源已永久移动到新位置；401 代表当前请求需要用户验证或者验证信息错误；500 代表服务器遇到了一个未曾预料的状况，导致了它无法完成对请求的处理（即服务器代码有 Bug）。

在 Web API 自动化测试中，所要验证的也就是这些子状态码。对于发送的正确请求和参数要验证其返回状态码为 200，而对于错误的请求或参数要验证其返回对应的状态码值。

在 requests 中验证状态码的步骤如以下代码所示。

```
#!/usr/bin/env python
# -*- coding: utf-8 -*-
import requests

SUCCESS_CODE = 200
```

```python
r = requests.get("http://httpbin.org/get")
if r.status_code == SUCCESS_CODE:
    print 'success'
else:
    print 'failure'
```

可以直接通过 requests 的 response 对象的 status_code 属性获取到状态码，然后再拿这个状态码与期望的状态码进行等值比较，如果一致则说明验证通过，否则验证失败。

12.4.2　响应头验证

在响应头的验证中主要验证是否包含指定的响应头或者响应头的值是否为期望内容，可能需要进行验证的响应头例如 Content-Type、Location 等。在 requests 中对响应头进行验证的方式可以参见如下代码。

```python
#!/usr/bin/env python
# -*- coding: utf-8 -*-
import requests

PASS = True                                ## 是通过 flag
CHECK_HEADER_ONLY = False                   ## 是否只检查响应头
EXPECT_HEADERS = {                          ## 期望的响应头包含内容
    'content-type': 'application/json'
}

r = requests.get("http://httpbin.org/get")

actual_headers = {}
for k, v in r.headers.items():              ## 把响应头都转为小写
    actual_headers[k.lower()] = v

for K, V in EXPECT_HEADERS.items():
    if K in actual_headers:                 ## 检查期望的 header 是否存在
        if CHECK_HEADER_ONLY:               ## 是否只检查响应头
            pass
        elif actual_headers[K].startswith(V):  ## 检查响应头值
            pass
        else:
            PASS = False
            break
    else:
        PASS = False
        break

if PASS:
    print 'success'
else:
    print 'failure'
```

代码中首先定义了 PASS、CHECK_HEADER_ONLY、EXPECT_HEADERS 这三个变量，分别用来保存测试的结果、定义是否只检查响应头而不检查响应头的值、定义期望包含的响应头及其对应值。其次发送一个请求并通过 response 对象的 headers 属性获取实际响应头信息，此后对实际响应头进行遍历并把响应头的值都转换成小写的。最后遍历期望响应头并验证每一个响应头是否都出现在实际响应头中，并且如果 CHECK_HEADER_ONLY 为 True，则只会检查响应头不会检查响应头的值是否也匹配。

12.4.3　响应体验证

在 Web API 的自动化测试中，虽然有时也会对状态码甚至是响应头进行验证，但响应体的验证才是真正的重点。由于响应体的内容格式多种多样，例如有 XML、JSON 等，而且对于要验证的具体内容在不同的 API 中也是不固定的，因此对于响应体的验证比状态码、响应头的验证要复杂些。

为了能够较高效地对响应体进行验证，需要设计一些通用的验证方式，例如，支持全文匹配、全文检索、正则查询等。而对于具有特定格式的内容也可以设计一些有针对性的验证方式，例如，对于 XML 可以支持 XPATH 检索，对于 JSON 可以支持 JSONPATH 检索等。

本节分别以普通文本、XML 文本、JSON 文本为例，来介绍如何对响应体进行有针对性的验证。

首先来看看对普通文本的检查，大概有三种：全文匹配、全文检索和正则查询。全文匹配就是验证响应体内容必须为指定的内容，多一个符号都不通过；全文检索就是验证在响应体中搜索特定的内容，只要能检索到则表示通过，否则不通过；正则查询则是指可以通过一个正则表达式来匹配响应体内容，如果匹配成功则通过，否则不通过。这三种形式的验证代码如下所示。

```python
#!/usr/bin/env python
# -*- coding: utf-8 -*-
import requests, re

PASS = True
EXPECT_TEXT = u'... 此处替换为完整的响应体内容 ...'
EXPECT_SUBSTRING = u'Host'
EXPECT_REGEX = u'http://.*?/get'

r = requests.get("http://httpbin.org/get")
res = r.text

if res != EXPECT_TEXT:                    ## 全文匹配
    PASS = False

if EXPECT_SUBSTRING not in res:           ## 全文检索
```

```
    PASS = False

if not re.search(EXPECT_REGEX, res):                    ## 正则查询
    PASS = False

if PASS:
    print 'success'
else:
    print 'failure'
```

接着来看看如何对 XML 格式的响应内容进行验证。当然也可以使用上面讲到的三种普通处理方式，但这并不是最优的，因为 XML 是一个结构化的语言，可以支持结构化的解析和查询，通过这个特性可以对 XML 文档进行特定路径内容的查询和验证。具体而言，就是利用 XPATH 进行 XML 文档查询，再对查询到的内容进行常规验证。例如，响应体的内容为如下 XML。

```
<?xml version="1.0" encoding="UTF-8"?>
<product>
        <name>Caffe</name>
        <price>20</price>
        <num>20</num>
</product>
```

假设需要验证商品的价格为 20，则先使用 XPATH 把 price 节点给定位到，再获取该节点的文本内容，验证其文本是否为 20。具体的代码验证操作如以下代码所示。

```
#!/usr/bin/env python
# -*- coding: utf-8 -*-
import requests
import lxml.etree

EXPECT_PRICE = '20'

res = requests.get("http://www.XXmail.com/product?id=100").text

root = lxml.etree.HTML(res)
nodes = root.xpath(u"//product/price")

if nodes and nodes[0].text == EXPECT_PRICE:
    print 'success'
else:
    print 'failure'
```

上面代码中使用 lxml 库，它可以直接支持 XPATH 查询 XML 节点并获取节点的文本内容；如果本机没有安装 lxml，可以通过如下命令来进行安装。

```
pip install lxml
```

如果对 XPATH 还不是很了解，建议先学习 XPATH 定位相关知识。

最后再看看如何验证 JSON 格式的响应内容。同 XML 格式一样，JSON 格式也是结构化的数据，所以同样可以通过工具包很方便地提取指定路径的信息。好比 XML 有 XPATH 一样，JSON 有 JSONPATH，通过安装 JSONPATH 相关的 Python 库，就可以通过 JSONPATH 提取信息，这里使用的是 jsonpath 库，具体的安装命令如下。

```
pip install jsonpath
```

关于 JSONPATH 的语法可以参见 http://goessner.net/articles/JsonPath/ 的介绍，这里演示下如何结合 jsonpath 对 JSON 格式的响应体进行验证。假设请求响应体内容如下。

```
{
    "product": [
        {
            "name": "Caffe",
            "price": "20",
            "num": "20"
        }
    ]
}
```

同样需要验证商品的价格为 20，则具体的验证代码见如下代码。

```
#!/usr/bin/env python
# -*- coding: utf-8 -*-
import requests,json
from jsonpath import jsonpath

EXPECT_PRICE = '20'

res = requests.get("http://xmail.com/product?id=100").text
nodes = jsonpath(json.loads(res), '$.product[*].price')

if nodes and nodes[0] == EXPECT_PRICE:
    print 'success'
else:
    print 'failure'
```

上述代码中，'$.product[*].price' 就是 JSONPATH 的语法。$ 代表根对象，. 用来取字典对象的属性，[] 用来取数组对象的成员，* 表示获取所有数组的所有成员。假如只取第一个商品的价格，则 JSONPATH 为 '$.product[0].price'。

通过本介绍，了解了 HTTP 响应内容可以检查的对象，针对不同的对象使用不同的验证方式，不同的内容使用不同的策略验证。Web API 验证相关的内容先介绍到这里，接下来继续介绍 Web API 自动化测试的其他知识点。

12.5 多线程发送请求

到目前为止,已经可以学习了如何使用 Python 发送一个特定的 HTTP 请求,并且对响应内容进行指定的验证。假设现在有一个需求是持续不断地发送很多 HTTP 请求,最简单的实现方法是设定一个循环,然后在循环内重复地发送 HTTP 请求。再假设我们希望在单位时间内尽可能多地发送 HTTP 请求,那么此时就可以使用多线程来发送请求了。

多线程的设计目的是提高 CPU 的使用率,让 CPU 在执行任务时能够尽可能达到饱和状态。原理是当某个线程在执行任务时有 CPU 等待操作(如 IO、网络等),其他线程就可以获得 CPU 的执行权并进行任务的执行,不让 CPU 有空闲时间。在向 Web API 发送 HTTP 请求时,单个任务执行中就有网络的等待操作(有的也会有磁盘 IO 操作),所以 CPU 在执行任务过程中就有了空闲时间,使用多线程就可以刚好发挥其作用。

从理论上讲多线程可以在单位时间内发送更多的 HTTP 请求,接下来将介绍使用多线程编程来发送 HTTP 请求。在 Python 中要实现多线程有两种方式,一种是函数方式,另一种是类继承的方式,接下来分别具体看看如何实现。

12.5.1 函数式多线程

在 Python 中实现函数式多线程是通过 Thread 方法来实现的,接下来看看如下代码中的使用方式。

```python
#!/usr/bin/env python
# -*- coding: utf-8 -*-
import time, threading

def foo(name):
    thread_name = threading.current_thread().name
    print 'start thread %s with args %s' % (thread_name, name)
    time.sleep(1)
    print 'end thread %s ' % thread_name

print 'thread %s is running...' % threading.current_thread().name
t = threading.Thread(target=foo, args=('hello python',))
t.start()
t.join()                        ## 阻塞主进程
print 'thread %s ended.' % threading.current_thread().name
```

代码中使用 threading.Thread 类来实例了一个新的线程,该方法的 target 参数接收的是一个需要被子线程执行的函数名,而 args 参数则是执行函数时所需要的参数内容;启动线程时需要通过 start() 方法来启动,同时需要通过 join 方法来使主线程等待子线程的执行,否则主线程可能会早于子线程结束。上述代码的运行结果如下所示。

```
thread MainThread is running...
start thread Thread-1 with args hello python
end thread Thread-1
thread MainThread ended.
```

从执行结果中也验证了代码逻辑，默认情况下 Python 会有一个主线程（MainThread）来执行代码，当新建一个线程的时候就会产生一个子线程，而通过 join 方法使得主线程一直在等待子线程的执行结束。

现在再来看下如何使用多线程发送 Web API 请求，首先得有一个发送 API 请求的任务列表，列表里都是需要依次发送的 API 请求和数据，这里假设 API 请求列表内容如下。

```
API_LIST = [
    {
        "url" : "http://httpbin.org/get",
        "method" : "get",
        "data" : {
            "username" : "admin",
            "password" : "changeit"
        }
    },{
        "url" : "http://httpbin.org/post",
        "method" : "post",
        "data" : {
            "username" : "admin",
            "password" : "changeit"
        }
    }
]
```

默认情况下使用单线程执行上述 API 请求列表时，使用的代码内容如下所示。

```
#!/usr/bin/env python
# -*- coding: utf-8 -*-
import requests
from APILIST import API_LIST

def loop_apis(API_LIST):
    for api_data in API_LIST:
        call_api(api_data)

def call_api(api_data):
    url = api_data['url']
    method = api_data['method']
    payload = api_data['data']

    if method=='get':
        r = requests.get(url, params=payload)
    elif method=='post':
```

```
        r = requests.post(url, data=payload)

    code = r.status_code
    if code == 200:
        print 'success'
    else:
        print 'failure'

if __name__ == '__main__':
    loop_apis(API_LIST)
```

上述代码中执行任务列表的只有 Python 默认的主线程（MainThread），如果要使用多线程来执行，则只需修改 if __name__ == '__main__': 语句下的代码内容即可，修改为多线程后的代码见如下代码。

```
if __name__ == '__main__':
    THREAD_NUM = 2                    ## 需要启动的线程数
    STEP = 1                          ## 单线程执行的任务量，默认为1
    API_LEN = len(API_LIST)

    if API_LEN < THREAD_NUM:
        THREAD_NUM = API_LEN
    else:
        STEP = API_LEN / THREAD_NUM
        if API_LEN % THREAD_NUM != 0:
            STEP += 1

    index = 0
    sub_api_list = []
    while index+STEP <= API_LEN:
        sub_api_list.append(tuple(API_LIST[index: index+STEP]))
        index += STEP

    if index < API_LEN:
        sub_api_list.append(tuple(API_LIST[index:]))

    thread_list = []
    for sub_api in sub_api_list:
        t = threading.Thread(target=loop_apis, args=(sub_api,))
        t.start()
        thread_list.append(t)

    for t in thread_list:
        t.join()
```

上述代码中真正与多线程有关的代码只有三行，而前面代码所做的工作主要是为了给多线程平均分配任务；代码会根据设定的线程数和具体的任务数量，来计算单个线程的任务量；最后一次性启动所有线程并阻塞主进程。

12.5.2　类继承式多线程

类继承式多线程与函数式多线程在执行任务的效果上是一致的，但由于类继承式多线程是通过继承 threading.Thread 类来实现的，因此在定制化和可操作性上要更加原生。可以先通过如下代码了解其实现方式。

```
#!/usr/bin/env python
# -*- coding: utf-8 -*-
import time, threading

class Foo(threading.Thread):
    def __init__(self, name):
        super(Foo, self).__init__()
        self.name = name

    def run(self):
        thread_name = threading.current_thread().name
        print 'start thread %s with args %s' % (thread_name, self.name)
        time.sleep(1)
        print 'end thread %s ' % thread_name

print 'thread %s is running...' % threading.current_thread().name
t = Foo('hello python')
t.start()
t.join()
print 'thread %s ended.' % threading.current_thread().name
```

代码中新建了一个继承自 threading.Thread 类的子类，并重写了父类中的 run 方法，随后通过实例这个子类来创建一个子线程。上述代码执行后与单线程时的效果一致。

同样，也可以把代码修改为发送 API 请求，主要是通过修改代码中的 run 方法内容来实现，具体见如下代码。

```
#!/usr/bin/env python
# -*- coding: utf-8 -*-
import threading
import requests
from APILIST import API_LIST

class CallAPI(threading.Thread):
    def __init__(self, api_list):
        super(CallAPI, self).__init__()
        self.api_list = api_list

    def run(self):
        for api_data in api_list:
            self.__call_api__(api_data)

    def __call_api__(self, api_data):
```

```
            url = api_data['url']
            method = api_data['method']
            payload = api_data['data']

            if method == 'get':
                r = requests.get(url, params=payload)
            elif method == 'post':
                r = requests.post(url, data=payload)

            code = r.status_code
            if code == 200:
                print 'success'
            else:
                print 'failure'

    if __name__ == '__main__':
        t = CallAPI(API_LIST)
        t.start()
        t.join()
```

上述代码的执行结果与单线程时效果一致，而如果需要把代码改进为多线程执行，同样只需修改 if __name__ == '__main__': 下的代码内容即可。修改后的内容如下所示。

```
    if __name__ == '__main__':
        THREAD_NUM = 2                      ## 需要启动的线程数
        STEP = 1                            ## 单线程执行的任务量
        API_LEN = len(API_LIST)

        if API_LEN < THREAD_NUM:
            THREAD_NUM = API_LEN
        else:
            STEP = API_LEN / THREAD_NUM
            if API_LEN % THREAD_NUM != 0:
                STEP += 1

        index = 0
        sub_api_list = []
        while index+STEP <= API_LEN:
            sub_api_list.append(tuple(API_LIST[index: index+STEP]))
            index += STEP

        if index > API_LIST:
            sub_api_list.append(tuple(API_LIST[index - STEP:]))

        thread_list = []
        for sub_api in sub_api_list:
            t = CallAPI(sub_api)
            t.start()
            thread_list.append(t)
```

```
for t in thread_list:
    t.join()
```

上述代码只有线程调用的代码不同，其他逻辑都是相同的，最后执行的效果也是一致的。

第 13 章
API 工具设计与实现

在前面的章节中对 Web API 进行了相关介绍，并且对 Web API 的测试技术和方法进行了介绍。针对 Web API 的测试，其实就是对 Web 接口的调用和验证的过程。它不像 UI 测试一样需要单击和操作界面，针对不同的业务场景需要不同的操作步骤，Web API 的测试步骤基本都是一致的，所以它非常适合使用标准化的工具进行测试。

目前市面上针对 Web API 测试的工具也有很多，例如，SoapUI、Postman、JMeter 等。针对常规的 Web API 测试需求，可以直接使用现有的 Web API 测试工具，但事情往往并没有按照希望的那样发展，有时候可能需要一些定制化的需求。例如，用例数据统一管理、用例权限管理，而现有的工具可能没有提供，此时就需要自己开发一些 API 测试工具，本章就开始介绍如何使用 Python 来开发一个通用的 API 测试工具。

13.1 最简单的 API 工具

在此之前对 API 工具的设计与开发已经做了很多的铺垫，例如，API 测试的流程、API 请求的发送、API 结果的验证等，所以很容易发现，其实把前面章节介绍过的知识点集合到一起就是一个简单的 API 测试工具。

首先看一个最简单的 API 测试工具样例，随后基于这个样例工具进行功能拆分和需求完善，逐步完成一个易用的 API 测试工具。样例工具的代码参见如下代码。

```
#!/usr/bin/env python
```

```
# -*- coding: utf-8 -*-
import requests, sys

def demo(url, encoding='utf-8'):
    rsp = requests.get(url)
    rsp.encoding = encoding
    code = rsp.status_code
    txt = rsp.text
    return code, txt

if __name__ == '__main__':
    print demo('https://github.com/timeline.json')
```

　　上述代码实现的 API 功能非常简单，相当于一个没有界面的浏览器功能。它只支持一种 GET 请求，并且只接收请求 URL 和可选的响应内容编码两个参数。运行该代码前只需要修改下 URL 和必要的编码格式即可，运行之后在命令行中会回显响应代码和响应内容。把上述代码的内容保存到文件 demo_api.py 中，在命令行运行效果如图 13-1 所示。

图 13-1　最简单的 API 工具

　　在偶尔使用一次的情况下，可以通过修改代码中的 URL 来访问不同的 API。但是，如果经常性地使用并且需要访问不同的 API 地址，直接使用代码可能就不太方便。此时只需要对代码进行一处小的改动就可以解决这个问题。具体改动的代码为 __main__ 条件以下的部分，修改后的代码参见如下代码。

```
if __name__ == '__main__':
    arg_len = len(sys.argv)
    if arg_len == 1:                        ## 没有参数
        print '缺少请求 url 参数 '
        exit(1)
    elif arg_len == 2:
        code, txt = demo(sys.argv[1])
    else:
        code, txt = demo(sys.argv[1], sys.argv[2])
```

```
print code
print txt
```

新的代码中会直接从命令行来获取请求 URL 和编码，这样每次运行代码时只要附带上对应的参数即可，而无须再修改代码内容。新代码的运行效果如图 13-2 所示。

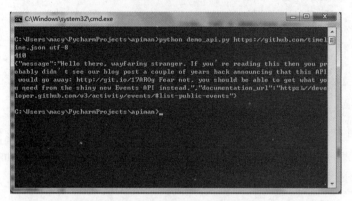

图 13-2　通过命令行获取 API 请求 URL

现在就可以利用这个简单的 API 工具来访问用户的 API，当然目前只能访问接受 GET 方法的 API，如果需要访问支持其他方法的 API，那就继续往下看吧！

13.1.1　请求方法设置

前面实现了一个非常简单的 API 工具，虽然可以访问 API，但是却只能支持 GET 方法的请求；如果想要支持更多的请求方法，就需要对代码功能进行扩展，本节介绍如何支持更多的请求方法。

在前面代码中只实现了 GET 方法的调用，所以，如果想支持更多的方法，则需要在代码中实现对应请求方法的调用。例如，对 POST 方法提供支持，则要在代码中实现 POST 方法的调用，对 PUT 方法提供支持，则需要代码中实现 PUT 方法的调用。代码的主要方法可以直接修改成如下所示。

```python
def demo(url, method='get', data=None, encoding='utf-8'):
    if method.lower() == 'get':
        rsp = requests.get(url, params=data)
    elif method.lower() == 'post':
        rsp = requests.post(url, data)
    elif method.lower() == 'put':
        rsp = requests.put(url, data)
    rsp.encoding = encoding
    code = rsp.status_code
    txt = rsp.text
    return code, txt
```

　　这里把原来的主方法进行了修改，修改后的主方法增加了一个 method 参数，主要用来指定使用哪种请求方法；同时还增加了一个 data 参数，用来指定请求需要发送的数据；之后的代码会根据 method 参数进行判断，并调用对应的请求方法函数。

　　从功能上来讲，上述代码已经实现了支持多种请求方法，作为样例只支持三种请求方法，而实际上可以选择支持更多的请求方法。最简单的实现方式就是继续增加 if 语句判断，但是这样会造成 if 语句过多而导致代码可读性很差，尤其是在增加的请求方法很多的情况下，所以可以对代码再进行一次优化，新的代码如下。

```python
def demo(url, method='get', data=None, encoding='utf-8'):
    method = method.strip().lower() \
        if method and isinstance(method, str) else 'get'
    if hasattr(requests, method):
        func = getattr(requests, method)
        if method in ['post', 'put', 'patch']:
            rsp = func(url, data)
        else:
            rsp = func(url, params=data)
    else:
        rsp = requests.get(url, params=data)
    rsp.encoding = encoding
    code = rsp.status_code
    txt = rsp.text
    return code, txt
```

　　这次更新后对 method 参数进行了验证，如果无效或不合法都会被设置成默认的 GET 请求方法；而如果 method 参数有效，则会从 requests 对象中获取其对应的请求发送函数；并且这里对请求方法进行了分类，POST、PUT、PATCH 可以支持 body 发送请求数据的为一类，其他方法为另一类，这两类在函数调用的参数使用上有区别。

　　新代码更新之后，我们的调用方式也需要同步更新，新的调用示例见如下代码。

```python
if __name__ == '__main__':
    code, txt = demo("http://httpbin.org/post",
                     'post', {'k1': 'v1'})
    print code
    print txt
```

　　提示　http://httpbin.org/post 是一个镜像 API，专门用来接收 POST 请求并回显请求所发送的数据，常用于 HTTP 请求的调试，同类型的还有 GET、PUT 等其他方法的镜像接口。

　　运行新代码之后的返回结果如图 13-3 所示。

图 13-3　POST 方式请求 API

到这里读者可能会发现，之前可以通过命令行指定 URL 参数，那么现在是不是可以通过命令行指定请求方法和数据呢？答案是肯定的。当然我们也需要对命令行参数接收部分的代码进行相应的更新，更新之后就可以同时支持请求 URL、请求方法、请求数据、编码格式等参数。具体代码如下。

```python
if __name__ == '__main__':
    usage = 'Usage: \r\n\t' \
            '%s -u http://www.baidu.com -m get' % sys.argv[0]
    opts, args = getopt.getopt(sys.argv[1:], "hu:m:d:e:")
    url = method = data = encoding = None
    for op, value in opts:
        if op == "-u":
            url = value
        elif op == "-m":
            method = value
        elif op == '-d':
            data = value
        elif op == '-e':
            encoding = value
        elif op == "-h":
            print usage
            sys.exit()
    if url and method:
        code, txt = demo(url, method, data, encoding)
        print code
        print txt
    else:
        print usage
```

由于这次需要接收的参数比较多，所以直接使用 getopt 模块来解析命令行参数，它会根据设定的参数进行解析，这里只设定了请求 URL（-u）、请求方法（-m）、请求数据（-d）、编码格式（-e）、使用帮助（-h）5 个参数的解析；在解析完成之后就可以对参数进行获取和验证，最后使用接收到的参数进行主方法调用。

上述代码的运行效果如图 13-4 所示。

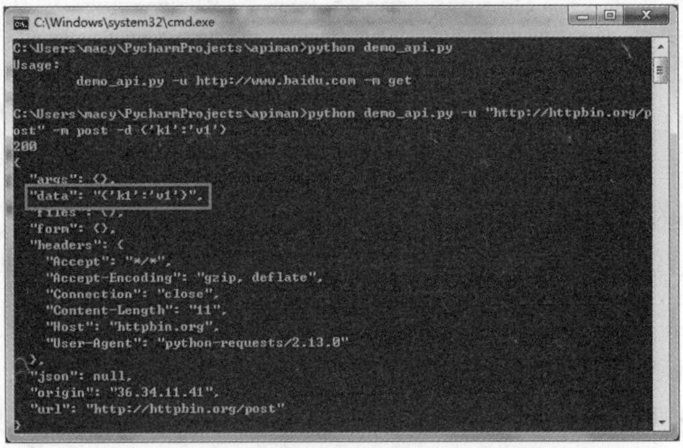

图 13-4　POST 发送 JSON 数据

通过比较图 13-3 和图 13-4 可以发现，虽然表面上看两次请求所发送的数据内容是一样的，但是在回显内容里数据被显示在不同区域；这是因为通过命令行传递过去的参数默认是字符串类型，而在前述代码中传递的则是一个字典对象。所以需要把命令行接收到的数据参数进行一次转换，从字符串类型转成字典类型。具体转换代码如下。

```
...
elif op == '-d':
    try:
        data = json.loads(value)
    except Exception, ex:
        data = value
...
```

在命令行重新执行一次脚本，运行后的结果如图 13-5 所示。

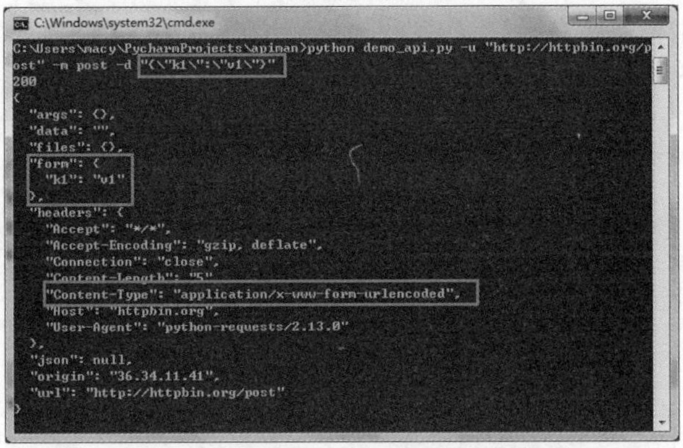

图 13-5　POST 发送普通 form 数据

新的运行结果中请求数据的回显位置与图 13-3 已经一致了，但同时也会发现命令行发送数据时也进行了格式的修改，这是为了满足 JSON 格式和对双引号进行转义。另外，图 13-5 与图 13-4 相比还多了一个 Content-Type 请求头，这是 requests 模块自动添加的，而如果想要主动添加请求头该怎么实现呢？答案请见 13.1.2 节。

13.1.2 请求头设置

通常情况下不会对请求头做过多的设置，只有在某些特定场景下，才会做一些请求头设置。例如，API 只接收 JSON 格式的请求数据，那么就需要把 Content-Type 设为 application/json。本节就来介绍下如何让我们的 API 工具支持请求头的设置。

请求头相对于请求方法更容易设置，因为请求头的设置不需要区分请求类型，所有的请求方式对请求头的设置都是一样的。我们唯一需要做的就是，在运行程序的时候把请求头内容传递进去，然后在主方法中把接收到的请求头发出去即可。

首先，需要添加一个接收请求头内容的参数，由于 -h 已经用于使用帮助了，因此这里请求头的参数可以设定为 -H。为此还需要更改与参数接收相关的代码，具体见如下代码。

```
...
opts, args = getopt.getopt(sys.argv[1:], "hu:m:d:e:H:")
headers = {}
...
elif op == '-H':
    try:
        headers.update(json.loads(value))
    except Exception, ex:
        print 'ERROR: headers format error'
        sys.exit(1)
...
code, txt = demo(url, method, data, headers, encoding)
...
```

该部分代码的主要功能是增加 -H 参数来接收请求头内容，同时还需要把请求头内容传递给主方法，因此主方法的定义也需要进行修改，关键部分的代码修改如以下代码所示。

```
def demo(url, method='get', data=None,
                    headers=None, encoding='utf-8'):
    ...
            rsp = func(url, data, headers=headers)
        else:
            rsp = func(url, params=data, headers=headers)
    else:
        rsp = requests.get(url, params=data, headers=headers)
    ...
```

主方法中添加了一个接收请求头的参数 headers，并且在三处调用具体请求方法的代码行中相应地添加了 headers 参数的传递；再次执行修改后的代码，其效果如图 13-6 所示。

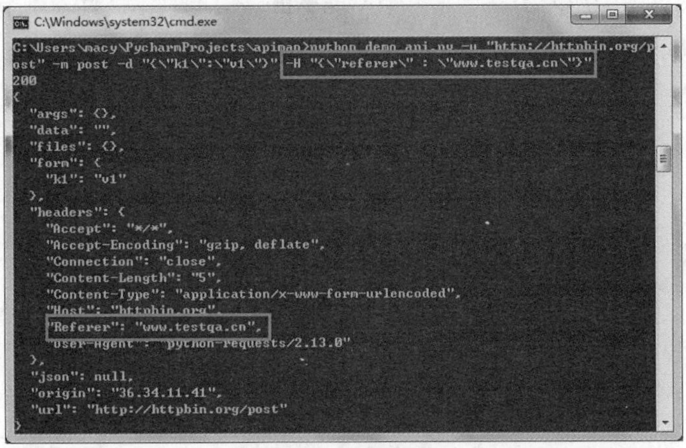

图 13-6　请求头设置

可以看到请求头 Referer 已经被发送成功，而如果希望同时设置多个请求头信息时该怎么办呢？答案是使用多次 -H 参数。例如，同时设置 referer 和 user-agent 请求头信息时，其执行命令与结果如图 13-7 所示。

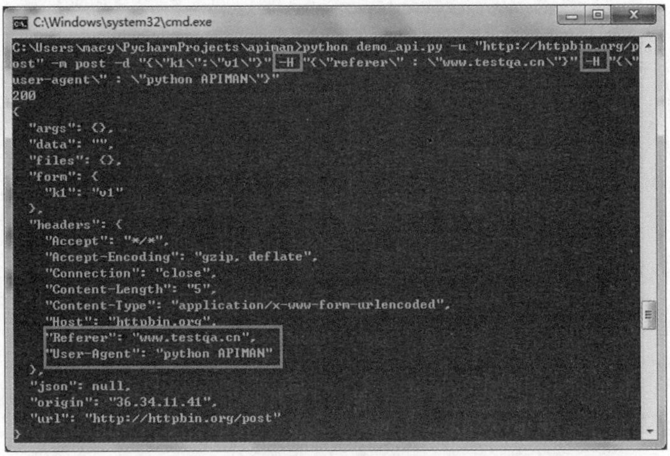

图 13-7　多请求头设置

目前关于请求头设置的内容已经介绍完。这里只是简单介绍从命令行来获取请求头信息，在后面的章节会把所有的请求信息都提取到配置文件当中，如果读者对这部分内容感兴趣，可以直接查阅相关章节。

13.1.3　支持文件上传

在之前的章节中已经提到过 multipart/form-data 类型的 POST 请求，其实这种类型的请求主要用来传输文件到服务器端。无论是 Web 页面上还是 Web API 中经常都会有文件上传的需求，所以对于文件上传功能的支持是一个 Web API 工具的基本属性。本节就来给 API 工具添加文件上传的功能。

　　文件上传功能相对于普通的请求数据要稍微复杂点儿，为了不与普通的请求数据混淆概念，我们需要使用单独的参数来接收文件内容，这里就使用 files 参数。这个 files 参数是一个列表对象，列表的每一个子项都是一个元组对象，代表 multipart/form-data 数据的一个区块。元组子项的内容分别由字段名、文件路径、文件类型组成，其完整格式如下所示。

```
[
        ('images', '/path/to/image.jps', 'image/jpg'),
        ('images', '/path/to/image2.jps', 'image/jpg'),
        ('file', '/path/to/file.txt', 'text/plain')
        ...
]
```

　　在接收到 files 参数之后，会遍历 files 列表并对其进行重新组装，然后在发送请求的时候一并发送给服务器端。关于主方法中的代码修改如下所示。

```
def demo(url, method='get', data=None,
        headers=None, files=None, encoding='utf-8'):
    ...
    if method in ['post', 'put', 'patch']:
        multiple_files = []
        if files:
            multiple_files = warp_files(files)
        rsp = func(url, data, headers=headers,
 files=multiple_files)
    ...

def warp_files(files):
    multiple_files = []
    for ft in files:
        if not isinstance(ft, tuple):
            raise TypeError, "文件子项不是元组类型"
        if len(ft) < 2 or len(ft) > 3:
            raise ValueError, "文件子项长度错误"

        field = ft[0]
        file_path = ft[1]
        file_name = os.path.basename(file_path)
        if len(ft) == 3:
            mime = ft[2]
        else:
            mime = mimetypes.guess_type(file_path)[0]

        t = (field, (file_name, open(file_path, 'rb'), mime))
```

```
    multiple_files.append(t)

return multiple_files
```

通过分析代码后可以知道，demo 方法已经添加了一个 files 参数，并且对这个 files 对象解析重组的过程已经被提取到 warp_files 方法中；在 warp_files 方法中先对 files 对象的子项进行了类型判断，如果类型正确就开始对其子项进行拆分和重组，然后返回重组后的新列表对象；最后主方法在发送请求时附带上了重组后的列表对象。

demo 方法修改完成之后还要继续做一件事，那就是从命令行接收对应参数。这里用 -f 命令行参数来接收待发送文件的信息，-f 参数的格式为 field:path:mimetype，例如：

```
demo_api.py -u url -m post -f file:1.jpg:image/jpg
```

最后根据 -f 的参数格式进行相应解析。关于 -f 参数的解析见如下代码。

```
def parse_args(usage):
    opts, args = getopt.getopt(sys.argv[1:], "hu:m:d:e:H:f:")
    ...
    files = []
    ...
    for op, value in opts:
        ...
        elif op == '-f':
            t = tuple(value.split(':'))
            files.append(t)
        ...
    return {
        'url' : url,
        'method' : method,
        'data' : data,
        'encoding' : encoding,
        'files' : files,
        'headers' : headers
    }
```

这里已经把命令行参数解析相关的代码提取到了独立的方法中，并且添加了 -f 参数的接收与解析代码。具体为把 -f 的参数内容以 : 分隔，并转换为元组类型再追加到 files 列表对象中，即组装成刚开始定义的主方法中的 files 参数的形式。

保存好修改后的代码，在命令行执行下带 -f 参数的 API 请求，效果如图 13-8 所示。

从图中可以看到 Content-Type 已经是 multipart/form-data 类型，并且 files 区域已经回显了响应的内容。

提示　执行 -f 参数的时候注意文件路径一定要正确，可以是相对路径，但最好是填写绝对路径。如果文件路径中包含空格，则直接用双引号把 -f 参数的值都给括起来；如果需要上传多个文件，只要添加多个 -f 参数即可。

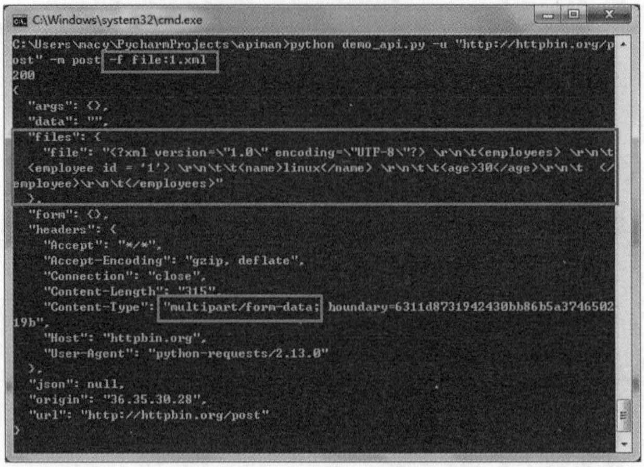

图 13-8　发送请求文件

13.1.4　简单结果验证

目前为止我们已经可以通过自定义的 API 工具来访问大多数 API，基本上日常工作中常见的 API 都可以通过该工具来进行访问和回显内容；但作为一个真正的 API 测试工具而言这还不够，因为它不具有验证结果的能力。所以本节为 API 工具添加一个简单的结果验证功能，让它成为一个基本完整的 API 测试工具。

在前面的工具使用过程中，都是直接把响应内容回显在命令行中，而没有进行任何的检查操作；为了给工具添加结果验证功能，可以把响应内容作为验证对象，并且它也是我们日常 API 测试时的重点验证对象。

在 12.4 节已经介绍过关于响应内容的验证方法，这里就选用最简单的方法——全文检索模式，集成到 API 工具中。如下代码是结果验证的新增方法。

```
def verify_result(code, txt, expect):
    if code != 200:
        print '测试失败：响应代码期望值为 200，实际为 ', code
        return False
    if expect not in txt:
        print '测试失败：响应内容期望包含 %s，实际未包含 ' % expect
        return False
    print '测试通过 '
    return True
```

这个方法中同时验证了响应码和响应内容，对于响应码默认只验证 200 状态，其他非 200 状态都是错误的。而对于响应内容也只是做了一个子字符串查询的验证。相对而言实现逻辑比较简单，但至少 API 工具现在有了验证的功能。关于集成更多验证方法的内容将在后面章节中介绍。

为了保证这个验证方法能够被正常调用，还需要把期望验证的内容传递给该函数。首先需要从命令行来接收期望结果内容，然后传递给主方法，最后再传递给上述代码中的验证方法。运行新代码后的效果如图 13-9 所示。

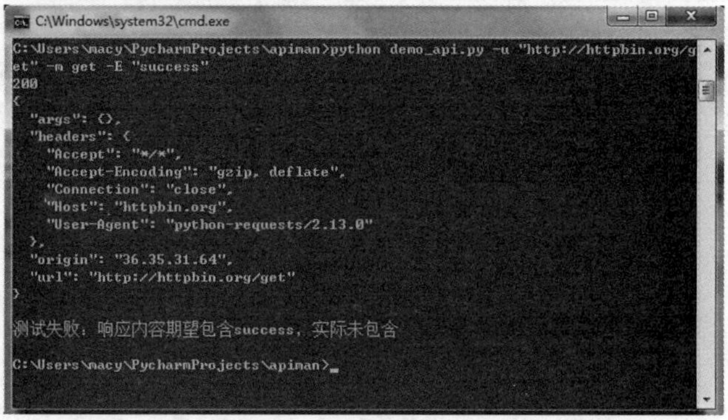

图 13-9　验证期望结果

到此为止，自定义的简单 API 工具已经介绍完毕，完整的工程代码详见 GitHub 网址，后续会继续以这个 API 工具为原型来进行功能的扩展与升级。

13.2　测试数据读取

13.1 节介绍了如何实现一个最简单的 API 测试工具，这个工具虽然已经可以使用，但是在功能完备性和易用性方面还有很多需要完善的地方。在之前的演示中都是通过命令行来执行的，而在实际测试时不可能从命令行逐条执行，而应该是自动读取提前准备好的测试数据。为了能达到这一效果，本节将介绍如何给 API 工具添加一个测试数据读取的功能模块。

实现数据读取模块的设计流程主要如下。

（1）设计测试工具需要的数据及格式。

（2）选定一种数据存储方式，例如，文本存储方式（CSV、XML、JSON 等）、DB 存储方式（SQLite、MySQL、Mongo 等）。

（3）结合存储方式和数据格式来进行功能代码的实现。

13.2.1　测试数据格式

关于测试数据的雏形前面已经出现过，即我们在命令行执行时的参数数据，这些参数中包括请求 URL、请求方法、请求数据、请求头、请求文件、期望结果等 API 测试所需的一系列数据。这些数据已经可以满足我们的测试所需，所以本节中测试数据格式就以这一雏形数据为基础进行设计。

经过对使用到的测试数据进行一个简单罗列，可以得到一个如表 13-1 所示的测试数据格式的表格。

表 13-1 测试数据格式

数据字段	数据类型	备注
请求 URL	枚举类型	必选
请求方法	文本类型	必选
请求数据	字符类型	可选
请求头	字符类型	可选
请求文件	字符类型	可选，文件路径
期望结果	文本类型	必选
结果检查方式	枚举类型	必选
响应编码	字符类型	可选，默认 utf-8

从表 13-1 中可以看到，测试数据字段与第 12 章中命令行参数字段基本保持一致，可以保障大多数情况下的测试需求。接下来针对每一个数据字段分别介绍其格式及内容形式。

❑ 请求 URL：需要访问的 API 地址，如 http://example.cn，https://github.com/timeline.json。

❑ 请求方法：访问 API 的方式，如 GET、POST、PUT、PATCH 等。

❑ 请求数据：进行 POST、PUT 等请求时所需要发送的数据内容，如 { key1：value1，key2：value2}。

❑ 请求头：发送请求时需要设定的特定头信息，如 {Content-Type:application/json}。

❑ 请求文件：进行 POST、PUT 等请求时所需要发送的文件内容，其格式为：字段名：文件路径：文件 MIME 类型，如 file1:/path/to/xx.jpg:image/jpg。

❑ 期望结果：在响应内容中需要检查的期望值，如 success。

❑ 结果检查方式：以何种形式对响应内容进行检查，如 equal、include、jsonpath 等。

❑ 响应编码：响应内容的编码设置，如 utf-8、gbk 等。

测试数据的格式基本上就是上述这几类数据字段组成，这些字段中有些是必选，有些是可选；有些是单选，有些是多选；可以根据具体的测试需要来增删相应的数据字段。

13.2.2 数据存储方式

在测试数据格式与内容确定之后，接下来要确定的就是测试数据的存储方式。关于测试数据的存储，通常有文本和 DB 这两种方式。对于测试数据量较少的场景，可以选择文本存储方式，其特点是使用简单，修改方便；对于测试数据量较大的场景，可以选择 DB 存储方式，其特点是便于管理，结构化能力强。

首先介绍下文本存储的形式，使用文本存储也可以有很多种方式，例如，TXT、CSV、XML、JSON 等，甚至可以直接是 Python 文件。考虑到我们的测试数据有部分字段具有结构化的特性，所以会优先考虑支持结构化的存储方式，例如，XML、JSON 和 Python 文件。这里就以 JSON 文件的形式来进行介绍，其他存储方式可以参考这一形式。

13.2.1 节中已经确定测试数据的具体字段，所以在 JSON 存储时也需要把每个字段都设计在其中，所以第一版的 JSON 格式如下面的代码所示。

```
{
    "url" : "https://github.com/timeline.json",
    "method" : "get",
    "data" : "",
    "headers" : "",
    "files" : "",
    "expect" : "success",
    "checkType" : "include",
    "encoding" : "utf-8"
}
```

这里把之前确定的 8 个数据字段都设计在其中，并且都是顶级命名空间；除了 data、headers、files 这三个结构化数据字段之外，其他都是普通的文本字段。针对这三种结构化的字段，可以通过表 13-2 进行了解。

表 13-2　测试数据形式

数据字段	数据形式	样例值	备注
data	键值对	"k1=v1&k2=v2"	配合 Content-Type=application/x-www-form-urlencoded 请求头使用
	JSON 对象	{"k1":"v1", "k2":"v2"}	
	JSON 串	"{\"k1\":\"v1\", \"k2\":\"v2\"}"	配合 Content-Type=application/json 请求头使用
headers	JSON 对象	{"Content-Type":"application/json"}	单个请求头
	JSON 对象	{"Content-Type":"application/json", "Connection":"keep-alive"}	多个请求头
files	JSON 对象	("fieldName","/path/to/file","image/jpg")	单个文件
	JSON 数组	[("fieldName","/path/to/file","image/jpg"), ("fieldName2","/path/to/file2","image/jpg")]	多个文件

从图中可以看到，这三种数据类型除了是结构化数据之外，还可以支持多种数据形式；之所以这样设计也是考虑到实际的测试场景中会遇到这些真实的需求。所以一个完整的 JSON 存储格式可以如下所示。

```
[{
    "url" : "http://httpbin.org/get",
    "method" : "get",
    "data" : "k1=v1&k2=v2",
    "headers" : {"Content-Type":
                        "application/x-www-form-urlencoded"},
```

```
    "files" : [],
    "expect" : "success",
    "checkType" : "include",
    "encoding" : "utf-8"
}]
```

接下来，再继续探究 DB 方式的存储形式，同样地，DB 存储的具体实现也有很多种选择，例如，SQLite3、MySQL、SQL Server，也可以是 Mongo 这类非关系型数据库。鉴于之前已经介绍过 MySQL 方式的 DB 存储，并且这里的测试数据具有结构化的特性，所以这里选择使用 Mongo 作为 DB 存储实现。

提示 MongoDB 是一个介于关系数据库和非关系数据库之间的产品，是非关系数据库当中功能最丰富，最像关系数据库的。它支持的数据结构非常松散，是类似 JSON 的 BSON格式，因此可以存储比较复杂的数据类型。

由于 Mongo 天然地支持 JSON 格式的数据，因此前面用于文本存储的 JSON 格式可以直接用于存储在 Mongo 中，而无需任何修改。当然，如果准备使用 MongoDB 作为存储，还需要做一些额外的事情，具体的准备步骤如下。

（1）下载和安装 MongoDB 服务。

（2）安装 Python 访问 Mongo 的驱动程序。

（3）为测试数据存储新建一个数据库。

（4）把 JSON 格式的测试数据保存到新建的数据库中。

确定好了存储方式并保存好测试数据之后，剩下的工作就是如何去读取测试数据并一步步地执行 API 测试。

13.2.3　实现数据读取

首先要介绍的是 JSON 文本形式存储的测试数据，读取这类形式的测试数据很方便，直接先读取文本的全部内容，再对其进行反序列化操作即可。具体的代码片段如下。

```
def read_config(fp, encoding="utf-8"):
    with codecs.open(fp, "rb", encoding) as f:
        txt = f.read()
        return json.loads(txt)
```

通过 read_config 方法就可以读取到指定文件路径的 JSON 测试数据，之后再遍历 JSON测试数据列表，获取每一条测试数据并执行对应的测试请求操作。测试数据遍历与测试执行的代码见如下代码。

```
def run(args):
    code, txt = demo(args['url'], args['method'],
```

```
                        args['data'], args['headers'],
                        args['files'], args['encoding'])
    if not args['quite']:
        print code
        print txt
    verify_result(code, txt, args['expect'])

if os.path.exists(config_file):
    test_data = read_config(config_file)
    for data in test_data:
    run(data)
else:
    print 'CONFIG File Not Exist'
    exit(1)
```

上述代码中把调用接口和检查结果的代码提取到 run 方法中，之后对配置文件进行读取、遍历和 run 方法调用，这样就组成了一个完整的测试数据读取和执行的流程。

此外，为了能够灵活读取不同的 JSON 测试数据文件，可以设计从命令行参数来获取具体测试数据文件的路径。为此增加一个命令行参数 -C 来接收测试数据文件的路径，使用 -C 参数执行上述代码配置文件的测试效果如图 13-10 所示。

图 13-10　JSON 数据读取

接下来介绍读取 MongoDB 中的测试数据。首先安装好 Mongo 服务并保存好测试数据，然后确保安装 Mongo 的 Python 库。可以使用下面的命令来安装。

```
pip install mongo
```

现在就可以使用 Python 来读取 MongoDB 中的测试数据了，具体操作 Mongo 的代码如下。

```
def read_mongo(host="127.0.0.1", port=27017,
                          db_name='apiman', collection='testdata'):
    client = MongoClient(host, port)
    db = client[db_name]
    coll = db[collection]
    return coll.find({})                          ## 获取所有记录
```

这里为 Mongo 操作定义了一个 read_mongo 的方法，它可以接收指定的 Mongo 参数，并通过这些参数来获取并返回具体的表数据。这里默认数据库名为 apiman，数据集合为 testdata，如果定义了其他的名称，要记得在调用的时候传递正确的参数。

获取到 MongoDB 中的数据，之后的遍历与执行流程与文本方式基本一致，简要代码如下所示。

```
if db_str.strip() == '*':
    test_data = read_mongo()
else:
    db_info = db_str.split(':')
    try:
        test_data = read_mongo(*db_info)
    except:
        print 'DB Connect Failure'
        exit(2)
for data in test_data:
    data['quite'] = args['quite']
    run(data)
```

同样地，为了能够灵活地读取不同数据库地址，所以为 Mongo 数据库的连接信息也添加了命令行接收参数 -D，使用 -D 参数执行的效果如图 13-11 所示。

图 13-11　DB 数据读取

13.3　测试数据用例化

现在测试工具已经可以支持批量读取测试数据，批量执行测试的功能。可以提前把测试数据设计好，并保存到对应的存储中，最后执行相应的命令行参数即可开始 API 自动化测试。

正如上面所说，现在已经可以满足单一场景的批量执行操作，但在实际的项目实施过程中，可能不需要每一次都完整地执行一遍所有的测试用例，例如，只针对某一个 API 进行了 Bug 修复时，可能只需单独执行一次该 API 相关的自动化用例即可。

此外有些时候可能只想执行某个用例，并且如果测试执行失败，也需要知道是哪条用例执行失败。针对这些实际项目中会发生的场景，目前的测试工具是无法支持的，原因是我们的测试数据只包含发送 HTTP 请求所需要的元数据，而没有与测试用例相关的信息数据。

为了让接口测试数据能够更好地支持规划和管理，需要像管理手工测试用例一样，给接口测试数据添加一些额外的用例信息，这就是测试数据用例化的过程。

13.3.1　用例基本信息

通常一个普通的测试用例都会包含一些基本的信息，例如用例名、优先级、创建者、备注等。为了让接口自动化用例便于辨识，也可以添加上这些基本信息，具体的实现方法就是在每一条测试数据中添加对应的字段即可。增加名称、备注和优先级之后的接口测试用例数据形式如下所示。

```
[{
  "name" : "demo Testing",
  "comment" : "",
  "priority" : 1,
  "url" : "http://httpbin.org/get",
  "method" : "get",
  "data" : "k1=v1&k2=v2",
  "headers" :
{"Content-Type":"application/x-www-form-urlencoded"},
  "files" : [],
  "expect" : "success",
  "checkType" : "include",
  "encoding" : "utf-8"
}]
```

有了这些用例基本信息之后，就可以很方便地辨识每一个测试用例的功能，以及可以很方便地查询出某一条测试用例，或者某一优先级的测试用例。

增加了用例信息之后，主要在用例查询和筛选的时候使用这些信息，为此我们专门给用例名、优先级添加了两个命令行参数 -N 和 -P，通过这两个参数的内容来过滤出需要执行的测试用例。针对名称和优先级过滤的代码片段如下所示。

```
def read_mongo(host="127.0.0.1", port=27017,
  db_name='apiman', collection='testdata', condition={}):
    client = MongoClient(host, port)
```

```
        db = client[db_name]
        coll = db[collection]
        return coll.find(condition)                    ## 获取记录

...
        db_info = db_str.split(':')
        condition = {}
        if test_name:
            partten = re.compile(test_name, re.I)
            condition['name'] = parttern
        if test_priority:
            if not test_priority.isdigit():
                print 'Priority Must Be a Num'
                exit(3)
            condition['priority'] = int(test_priority)
        if condition:
            db_info.append(condition)
        try:
            test_data = read_mongo(*db_info)
        except:
            print 'DB Connect Failure'
            exit(2)
...
```

在上述代码中，首先对 read_mongo 方法进行修改，添加 condition 参数并在查询数据的时候使用该参数进行过滤；其次对命令行传递过来的 test_name、test_priority 进行检查，如果使用了对应的参数则会把参数内容添加到查询条件中；最后传递给 read_mongo 方法。

提示 由于需要使用到查询功能，所以上述代码只适用于使用 MongoDB 的存储方式，且后期与查询功能相关的代码均只支持 DB 存储方式。

针对用例名参数 -N 支持模糊匹配，而优先级参数 -P 只接收整型数字；使用 -N、-P 参数的执行效果如图 13-12 所示。

图 13-12 执行测试用例

13.3.2　用例套件信息

除了测试用例自身的一些基本信息之外，还可以拥有一些扩展信息；这些扩展信息主要用来关联用例之间的关系，例如，相同模块的用例、同一阶段的用例、同一版本的用例等；这些都统一叫作用例套件信息，分别用分类、标签、版本号来表示。

用例套件信息的作用在于，帮助管理不同使用场景的用例集合；单个模块的用例可以规划在同一个分类套件之中；不同测试阶段的用例也可以划分在不同的标签套件中，例如，冒烟测试用例集、集成测试用例集、回归测试用例集。此外，针对具有多版本的被测系统，还需要支持针对版本存储的测试套件。

同测试用例基本信息一样，添加套件信息的方式也是直接在测试数据中增加字段，添加了分类、标签和版本号的测试数据结构如以下代码所示。

```
[{
  "name" : "demo Testing",
  "comment" : "",
  "priority" : 1,
  "category" : "test",
  "tags" : {"smoking" : 1},
  "version" : 1,
  "url" : "http://httpbin.org/get",
  "method" : "get",
  "data" : "k1=v1&k2=v2",
  "headers" :
{"Content-Type":"application/x-www-form-urlencoded"},
  "files" : [],
  "expect" : "success",
  "checkType" : "include",
  "encoding" : "utf-8"
}]
```

上述代码中分别增加了 category、tags、version 三个字段。一个用例只能有一个分类，要么属于这个模块，要么属于那个模块；一个用例可以有多个标签，可以是冒烟测试用例，也可以是回归测试用例；一个用例可以有多个版本信息，不同版本的用例各自拥有独立的测试数据，即版本 1 与版本 2 是两条测试数据。

在增加了字段之后，我们的代码也需要进行相应的修改来支持增加的字段；与基本信息一样，需要接收参数并转换为过滤条件来获取指定测试套件中的用例集合。具体的实现代码片段如下。

```
    ...
if category:
    condition['category'] = category
if tag:
    condition['tags'] = {"$elemMatch":{tag : 1}}
```

```
if version:
    condition['version'] = version
if condition:
    db_info.append(condition)
try:
    test_data = read_mongo(*db_info)
...
```

在命令行参数方面相应地增加了 -c、-t、-v 参数来分别接收 category、tag、version 参数。新参数的命令行使用效果如图 13-13 所示。

图 13-13　测试套件执行

提示　这里的用例套件信息都是基于项目内的用例管理，如果需要使用该工具同时测试多个项目，则可以增加一个 project 字段来区分不同的项目用例。

13.3.3　用例模板信息

如果只看代码中的一条用例数据，不会发现有问题。而当用例数据有很多条的时候，可能就会发现这些用例数据中有大量的重复信息。例如，同一个模块用例的 URL、method、header、encoding 等信息。为了规避重复信息的存在，需要把可能重复的信息都提取出来，存放到一个单独的文件，这个文件就叫作用例模板文件。

使用模板文件的好处是它不仅可以存放公共的用例信息，而且在需要修改公共信息的时候也会非常方便。如果没有提取到模板文件，修改那些相同信息时就需要把所有用例都修改一遍，如果已经使用了模板文件，则只需要修改一次模板文件即可。

模板文件的结构与我们的正常测试数据结构保持一致，这样才能作为基础模板。另外，模板文件中只保存那些功能的用例信息，如前面提到的 url、method、encoding 等；当然还可以创建多个模板，不同模块使用不同的模板文件。

　　为了让模板文件与测试数据分离，需要把模板文件的数据存放在单独的 JSON 文件或者 DB 表中。模板文件的数据结构可以是如下所示。

```
{
  "template1": {
    "url": "http://httpbin.org/get",
    "method": "get",
    "headers": {
      "Content-Type": "application/x-www-form-urlencoded"
    },
    "encoding": "utf-8"
  }
}
```

　　上述代码中定义了一个名为 template1 的模板，该模板只定义了部分必要的用例信息，这些信息在同一个功能模块中很可能被重复使用到；而那些没有定义的信息在不同的用例中通常都会有不同的值。

　　有了模板文件还要使用到这个文件，它是在测试数据读取的时候被用到。具体的使用流程如下。

　　（1）在具体的测试用例数据中找到模板信息，为此给测试用例数据添加一个 template 字段，其值就是具体的模板名称。

　　（2）根据模板名称来获取到模板的具体内容。

　　（3）合并模板数据与具体测试用例数据，并使用合并后的数据来执行接口测试。

　　关于模板数据读取的方法有两个：一个是如代码清单 13-1 中读取 JSON 文件模板的方法，另一个是如代码清单 13-2 中读取 DB 模板的方法。

代码清单 13-1　JSON 文件模板

```
def get_json_template(name):
    templates = read_config(name)
    if name in templates:
        return templates[name]
```

代码清单 13-2　数据库模板

```
def get_db_template(name):
    templates = read_mongo(collection='template',
                           condition={'name' : name})
    if templates and len(templates) > 0:
        return templates[0]
```

读取模板内容之后，需要对其与具体测试数据进行合并操作，这部分的代码操作流程对于文本和 DB 存储形式都是通用的。具体的实现细节如下。

```
def merge_template(data, ttype):
    temp = data.get('template')
    if temp and temp.strip():
        if ttype == 'json':
            template = get_json_template(temp.strip())
        elif ttype == 'db':
            template = get_db_template(temp.strip())
        if template:
            template.update(data)
            data = template
    return data
```

上述代码中定义了一个 merge_template 方法，该方法会检测测试数据中是否有使用模板，如果使用了就会读取对应的模板信息，并以模板信息作为基础进行测试数据合并，最后返回合并后的测试数据。

提示 代码中的 template.update(data) 表示使用 data 字典的数据来覆盖 template 字典的数据，即 template 中没有对应的数据则增加，有对应的数据则更新；也就是说，具体测试用例中的数据优先级要高于模板数据。

13.4 测试流程控制

通常情况下测试流程只需发送请求、验证结果这两个基本步骤即可，而在实际的业务中往往会比这个流程稍微复杂点儿。例如，也许需要在执行某条测试用例之前先准备环境，也许需要在执行测试用例之后恢复环境，甚至是希望根据不同的测试结果来执行不同的后续用例。

针对上面提到的一些场景需求，目前的测试流程还没有考虑进来；为了能够支持这些场景需求，就需要能够对测试的流程进行一些必要的控制。具体而言，就是在目前测试流程的基础上，对每个环节的前后都添加上对应的钩子函数接口，图 13-14 为示意图。

图中右侧部分为目前的测试基本流程，左侧为需要在不同的环节插入的钩子函数接口。从这些接口的名字可以看出，它们与单元测试框架的 setup、trardown 的功能基本相同，即在测试前后进行一些测试支持与操作，让整个测试流程能够符合实际的测试场景的要求。

这些钩子函数接口会在测试流程的特定环节被相应地调用，如果需要在某个环节执行一些测试支持或操作，则直接把操作函数注册到该环节的钩子函数接口即可。例如，在执行 A 用例之前需要先执行 B 用例，则可以把调用 B 用例的函数 C 注册到 A 用例的 Pre-Testing 接口。

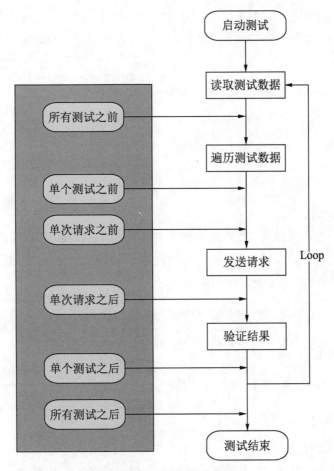

图 13-14　钩子函数设计流程

有了这些钩子函数接口，则前面提到的业务问题都可以得到解决。在请求发送之前需要准备的事情可以注册到 Pre-request 接口，在请求发送之后需要操作的事情可以注册到 Post-request 接口，测试之前的准备可以注册到 Pre-testing 接口，测试之后的操作可以注册到 Post-testing 接口。

13.4.1　钩子函数接口设计

通过前面的分析，可以使用钩子函数接口的方式来解决一些测试问题。本节主要介绍如何设计和定义这些钩子函数的原型。针对不同环节的钩子函数，其函数原型可能是不一样的，接下来一一介绍。

1. Pre-All-Testing 接口

这个接口是在所有测试用例执行之前被调用，由于在测试数据读取之后被调用，所以从该接口可以获取到全部的测试数据信息。另外，在该接口会做一些全局的初始化操作，可能会保存一些初始化的结果，所以该接口需要一个保存上下文信息的对象。该接口具体的设计原型如下。

```
def pre_all_testing_demo(all_test_data, context):
    '''
    all_test_data: 所有的测试数据，list
    context: 测试用例上下文信息，dict
    return: None，所有信息通过上下文来传递
    '''
    pass
```

2. Pre-Testing 接口

这个接口是在获取单条测试数据之后被调用，因此通过该接口可以获取到当前执行用例的测试数据，并且可以获取到当前测试的执行轮次，同样地，贯穿整个测试用例的上下文对象也可以获取到。该接口的设计原型代码如下。

```
def pre_testing_demo(test_data, index, context):
    '''
    test_data: 当前用例的测试数据，dict
    index: 当前用例的执行轮次，int
    context: 测试用例上下文信息，dict
    return: None，所有信息通过上下文来传递
    '''
    pass
```

3. Pre-request 接口

这个接口是在发送请求之前被调用，所以它可以获取到当次用例的请求数据，以及上下文对象。原型如下所示。

```
def pre_request_demo(request_data, context):
    '''
    request_data: 当前请求的测试数据，dict
    context: 测试用例上下文信息，dict
    return: None，所有信息通过上下文来传递
    '''
    pass
```

4. Post-request 接口

这个接口是在请求完成之后被调用，所以它可以获取到请求的响应状态和响应内容。原型如以下代码所示。

```
def post_request_demo(response_code, response_data, context):
    '''
```

```
    response_code: 当前请求的响应代码 , int
    response_data: 当前请求的响应数据 , string
    context: 测试用例上下文信息 , dict
    return: None, 所有信息通过上下文来传递
    '''
    pass
```

5. Post-testing 接口

这个接口在当前测试完成之后被调用，此时已经知道当前用例的执行结果，因此它可以获取到用例执行结果。原型如以下代码所示。

```
def post_testing_demo(result, test_data, context):
    '''
    result: 当前用例的执行结果,boolean
    test_data: 当前用例的测试数据 , dict
    context: 测试用例上下文信息 , dict
    return: None, 所有信息通过上下文来传递
    '''
    pass
```

6. Post-all-testing 接口

这个接口在所有用例执行结束之后才被调用，所以它可以知道所有测试执行的统计结果。设计原型如下代码所示。

```
def post_all_testing_demo(summary, context):
    '''
    summary: 所有测试结果统计信息,dict
    context: 测试用例上下文信息 , dict
    return: None, 所有信息通过上下文来传递
    '''
    pass
```

13.4.2　钩子函数接口调用

设计好钩子函数的接口原型之后，就可以在原测试流程中加入对钩子函数的调用操作。由于钩子函数在不同的环节被调用，需要在原代码的各函数中进行相应修改，所以这里要分开来进行介绍，这里假定钩子函数存放在 hook 模块中。

1. Pre-all-testing 调用

该接口在获取所有测试数据之后调用，所以它的具体调用位置为遍历测试数据之前。在我们的测试工具中有两处测试数据遍历的地方，分别为 JSON 测试数据和 db 测试数据。所以该接口的调用代码片段如下。

```
from hook import *
CONTEXT = {}
...
test_data = read_config(config_file)
[fun(test_data, CONTEXT) for fun in PRE_ALL_TESTING_LIST]
for data in test_data:

...

test_data = read_mongo(*db_info)
...
[fun(test_data, CONTEXT) for fun in PRE_ALL_TESTING_LIST]
for data in test_data:
...
```

代码中 [fun(test_data, CONTEXT) for fun in PRE_ALL_TESTING_LIST] 为调用钩子函数的具体代码，PRE_ALL_TESTING_LIST 为 hook 模块中导入进来的函数列表，该列表中存放着所有的 Pre_all_testing 钩子函数。

2. Pre-testing 调用

该接口在测试数据遍历之后调用，所以它的调用处就在测试数据遍历代码之后，具体见如下代码。

```
test_data = read_config(config_file)
...
index = 0
for data in test_data:
    index += 1
    [fun(data, index, CONTEXT) for fun in PRE_TESTING_LIST]
...
test_data = read_mongo(*db_info)
...
index = 0
for data in test_data:
    index += 1
    [fun(data, index, CONTEXT) for fun in PRE_TESTING_LIST]
...
```

3. Pre-request 接口

该接口在请求发送之前调用，所以其代码调用之处在 HTTP 请求函数内，具体见如下代码。

```
...
def run(args):
    print u' 开始执行测试用例：%s' % args['name']
    request_data = [args['url'], args['method'],
                    args['data'], args['headers'],
```

```
                        args['files'], args['encoding']]
    [fun(request_data, CONTEXT) for fun in PRE_REQUEST_LIST]
    code, txt = demo(*request_data)
...
```

4. Post-request 接口

该接口在请求发送完成之后调用，其代码调用处同样在 run 方法中，具体见如下代码。

```
...
def run(args):
...
    code, txt = demo(*request_data)
    [fun(code, txt, CONTEXT) for fun in POST_REQUEST_LIST]
...
```

5. Post-testing 接口

该接口在验证结果之后调用，所以其代码调用之处同样在 run 方法内，具体见如下代码。

```
...
def run(args):
...
    flag = verify_result(code, txt, args['expect'])
    [fun(flag, test_data, CONTEXT) for fun in POST_TESTING_LIST]
    print u'测试用例执行结束：%s' % args['name']
...
```

6. Post-all-testing 接口

该接口在所有测试用例都执行结束之后调用，其代码调用之处在主方法内，具体见如下代码。

```
...
def main():
...
    summary = {
        'count' : COUNT,
        'pass' : PASS,
        'fail' : FAIL,
        'skip' : SKIP
    }
    [fun(summary, CONTEXT) for fun in POST_ALL_TESTING_LIST]
...
```

13.4.3　钩子函数接口实现

前面已经完成钩子函数接口的设计与调用。这里以调用子用例为例，介绍下如何实现自已的钩子函数。其完成的场景需求为在父用例执行之前先执行子用例，执行成功后才执行父用例。

按照前面的设计，这个需求需要实现 Pre-testing 接口。该接口中可以获取当前执行用例的所有信息，包括需要调用的子用例信息。通过获取到的子用例信息就可以直接执行子用例流程。具体代码实现如下。

```
def pre_case(test_data, index, context):
    if not context['continue']:
        return
    if 'pre_case' in test_data:
        case_name = test_data['pre_case']
        pre_test_data = context['utils'].\
get_test_data_by_case_name(case_name)
        if pre_test_data:
            r = context['utils'].\
                        run_with_data(pre_test_data, index)
            context['continue'] = r
PRE_TESTING_LIST.append(pre_case)
```

代码中新定义了一个函数 pre_case，它接收了当前用例的测试数据、执行轮次、测试上下文环境。函数体内会判断当前用例是否有子用例，如果有子用例则会取出子用例的测试数据，然后使用子用例测试数据来执行一次用例测试，并获取子用例的执行结果；最后会把 pre_case 函数注册到 PRE_TESTING_LIST 列表中，保证该函数会被正常调用。

需要注意的是，context 上下文的内容是需要提前设置好，针对上述代码的内容，其 context 在主模块中应设置的上下文内容如下所示。

```
class utils(object):
    def __init__(self):
        pass
...
CONTEXT = {"continue" : True, "utils" : utils()}
...
def run_with_data(data, index, ttype='db'):
    [fun(data, index, CONTEXT) for fun in PRE_TESTING_LIST]
    if not CONTEXT['continue']:
        return
    data = merge_template(data, ttype)
    return run(data)
CONTEXT['utils'].run_with_data = run_with_data
...
def get_test_data_by_case_name(name):
    condition = {"name" : name}
    test_data = read_mongo(condition=condition)
    return test_data[0] if test_data else None
CONTEXT['utils'].get_test_data_by_case_name=\
```

```
get_test_data_by_case_name
...
```

提示　由于文章篇幅有限，这里 CONTEXT 上下文对象只添加了针对性的内容；而实际工具开发中会把相关可能用到的上下文内容都添加到 CONTEXT 对象中。另外，钩子函数的实现也只是针对单一特定场景，如果希望支持得更通用点儿则需要进行相应逻辑更改。

13.5　测试结果验证

测试结果的验证对于整个测试过程中来讲是非常重要的，如果只执行不验证或者验证结果有误都会导致执行没有意义；虽然前面已经实现过简单的结果验证方法，但为了能更好、更准确地体现测试结果，对于测试结果的验证还可以添加一些多样化验证方法，来针对性地检查不同类型的响应内容。

本节主要介绍常规响应内容的一些验证方法，例如，完全等于、内容包含、正则匹配、JSON 查找等。针对不同的响应内容和验证要求，可以选择不同的验证方法进行验证。例如，少量的固定内容可以使用完全匹配，大量的针对性检查可以使用内容包含或者正则，JSON 格式的内容则可以使用 JSONPath 来检查。

13.5.1　完全匹配

完全匹配的验证方式是最简单的一种测试结果验证方式，它主要检查测试执行的响应内容与期望结果是否完全一致；如果一致则为通过，否则为不通过。这种验证方式一般用于检查固定响应内容的测试用例。

由于结果验证是一个相对独立的功能，且为了便于后期增加其他验证方式，我们把对结果验证的功能都提取到独立的模块，这里的模块名为 Validator.py。只包含一个完全匹配验证方式的结果验证模块的内容如下所示。

```python
#!/usr/bin/env python
# -*- coding: utf-8 -*-

class Validator(object):
    @staticmethod
    def _get_method_mapping():
        return {
            "equal" : Validator._equal
        }

    @staticmethod
```

```
def verify(content, expect, vtype):
    content = content.strip()
    expect = expect.strip()
    func = Validator._get_method_mapping().get(vtype)
    if func and callable(func):
        return func(content, expect)

@staticmethod
def _equal(content, expect):
    return True if content == expect else False
```

代码中新建了一个名为 Validator 的类，该类实现了几个 staticmethod，主方法 verify 是对外提供服务的接口，通过该方法就可以调用到对应的验证方法。verify 方法接收三个参数，分别是响应内容、期望结果、检查方式，其中，检查方式是用来适配不同的验证方法的。

提示　这里使用了 staticmethod 静态方法，是因为我们的调用场景不需要初始化较多的数据，各方法之间功能比较独立，而且每次循环时只调用一次，使用静态方法可减少一次对象实例化过程。

13.5.2　内容包含

内容包含的验证方式是验证响应内容中是否包含期望结果的内容，即在响应内容中进行子字符串的查询。如果期望结果是响应内容的子串，则验证为通过，否则为不通过。这种验证方式比较适用于响应内容部分固定的测试用例，且我们的检查点属于其固定部分。

内容包含的功能实现非常简单，基于前述代码基础，针对内容包含新增的代码内容如下。

```
class Validator(object):
    @staticmethod
    def _get_method_mapping():
        return {
            "equal" : Validator._equal,
            "include" : Validator._include
        }

    @staticmethod
    def _include(content, expect):
        return True if expect in content else False
```

这里又新增了一个 _include 静态方法，其作用就是检查是否有子串包括。另外，还要在适配映射表中注册下新增的 _include 方法。

13.5.3　正则匹配

正则匹配的验证方式主要检查响应内容能否匹配期望结果中的正则表达式。如果能匹配验证通过，否则为不通过。这种验证方式可以用来检查响应内容不固定，但有一定逻辑规律可循的测试用例。

正则匹配功能的实现也比较简单，但需要注意下正则匹配时使用的标识。例如，是否为大小写敏感，是否支持跨行匹配等。具体新增的代码实现如下所示。

```python
#!/usr/bin/env python
# -*- coding: utf-8 -*-
import re

class Validator(object):
    @staticmethod
    def _get_method_mapping():
        return {
            "equal" : Validator._equal,
            "include" : Validator._include,
            "regex" : Validator._regex
        }

    @staticmethod
    def _regex(content, expect):
        r = re.search(expect, content, re.DOTALL)
        return True if r else False
```

这次添加了一个 _regex 静态方法，专门用来检查正则匹配是否通过。这里的匹配标识只使用了 re.DOTALL，表示正则的 . 符号可以支持跨行的内容匹配。另外，因为没有加 re.I 标识，所以正则匹配时是大小写敏感的。

13.5.4　JSONPath

JSONPath 的验证方式主要用于验证 JSON 格式的响应内容，关于 JSONPath 的安装在 12.4 节已经介绍过，这里主要介绍如何把 JSONPath 的验证功能添加到 API 工具中。针对 JSONPath 验证方式的新增代码如下。

```python
#!/usr/bin/env python
# -*- coding: utf-8 -*-
import json
from jsonpath import jsonpath

class Validator(object):
    @staticmethod
    def _get_method_mapping():
        return {
            "equal" : Validator._equal,
```

```
            "include" : Validator._include,
            "regex" : Validator._regex,
            "json" : Validator._json
        }

    @staticmethod
    def _json(content, expect):
        if '|' in expect:
            jpath, value = expect.split('|', 1)
        else:
            jpath, value = expect, None

        try:
            nodes = jsonpath(json.loads(content), jpath)
        except:
            print "响应内容不是 JSON 格式"
            return False

        if nodes:
            if value and nodes[0] != value:
                return False
        else:
            return False
        return True
```

代码中新增了一个 _json 方法进行 JSONPath 的验证，它先对传进来的期望结果进行处理，得到需要检查的 JSONPath 实际路径以及该路径节点所对应的值。当期望结果只有 JSONPath 路径而没有节点值的时候表示只检查节点存在即可，无须检查节点内容；而期望结果同时含有 JSONPath 和节点值时，既要检查节点存在也要检查节点内容。

假设某条测试用例的响应内容为 {"success" : "true"}，则只检查节点的调用方法示例如下。

```
Validator.verify('{"success" : "true"}', "$.success", "json")
```

同时检查节点与节点值的调用方法示例如下。

```
Validator.verify('{"success" : "true"}', "$.success|true", "json")
```

至此，针对 API 测试工具设计的结果验证器已经完成设定的功能，接下来就要把原来的结果验证方法替换为新的结果验证器方法。共有一处修改在 verify_result 方法中，修改前后的代码片段如下。

```
## 原代码检查结果逻辑
if expect not in txt:
    print u'测试失败：响应内容期望包含 %s，实际未包含 ' % expect
    return False

## 替换为新的结果验证器方法
if Validator.verify(txt, expect, ttype):
```

```
        print u'测试通过 '
        return True
    else:
        return False
```

提示　代码中替换为新的结果验证器之后，没有打印测试失败的日志。主要是因为这里的失败类型不止一种，为了能更准确地打印失败信息，测试日志需要在验证器方法内部进行打印；13.6 节会进行相关介绍。

13.6　测试数据记录

对于常规测试而言，每次执行之后都需要有测试文档输出，这里的测试输出文档通常指的是测试结果，此外还可以包括测试日志。测试结果一般会以表格的形式统计汇总出来，并发送给项目相关人员，而测试日志主要用来辅助调试、维护失败的测试用例。

在前面的功能实现中，只对测试结果进行命令行回显，而没有对测试的详细信息进行记录，也没有在测试过程中进行相关日志的记录。本节主要介绍为测试工具添加结果记录和日志记录的相关功能。

13.6.1　结果记录

顾名思义，结果记录主要用来记录测试的执行结果以及测试执行的通过率等相关数据，通过测试结果数据可以辅助我们确定当前系统的可用性、稳定性；如果通过率较高则表示系统的各功能模块都可以正常运行，如果失败率较高则可能是由于版本升级导致的功能异常，持续的较高通过率则表示系统在升级的过程中仍保持着功能稳定性。

通常结果记录中主要记录的信息有：项目名、用例名、用例分类、用例版本、执行结果、执行时间等。而除了这些基本的用例信息之外，还需要一些辅助的信息，例如，每次批量测试执行之后，在准备查看该批次的测试结果时，就需要一个统一的标识来把这一批次的所有测试结果归类到一个集合；否则在众多的测试结果记录历史中，就无法追溯哪些测试结果是需要被查看的。

为了解决这个问题，这里会在每次启动批量测试的时候，新建一个任务名来代表本次测试执行操作；之后在测试结果的每一条记录中会添加上这个任务名字段，这样就可以把同一批次执行的测试结果给关联起来；而这个任务名的默认值就是启动测试的时间戳。

在 API 测试工具中为了记录测试结果信息，需要保存为两个表：task，testresult。task 表用来记录每次执行时新建的任务名，testresult 表用来记录具体的用例执行结果。测试结果记录的实现代码如下。

```
def write_mongo(host="127.0.0.1", port=27017,
db_name='apiman', collection='testresult', record={}):
    client = MongoClient(host, port)
    db = client[db_name]
    coll = db[collection]
    return coll.insert_one(record)          ## 添加记录

def add_task(test_data):
    task_name = test_data.get('task_name', int(time.time())),
    test_data['task_name']=task_name
    info = {'name': task_name}
    write_mongo(collection='task', record=info)

def add_result(test_data):
    result_info = {
        task_name" : test_data.get('task_name'),
        "project_name" : test_data.get('project_name'),
        "testcase_name" : test_data.get('name'),
        "category" : test_data.get('category'),
        "version" : test_data.get('version'),
        "result" : test_data.get('result'),
        "time" : int(time.time())
    }
    write_mongo(record=result_info)
```

代码中新增了 add_task 和 add_result 方法。add_task 方法用来添加任务名，add_result 方法用来添加测试执行结果，它们都接收一个测试数据对象作为参数，并通过该参数获取到测试结果相关信息，最后调用 write_mongo 方法写入到数据库中。

add_task 方法在测试执行之前调用，add_result 方法会在结果检查完之后进行调用，其调用的代码片段如下。

```
...
def run_with_db(args):
    add_task(args)
...
flag = verify_result(code, txt, args['expect'], args['checkType'])
args['result'] = flag                      ## 添加执行结果信息
add_result(args)                           ## 调用添加结果方法
[fun(flag, CONTEXT) for fun in POST_TESTING_LIST]
...
```

除了需要记录每条用例的执行结果之外，在所有用例执行结束之后，还需要对测试结果进行一个统计，例如，用例执行总数、用例执行成功数、用例执行失败数、用例执行跳过数等。这些都是用例执行的概要信息，所以也需要存储到独立的 summary 表中，记录统计信息的流程与记录测试结果相似，具体实现代码如下。

```
def add_summary(task_name, summary):
    info = {"task_name" : task_name}
    info.update(summary)
```

```
        write_mongo(collection="summary", record=info)
```

代码中实现了一个 add_summary 方法，方法中先组装 summary 表的记录信息，再调用 write_mongo 方法写入到 summary 表中。该方法需要在最外层的主方法中调用，具体调用代码片段如下。

```
...
summary = {
    'count' : COUNT,
    'pass' : PASS,
    'fail' : FAIL,
    'skip' : SKIP
}
add_summary(args['task_name'], summary)                ## 调用添加统计方法
[fun(summary, CONTEXT) for fun in POST_ALL_TESTING_LIST]
...
```

13.6.2　日志记录

日志记录主要记录测试过程中的一些状态信息，在这里把日志信息分为两类，一类是只在命令行回显的日志信息，另一类是记录在 DB 中的测试详情信息。

命令行回显的信息记录着当前测试状态，例如，测试开始执行、用例开始执行、请求开始发送、测试通过、测试失败、请求接收等。而 DB 中记录的日志主要为测试结果详情，例如，请求响应内容、期望结果等。

命令行回显的日志之前已经有过打印，而 DB 需要记录测试结果详情还没有实现，这里主要介绍 DB 日志记录的实现。关于 DB 日志需要记录的信息如下。

❑ 执行任务名。

❑ 用例名。

❑ 响应码。

❑ 响应内容。

❑ 期望结果。

❑ 测试失败详情。

其中，执行任务名、用例名与 testresult 表中的记录保持一致，目的就是保证两个表中记录的关联性；响应码和响应内容是后期复查失败原因时的重要参考；测试失败详情是对测试失败原因的直接描述。

为了让测试日志与测试结果的记录相对独立，这里单独使用 testlog 表来存放测试日志信息。测试日志 DB 存储形式的实现代码如下。

```
def add_log(test_data):
    test_log = {
        "task_name": test_data.get('task_name'),
```

```
            "project_name": test_data.get('project_name'),
            "testcase_name": test_data.get('name'),
            "resp_code": test_data.get('resp_code'),
            "resp_text": test_data.get('resp_text'),
            "expect": test_data.get('expect'),
            "checkType": test_data.get('checkType'),
            "msg": test_data.get('msg')
        }
    write_mongo(collection="testlog", record=test_log)
```

该代码需要记录的信息中，除了 resp_code、resp_text、msg 之外，其他信息在原测试数据中都已经包含。这三个信息需要在测试执行过程中动态地获取并设置，resp_code、resp_text 在请求接收之后设置，msg 在结果验证失败时设置。具体设置与调用的代码片段如下。

```
...
code, txt = demo(*request_data)
args['resp_code'] = code
args['resp_text'] = txt
...
flag, msg = verify_result(code, txt, args['expect'],
                          args['checkType'])
args['result'] = flag
args['msg'] = msg
add_result(args)
add_log(args)
...
```

注意　如果需要使用测试数据记录功能，请先确保安装了 MongoDB 服务，并且命令行与 JSON 配置文件形式执行的用例都是单用例模式。该功能模块主要应用于使用 DB 存储测试数据的形式。

到目前为止，关于 API 工具的设计与功能实现都已经介绍完毕。本章先从一个最简单的 API 请求工具开始，逐渐增加并完善与 API 自动化测试相关的功能模块，最后实现了一个具有完整 API 测试功能的基础工具。

本章介绍的 API 测试工具是一个命令行工具，在执行单个 API 测试用例时，既可以通过命令行参数执行，也可以通过 JSON 配置文件参数执行；在多个 API 测试用例执行时则需要通过 MongoDB 来存储测试数据和测试结果。

关于本章中介绍到的相关完整代码可以从 GitHub 来获取，具体地址为：https://github.com/five3/python-Selenium-book/tree/master/apiman。另外，为了方便介绍相关功能的添加流程，在代码整体的结构上并没有做过多的设计，后期会有一个重构版本的发布，想要获取重构版本的读者欢迎加入 http://www.testqa.cn/ 的 "Python Web 自动化测试设计与实现" 小组来索取。

第 14 章

集成为 Web 服务

第 13 章介绍了如何自己实现一个 Web API 的自动化测试工具，并且可以通过命令行来启动批量的自动化测试，最后把测试结果都统一记录到 DB 中。总的来讲，之前的 Web API 测试工具已经可以帮我们实现自动化测试的工作，但是就易用性和效率来讲，之前的工具还是有很多需要改进和提升的部分。例如，测试执行只能通过命令行方式，没有 UI 界面；不能很方便地新建执行用例集；所有测试工程师机器上都需要有一套工具代码和执行环境；不能很方便地查看测试结果等。

为了解决这些问题，可以考虑把 API 工具制作成一个 Web 工具，一方面可以提供所需要的 UI 界面，另一方面可以提供统一的测试服务，并且只维护一套测试工具代码和测试用例数据即可。本章开始就介绍如何把第 13 章的 API 工具集成到 Web 服务中。

14.1 Web 服务简介

在正式介绍如何集成 Web 服务之前，先来了解下什么是 Web 服务。简单来讲，Web 服务就是一种通过 HTTP 进行通信并提供远程服务的技术。在当今的社会中，Web 服务已经是无处不在了，最直接可以感受到的就是通过浏览器上网，或者手机 APP 浏览一些信息，它们都是基于 Web 服务的。

关于 HTTP 的工作流程在之前的章节中已经介绍过了，有需要的读者可以返回之前的章节查看。而本章介绍的 Web 服务就是在 HTTP 之上的具体应用，它的工作原理和 HTTP 的工作流程完全一致，只是本章介绍的 Web 服务是专门为我们的自动化测试所定制的。图 14-1 就是 API 工具服务的工作流程。

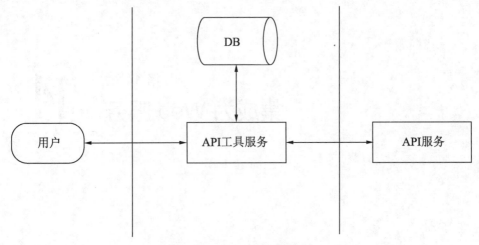

图 14-1　API 工具工作流程

为了让 API 工具可以集成到 Web 服务中，需要先来学习下如何实现一个简单的 Web 服务，而后再介绍如何把 API 工具集成到这个 Web 服务中。实现一个简单的 Web 服务的过程可以分为以下三个步骤。

（1）选择一个 Web 框架。

（2）实现一个快速 DEMO。

（3）框架的基础使用学习。

14.1.1　Web 框架选择

在 Python 中可以选择的 Web 框架有很多，例如，Django、Tornado、Bottle、Flask、web.py、web2py 等。它们当中有的框架功能丰富，有的框架结构灵活，有的框架响应迅速，在不同的场景下可以有针对性地选择它们其中的一个。这里选择的则是 Flask 框架，理由是它对 Web 开发的基础接口都进行了恰到好处的封装，既满足了基础开发需求又不失框架的灵活性；并且相对于开发一个测试工具来讲，Falsk 的学习成本还是可以接受的。

在确定使用 Flask 框架之后，就可以开始安装 Flask 的开发环境了。安装 Flask 可以使用下面的命令。

```
pip install Flask
```

安装结束之后可以进入到 Python 解释器环境，测试下 Flask 是否安装成功，测试成功后的效果如图 14-2 所示。

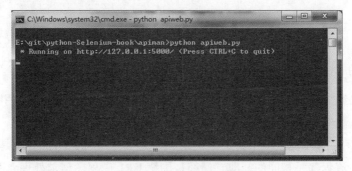

图 14-2　测试 Flask 模块

14.1.2　DEMO 实现

Flask 环境搭建完成之后，就可以来开发第一个 Web 应用了，按照惯例第一个 demo 应该是 Hello World，其示例代码如下。

```
from flask import Flask
app = Flask(__name__)

@app.route('/')
def hello_world():
    return 'Hello World!'

if __name__ == '__main__':
    app.run()
```

把上述代码保存到一个 Python 文件中，这里假设保存到 apiweb.py 文件；然后就可以在命令行启动 Web 服务了，启动后的效果如图 14-3 所示。

图 14-3　启动 Flask 服务

从图 14-3 中启动后回显的信息来看，Web 服务已经正常启动，并且监听的是本地机器的 5000 端口，所以可以在本机通过 http://127.0.0.1:5000/ 这个 URL 来访问该 Web 服务，其效果如图 14-4 所示。

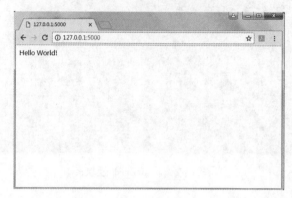

图 14-4　访问 Flask 页面

除了默认的启动参数之外，还可以设定自定义的启动参数。例如，监听的端口默认为 5000，可以根据需要设置为其他端口。同样，默认情况下只有本机可以访问该 Web 服务，其他机器是不可以访问的，如果允许其他机器可以访问则需要设置 host 参数。关于启动参数的设置如下。

```
if __name__ == '__main__':
    app.run(debug=False, host='0.0.0.0', port=8000)
```

通过上述代码启动的 Web 服务就可以被外部机器访问了，并且访问的端口换成了 8000。另外，在启动了 Web 服务之后如果需要停止服务，则可以使用 Ctrl+C 组合键来中断。

提示　在开发环境下可以打开 debug 模式，这样在修改代码的时候 Flask 会自动重载新的代码，而无须通过手动重启服务来生效。另外，debug 模式下如果出现异常还会提供一个非常有用的调试器页面。

14.1.3　框架开发学习

纵然我们已经知道如何可以启动一个 Web 服务，但是作为开发一个可用服务为目标的前提下，我们还需要对 Flask 框架进行更多的学习和掌握。

对于 Web 框架的开发流程来讲，不论是 Java 还是 Python，Django 或是 Flask，它们最终抽象出来的主流程都是相同的，即它们都是围绕 URL 映射、请求处理、返回结果这三大步骤来提供服务的。Web 框架内部的主流程图如图 14-5 所示。

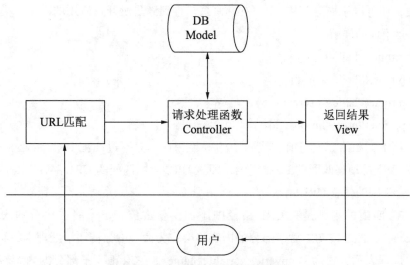

图 14-5　Web 框架使用流程

图中除了 Web 框架开发的三大步骤之外，还有我们经常听到的 MVC 结构，即控制器、视图、数据模型分离的框架结构。基本上现在流行的和最常用的 Web 框架都是基于图 14-5 中的结构来设计和开发的。因此在对任何 Web 框架进行入门学习的时候，都要先从这 4 点开始。

1. URL 映射

URL 映射在 Web 框架中的专业名词叫作路由（Route），它主要的作用就是预先把用户需要访问的 URL 路径与该请求的处理函数进行关联；简单来讲就是每一个 URL 的请求都是要有一个对应的处理函数的，而 URL 和处理方法的对应关系就是通过路由来维护的。

前述代码中就使用了路由，其中与路由相关的代码如下。

```
@app.route('/')
def hello_world():
    return 'Hello World!'
```

代码中 @app.route 就是路由的装饰器，它接收一个 URL 参数来表示可以被访问的地址，而被它所装饰的函数就是该 URL 请求的处理函数。上述代码中所设定的路由映射关系如图 14-6 所示。

图 14-6　URL 映射关系

同样地，还可以添加更多的 URL 映射关系，直到满足所开发应用的需求。类似的 URL 构造还可以是下面的样子。

- ❑ @app.route('/hello')
- ❑ @app.route('/hello/world')
- ❑ @app.route('/hello/<username>')
- ❑ @app.route('/post/<int:post_id>')

其中，第 1 项和第 2 项与前述代码中的效果一样，只不过匹配 URL 路径变长了而已；第 3、4 项属于支持动态匹配的 URL 规则，即该 URL 规则匹配的 URL 路径不是固定的，它可以匹配符合规则的任意 URL 请求。

动态 URL 匹配的规则是在 URL 路径中添加变量占位符，这些占位符的表示方式为 <variable_name>，匹配成功之后这部分的内容将会作为命名参数传递给处理函数。此外，还有另一种占位符表示方式为 <converter:variable_name>，它会把变量部分的内容转换为对应的类型。

第 3 项和第 4 项的 URL 规则分别实现了两种方式的动态 URL 匹配的方式，第 3 项不会转换变量类型，第 4 项会把变量转换为 int 型。如下代码列出了这些 URL 规则的使用方法及可以匹配到的 URL 样例。

```
'''
            可匹配如下样式的 URL
            /hello/Lily
            /hello/Lucy
            /hello/Tom
            /hello/Pony
            ...

'''
@app.route('/hello/<username>')
def show_user_profile(username):
    print type(username)
    return 'Hello %s' % username

'''
            可匹配如下样式的 URL
            /post/1
            /post/2
            /post/3
            /post/4
            ...

'''
@app.route('/post/<int:post_id>')
def show_post(post_id):
```

```
print type(post_id)
return 'Post %d' % post_id
```

提　示　<converter:variable_name> 方式的占位符中，converter 只有三个值可选：int、float、path。其中，int 表示只接受 int 类型的内容，float 只接受 float 类型的内容，path 可以接受带斜线的内容。

---

2. 请求处理函数

所谓的请求处理函数就是路由中与 URL 有映射关系的函数，它专门用来处理对应 URL 的请求。前述代码中的 hello_world 和 show_user_profile、show_post 都是请求处理函数。请求处理函数是承上启下的一个关键点，在这个函数中可以做如下这些事情。

（1）响应 URL 请求。

（2）获取请求的所有信息，包括请求参数、请求头等。

（3）处理业务逻辑。

（4）返回处理结果，包括设置响应头。

在之前的代码中虽然有使用到请求处理函数，但都没有做任何的业务逻辑处理就直接返回了结果；而实际的 Web 服务开发过程中，会根据不同业务需求来处理对应的业务逻辑。例如，一个 Web 服务的需求是根据请求发过来的商品价格和商品数量来计算商品总价，那么请求处理函数就需要针对这个需求进行逻辑运算并返回结果。示例代码如下。

```
from flask import request
...
@app.route('/count')
def count():
    price = request.args.get('product_price')
    num = request.args.get('product_num')
    return price * num
```

从代码中可以看到，我们使用 request.args.get 方法获取到了请求参数，然后再把计算结果返回给请求端；这里默认只能处理 GET 请求，而如果我们希望同时还能处理 POST 请求，那么需要增加 POST 请求相关的代码，修改后的代码内容如下。

```
@app.route('/count', methods=['POST', 'GET'])
def count():
    if request.method == 'GET':
        price = request.args.get('product_price')
        num = request.args.get('product_num')
    else:
        price = request.form.get('product_price')
```

```
        num = request.form.get('product_num')
    return price * num
```

在新的代码中给 route 装饰器添加了 methods 参数，它专门用来指定处理函数可以接受哪些 HTTP 请求方法，默认只接受 GET 方法。另外，我们还添加了对当前请求方法的判断，并根据不同的 HTTP 请求方法来获取对应的请求参数，这是因为 GET 方法和 POST 方法的请求参数需要从不同的对象中来获取。GET 方法的请求参数对象为 request.args，主要接受来自 URL 中的参数，如 ?key=value；POST 方法的请求参数对象为 request.form，主要接受请求体中的参数。

此外，如果你的请求中有文件同时被上传了，则获取文件参数的方法又有所不同；此时需要从 request.files 对象来获取文件参数，具体的示例代码如下。

```
from flask import request
from werkzeug import secure_filename

@app.route('/upload', methods=['POST'])
def upload_file():
    f = request.files['file_field_name']
    f.save('/var/uploads/' + secure_filename(f.filename))
    ...
```

3. 数据库业务操作

数据库业务操作指的是对数据库进行增、删、改、查的操作；这部分的操作并不是始终都需要的，只有在使用数据库的应用中才需要。数据库业务操作是从请求处理函数中提取出来的专门针对数据库操作的业务逻辑，其目的是让普通业务逻辑与数据库业务逻辑相对分离和独立，提高代码的可维护性和可读性。

关于数据库业务操作，不同的框架对其支持的等级是不一样的，例如，Django 直接内置了一个 ORM 来处理数据库相关操作，而 Flask 则没有内置特定的 ORM，所以可以使用任意的第三方库，如针对 MySQL 可以使用 Flask-SQLAlchemy 库，而针对 Mongo 则可以使用 Flask-PyMongo 库。

由于 API 工具使用的是 Mongo 作为存储 DB，所以这里介绍下如何在 Flask 中对 Mongo 进行操作。

首先，需要安装 Flask-PyMongo 库，使用命令 pip install Flask-PyMongo 即可进行安装；接着，就可以在 Flask 中引入并使用 Flask-PyMongo 库了，具体代码如下。

```
from flask import Flask
from flask_pymongo import PyMongo
import json

app = Flask(__name__)
```

```
mongo = PyMongo(app)

@app.route('/', methods=['GET'])
def index():
    active_user = mongo.db.users.find({'status': 'active'})
    return json.dumps(active_user)
```

在代码中使用 mongo = PyMongo(app) 来获取 Mongo 数据库实例对象，然后在 index 处理函数中对该对象的 users 集合进行了一次查询操作，查询条件为 status 字段为 active 的记录，最后返回查询结果。

细心的读者可能会发现，这里并没有设置任何的 Mongo 数据库连接信息，为什么也能查询到结果呢？其实上述代码中的内容是需要在一个默认的前提下才能执行成功。这个前提是假设 Mongo 数据库服务安装在本机，并且监听的是 27017 端口，此外还需要有一个名字为 app.name 的数据库和名字为 users 的集合。

那么问题来了，如何连接一个已经存在的且结构已知的数据库呢？答案就是通过 app.config 对象来设置具体的 Mongo 连接信息。基本的 Mongo 连接设置如下。

❑ MONGO_HOST：Mongo 服务所在 IP。

❑ MONGO_PORT：Mongo 服务监听的端口。

❑ MONGO_DBNAME：需要连接的 Mongo 数据库名。

❑ MONGO_USERNAME：Mongo 数据库登录名。

❑ MONGO_PASSWORD：Mongo 数据库登录密码。

所以如果现在希望连接本地机器、默认端口 Mongo 服务的 apiman 数据库，则需要配置的 app.config 示例如下。

```
app = Flask(__name__)
app.config['MONGO_HOST'] = '127.0.0.1'
app.config['MONGO_PORT'] = 27017
app.config['MONGO_DBNAME'] = 'apiman'
mongo = PyMongo(app)
```

此外，更简洁的配置方式还可以如以下代码所示，效果是一样的。

```
app = Flask(__name__)
app.config['MONGO_DBNAME'] = 'apiman'
mongo = PyMongo(app)
```

因为我们连接的是本地机器的默认端口，所以可以不用设置而直接使用默认值即可。当数据库连接信息设置正确之后，就可以在所有的请求处理函数中直接使用 mongo 对象了，并且 mongo.db 代表的就是连接时设置的数据库对象，这里就是 apiman 数据库对象。

所以当我们需要查询 apiman 数据库中的 testresult 集合中的记录时，就可以使用下面的语句来查询。

```
mongo.db.testresult.find({})
```

关于更多 Mongo 数据库操作的样例，在后面的 Web 服务开发章节会继续介绍。这里只要先了解下在 Flask 中如何配置和使用 Mongo 即可。

4. 处理结果返回

当用户请求的业务逻辑被处理结束之后，就可以向请求端反馈处理后的结果；返回的具体内容需要根据不同的业务需求来定制，例如，可以返回纯文本符串，也可以返回 HTML、JSON 等字符串，甚至可以返回一个空串或者是一个文件。

在前面的样例代码中返回的内容基本都是纯文本类型的，所以可以直接在请求处理函数中返回即可，最简单的结果返回可以是如下所示的形式。

```
@app.route('/')
def index():
    return 'Hello World'
```

这里返回的就是纯文本内容，并且每次返回的文本内容都是固定的；如果希望返回的内容和请求的数据有关联的话，也是可以根据请求内容返回动态结果的。具体看如下代码。

```
@app.route('/<name>')
def index(name):
    return 'Hello %s' % name
```

上述代码会根据请求路径的内容来返回对应的结果，例如，访问的 URL 为 /lily，则返回的内容为 Hello lily。运行该代码之后浏览器访问效果如图 14-7 所示。

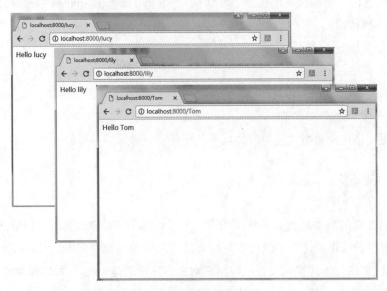

图 14-7　动态参数运行效果

当然，也可以返回 HTML 内容，这样就可以在浏览器中被正确地渲染出效果；和前面一样，HTML 内容也是可以直接返回，示例代码如下所示。

```
@app.route('/<name>')
def index(name):
    return '<h1>Hello %s</h1>' % name
```

代码中把返回内容添加到 HTML 标签中，就可以组成 HTML 格式的内容，然后再返回该 HTML 内容。浏览器执行后的效果如图 14-8 所示。

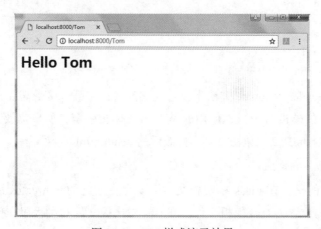

图 14-8　CSS 样式演示效果

同样地，使用相同的方式还可以返回 JSON、XML 等格式的返回结果。看上去我们已经可以返回任意类型的结果了，但是实际上还有一个问题没有解决，那就是如果返回内容非常多，还是直接在请求处理函数中拼接字符串来返回结果的话，那么请求处理函数就会变得非常臃肿。

对于这种情况，需要把返回结果的内容存放到独立的文件中，然后在请求处理函数中根据文件路径来读取具体内容，最终返回读取到的结果内容。所以之前的代码可以改成如下形式。

```
##result.html
<h1>Hello %s</h1>

##apiweb.py
@app.route('/<name>')
def index(name):
    return open('result.html', 'r').read() % name
```

这里把需要返回的结果字符串提取到 result.html 文件，在真正返回结果的时候就会读取 result.html 文件中的内容，并且在格式化之后返回给请求端；这样即使需要返回的内容非常多，也不会影响请求处理函数中代码的可读性，并且在修改 result.html 文件时也无须修改代码。而这就是 Web 框架中模板渲染技术的原型。

在 Flask 中需要使用模板渲染技术，只要引入 render_template 方法即可，通过该方法我们也可以通过文件名就将文件中的内容返回给请求端。render_template 方法的使用示例如下。

```
from flask import Flask
from flask import render_template

app = Flask(__name__)

@app.route('/<name>')
def index(name):
    return render_template('result.html', name=name)
```

上述代码中，render_template 方法不仅接受文件名，还可以接受需要格式化的变量作为参数。另外，Flask 的模板渲染技术使用的是 JinJia2 模板引擎，所以需要把 result.html 文件中的内容修改为符合 JinJia2 的语法规则，修改后的 result.html 内容如下。

```
<h1>Hello {{name}}</h1>
```

最后需要注意的是，在 Flask 中模板文件需要存在指定的 templates 目录下，这样才能保证 Flask 有明确的位置去查找模板文件。在本文中模板文件和主程序文件的位置情况如下所示。

```
/apiweb.py
/templates
    /result.html
```

提示 JinJia2 是一个非常优秀的模板引擎，在很多的开源项目中被使用。关于更多的 JinJia2 模板的语法可以参见其官方网站，这里由于篇幅原因就不再逐一介绍了，其官网文档地址为：http://docs.jinkan.org/docs/jinja2/。

14.2 Web 上启动用例执行

在我们学习和掌握了基本的 Web 服务开发技能之后，接下来就可以开始把 API 命令行工具转成 API Web 工具。本节需要达到的目标是，可以通过 Web 页面来启动 API 测试，达到与命令行启动测试同样的效果。

为了实现这一目标，计划需要做的事项列表如下。

（1）实现一个页面接收运行参数。

（2）实现一个接口根据运行参数启动测试。

在实现具体的业务逻辑之前，需要把 Web 服务的基础结构搭建起来。首先，需要设计三个 URL，并且把它们绑定到对应的请求处理函数；其次，还要设置好相关的配置信息，例如，Mongo 的连接信息；最后，测试所有的 URL 访问都能正常返回内容。依据这些要求，Web 服务开发的基础代码如下。

```
##index.html
<h1>I am in index</h1>


##results.html
<h1>I am in results</h1>


##apiweb.py
from flask import Flask
from flask import render_template
from flask_pymongo import PyMongo

app = Flask(__name__)
app.config['MONGO_DBNAME'] = 'apiman'
mongo = PyMongo(app)

@app.route('/')
def index():
    return render_template('index.html')

@app.route('/testing', methods=['POST'])
def testing():
    return ""

@app.route('/results')
def status():
    return render_template('results.html')

if __name__ == '__main__':
    app.run(debug=True, host='0.0.0.0', port=8000)
```

与之对应的文件目录结构如下。

```
/apiweb.py
/templates
    /index.html
            /status.html
```

上述代码启动后，在浏览器执行的效果如图 14-9 所示。

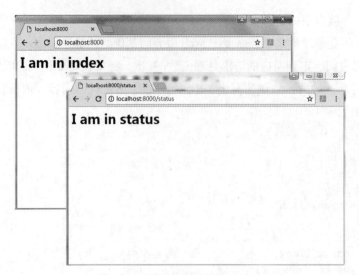

图 14-9　不同访问路径演示效果

14.2.1　运行参数接收

有了这个基础开发结构之后，我们就可以基于此来开发我们的具体业务了。本节需要实现的目标是在 Web 上来执行 API 测试。

首先要实现的是通过 Web 页面来接收测试运行参数，这部分的工作本来是从命令行传递的，现在有了 Web 页面之后就可以通过页面来接收了；所以 Web 页面上需要接收的参数与命令行接收的参数基本保持一致，需要接收的参数列表如下。

❑ url：请求 URL。

❑ method：请求方法。

❑ data：请求数据。

❑ headers：请求头信息。

❑ files：请求二进制文件。

❑ encoding：请求响应编码。

❑ check_type：期望结果检查方式。

❑ expect：期望结果。

❑ db_str：测试用例数据库连接信息。

❑ test_name：测试用例名过滤条件，仅用于 db_str 选项。

❑ test_priority：测试用例优先级过滤条件，仅用于 db_str 选项。

❑ category：测试用例分类过滤条件，仅用于 db_str 选项。

❑ tag：测试用例标签过滤条件，仅用于 db_str 选项。

❑ version：测试用例版本过滤条件，仅用于 db_str 选项。

针对上述罗列的参数可以把它们分为两类：一类是用于单个用例测试场景的，其参数有 url、method、data、headers、files、check_type、expect、encoding；另一类是用于批量用例测试场景的，其参数包括 db_str、test_name、test_priority、category、tag、version。

根据分析得出的需求，接收测试参数的界面应该由两部分组成，一部分是单用例测试区，另一部分是批量用例测试区，所以最终页面效果应该如图 14-10 所示。

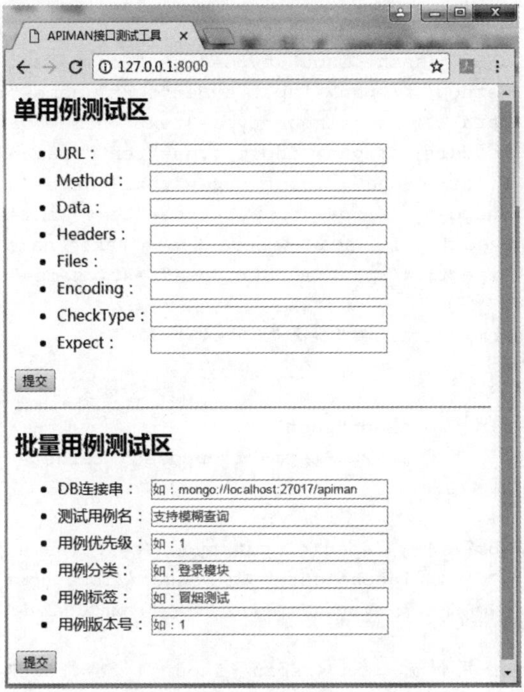

图 14-10　测试用例模板页面

图 14-10 所对应的 HTML 代码如下所示，可以直接把它复制到 index.html 文件中取代原来的内容，然后用浏览器访问 http://127.0.0.1:8000/ 即可。

```html
<html>
<head>
    <title>APIMAN 接口测试工具 </title>
    <style>
        ul li {
            margin : 5px;
        }
        li span {
            display: inline-block;
            width:100px;
        }
```

```
        li input {
            width:250px;
        }
    </style>
    <script></script>
</head>
<body>
<form action="/testing" method="post"
    enctype="application/x-www-form-urlencoded" target="_blank">
    <h2> 单用例测试区 </h2>
    <ul>
        <li><span>URL: </span><input type="text" name="url"></li>
        <li><span>Method: </span><input type="text" name="method"></li>
        <li><span>Data: </span><input type="text" name="data"></li>
        <li><span>Headers: </span><input type="text" name="headers"></li>
        <li><span>Files: </span><input type="text" name="files"></li>
        <li><span>Encoding: </span><input type="text" name="encoding"></li>
        <li><span>CheckType: </span><input type="text" name="check_type"></li>
        <li><span>Expect: </span><input type="text" name="expect"></li>
    </ul>
    <input type="submit" value=" 提交 ">
</form>
<hr>
<form action="/testing" method="post"
    enctype="application/x-www-form-urlencoded" target="_blank">
    <h2> 批量用例测试区 </h2>
    <ul>
        <li><span>DB 连接串: </span><input type="text" name="db_str"
                        placeholder=" 如: mongo://localhost:27017/apiman"></li>
        <li><span> 测试用例名: </span><input type="text" name="test_name" placeholder=
" 支持模糊查询 "></li>
        <li><span> 用 例 优 先 级: </span><input type="text" name="test_priority"
placeholder=" 如: 1"></li>
        <li><span> 用例分类: </span><input type="text" name="category" placeholder=
" 如: 登录模块 "></li>
        <li><span> 用例标签: </span><input type="text" name="tag" placeholder=" 如:
冒烟测试 "></li>
        <li><span> 用例版本号: </span><input type="text" name="version" placeholder=
" 如: 1"></li>
    </ul>
    <input type="submit" value=" 提交 ">
</form>
</body>
</html>
```

上述代码中绘制了两个 form 表单，分别用来提交单用例测试数据和批量用例测试数据；并且两个表单都提交给了 /testing 这个 URL 来处理。另外，提交表单完成后会在新开的页面显示响应内容。

14.2.2　测试请求处理

现在继续开发测试请求处理的相关逻辑，即对 /testing 所对应的处理函数进行相关业务处理。第一步要做的就是对请求参数进行接收与验证，因为只有在获取到有效的运行参数之后，才能正确执行相关的测试，这部分的代码如下。

```python
from flask import request
from apiservice import *
import json

...

@app.route('/testing', methods=['POST'])
def testing():
    data = request.form
    if data.get ('db_str'):
        db_str = data.get('db_str')
        if db_str:
            result = do_testing_with_db(data)
    elif data.get('url') and data.get('url'):
        url = data.get('url')
        method = data.get('method')
        if url and method:
            result = do_testing_with_data(data)
    else:
        result = {'error_code' : -1,
                                   'error_msg' : '请求数据错误！'}
    return json.dumps(result)
```

代码中对于表单中的请求参数，可以通过 request.form 对象获取。对于参数的判断逻辑为，如果有 db_str 参数且非空，则认为是批量测试请求；而如果有 url 和 method 参数，则认为是单次测试请求。

具体的批量和单次请求处理逻辑，分别封装在 do_testing_with_db、do_testing_with_data 这两个方法中。这两个方法都是从 apiservice 模块中导入。现在就来看下这两个方法的具体实现，详情代码内容如下。

```python
#!/usr/bin/env python
# -*- coding: utf-8 -*-
import json
from demo_api import main

def do_testing_with_db(args):
    try:
        return main(args)
    except Exception, ex:
        print ex.message
        return {'error_code' : -2,
```

```
                                  'error_msg' : '执行批量测试任务异常!'}

def do_testing_with_data(args):
    try:
        if args.get('files'):
            f_list = args.get('files').split(',')
            args['files'] = [tuple(f.split(':')) for f in f_list]
        if args.get('data'):
            try:
                args['data'] = json.loads(args.get('data'))
            except:
                pass
        if args.get('headers'):
            try:
                args['headers'] =
                            json.loads(args.get('headers'))
            except Exception, ex:
                print ex.message
                return {'error_code' : -3,
                        'error_msg' : '解析请求头异常!'}
        return main(args)
    except Exception, ex:
        print ex.message
        return {'error_code' : -4,
                'error_msg' : '执行单次测试任务异常!'}
```

上述代码中，针对单次测试请求，需要先对 data、files、headers 进行参数的序列化，作用同命令行的参数处理功能，最后得到的请求参数与命令行得到的数据保持一致；所以就可以直接引入第 13 章中 API 工具中的 main 方法，在把处理过的请求参数传递给 main 方法；在这之后的所有逻辑均与命令行启动的测试保持一致流程。

这里还需要注意的一点是，页面上接收的 files、headers 参数与命令行有些许区别。命令行中可以通过多次 -f、-H 参数来设定多个 files 和 headers 参数，而页面上它们都只有一个输入域，所以对页面上的 files、headers 参数格式进行了修改。修改后的 files 参数格式如下。

```
field1:1.jpg:image/jpg@field2:2.png:image/png
```

即先通过 @ 符号来分隔出多个 file 参数，再对每一个 file 参数进行序列化分隔；而 headers 参数格式则修改为所有请求头存放在一个 JSON 串中，具体如下所示。

```
{
        "Content-Type": "application/x-www-form-urlencoded",
        "refer": "localhost"
}
```

最后，一个单次 API 的 GET 请求示例如图 14-11 所示。

图 14-11　单 API 测试执行样例

提示　使用 files 参数时，需要保证填写的文件路径在 Web 服务器是可访问的，否则 Web 服务器发送 API 请求时会因无法读取到文件路径而报错。

14.3　Web 上查看测试结果

如果已经选择要在 Web 上来执行测试的话，那么查看执行结果也是需要在 Web 上来进行的，本节简单介绍下如何在 Web 上来查看执行结果。

在 13.6 节中，已经介绍过如何记录测试结果，而这里就来介绍下如何读取这些结果并展示在 Web 页面上。首先，需要回顾一下之前保存测试结果的数据结构，代码如下。

```
{
    "task_name" : test_data.get('task_name'),
    "project_name" : test_data.get('project_name'),
    "testcase_name" : test_data.get('name'),
    "category" : test_data.get('category'),
    "version" : test_data.get('version'),
    "result" : test_data.get('result'),
    "time" : int(time.time())
}
```

从代码中可以知道，测试结果保存的字段有任务名、项目名、测试用例名、分类、版本、测试执行结果、测试执行时间等。其中，任务名是用来代表同一批次执行的测试用例结果集合，查看执行结果的时候就是通过这个任务名来确定的，默认这个任务名为启动测试时的时间戳。例如，在 1499092786 这个时间戳，执行了一次批量测试，该批次的所有测试用例结果都会被记录到 1499092786 这个任务名下，后期需要查看这次测试执行的结果时，需要先找到这个任务名，再通过这个任务名就可以查看到所有的测试结果。

那么，Web 上要如何展示测试结果呢？根据之前的分析，应该是先罗列出所有的执行任务列表，用户再通过单击任务名来查看该任务名下的所有测试结果，所以需要至少以下两个页面。

❑ 任务列表页。

❑ 用例结果页。

14.3.1　任务列表页

为了实现任务列表页，根据之前介绍过的 Web 服务开发流程，分别需要执行的步骤有以下几个。

（1）添加 URL 映射。

（2）添加请求处理函数。

（3）添加模板文件。

这里设定 URL 为 /task，其对应的处理函数为 task，则 URL 的映射配置代码如下所示。

```
@app.route('/task')
def task():
        pass
```

上述代码中，task 处理函数未做任何处理，也未返回任何内容，所以需要给 task 函数添加相关的处理逻辑。首先需要获取任务列表页要展示的任务数据，即按照先前的设计存放在 task 表中的记录，读取 task 表数据的代码如下。

```
def get_task_list():
    return read_mongo(collection='task')

@app.route('/task')
def task():
        tasks = get_task_list()
```

接着要添加在前端展示的 HTML 模板，这里新建一个名为 task.html 的模板文件，具体的 HTML 示例代码如下。

```
<html>
<head>
    <title>APIMAN 接口测试工具 </title>
    <style>
        ul li {
            margin : 5px;
        }
        li span {
            display: inline-block;
            width:100px;
```

```
        }
        li input {
            width:250px;
        }
    </style>
    <script></script>
</head>
<body>

<h2> 任务列表 </h2>
    <ul>
    {% for task in tasks %}
        <li>
            <a href="/result?task_name={{task.name}}">
                            {{task.name}}
                            </a>
                            </li>
    {% endfor %}
    </ul>
</body>
</html>
```

现在 task 数据和展示模板都已经有了，剩下的操作就是把它们关联到一起，其关联的代码如下。

```
@app.route('/task')
def task():
    tasks = get_task_list()
    return render_template('task.html', tasks=tasks)
```

最后，所有代码都完成后的执行效果，如图 14-12 所示。

图 14-12　测试任务列表

提示 这里能够列出任务列表的前提是 MongoDB 库的 task 表中已经存在记录，否则只显示一个空列表。

14.3.2 用例结果页

在任务列表页只要单击任意一个任务名链接，就会跳转到该任务名下绑定的测试用例结果页面。这个页面的访问地址为 /result?taskname={{task.name}}，其中，task.name 参数代表具体的任务名。

按照惯例，需要先添加一个 URL 与处理函数的映射关系，其代码如下。

```python
@app.route('/result')
def result():
    pass
```

然后要实现 result 处理函数中的逻辑：读取 result 数据。展示在 result 模板中。读取 result 数据的代码如下。

```python
def get_result_list(task_name):
    condition = {'task_name' : task_name }
    return read_mongo(collection='testresult',
                                    condition= condition)


@app.route('/result')
def result():
    task_name = request.args.get('task_name')
    if task_name:
        results = get_result_list(task_name)
    else:
        results = []
    return render_template('result.html', results=results)
```

展示 result 的模板内容如下，这里将保存在 result.html 文件中。

```html
<html>
<head>
    <title>APIMAN 接口测试工具 </title>
    <style>

    </style>
    <script></script>
</head>
<body>

<h2> 用例结果页 </h2>
    <table>
```

```
    <tr>
        <th> 任务名 </th>
        <th> 项目名 </th>
        <th> 用例名 </th>
        <th> 分类 </th>
        <th> 版本 </th>
        <th> 执行结果 </th>
        <th> 执行时间 </th>
    </tr>
{% for result in results %}
    <tr>
        <td>{{result.task_name}}</td>
        <td>{{result.project_name}}</td>
        <td>{{result.testcase_name}}</td>
        <td>{{result.category}}</td>
        <td>{{result.version}}</td>
        <td>{{result.result}}</td>
        <td>{{result.time}}</td>
    </tr>
{% endfor %}
    </table>
</body>
</html>
```

关联 result 数据与模板的代码如下。

```
@app.route('/result')
def result():
    results = get_result_list()
    return render_template('result.html', results=results)
```

最后，完成全部代码后的运行效果如图 14-13 所示。

图 14-13　测试结果页面

14.4 持续集成的 API 自动化测试

正如前面提到过的，API 自动化测试的投入产出比较高，可作为常规的自动化测试来覆盖相关功能点，因此 API 自动化测试也应当需要支持持续集成开发流程。例如，每次提交代码时执行一次 API 的冒烟测试用例，每天 daily build 之后要执行一次 API 的主功能用例。

为了方便接入持续集成的开发流程中，API 工具需要提供一个良好的启动测试的接口，这样在持续集成的系统中就可以很方便地调用对应的接口来启动不同的测试任务。由于我们已经把 API 工具接入到 Web 服务中，所以只要提供一个额外的 Web 接口就可以很方便地达到这个目的。

要完成这样一个 Web 接口，其实可以有很多种实现方式，并且我们已经实现了一种，即 13.2.2 节中的 /testing 处理接口。/testing 接口可以接受一组条件，并会根据接收到的条件来查询测试用例并执行。如果直接使用 /testing 接口，则在持续集成系统中调用启动测试接口的样例很可能是如下的样子。

```
curl --data-urlencode "db_str=mongo://127.0.0.1:27017/apiman&test_name=
xxx&test_priority=1&category=login&tag=smoking&version=1" http://apiman.com/testing
```

即调用 /testing 接口时，需要附带很多的组合条件；很显然这不是一个易用性、维护性很好的接口，所以需要单独开发一个接口专门提供给持续集成系统使用。而关于新接口的设计则可以参考用例结果集中的任务名的概念，即用另外一个变量名来绑定启动测试时的所有组合条件，这里叫作测试用例集名。

所谓的测试用例集就是一组测试用例的集合，具体的测试用例集名就代表一组特定的测试用例。这里只要把测试用例集名与特定组合条件进行绑定，就可以代表这一组条件所对应的用例集合。因此在绑定过用例集之后，通过 Web 接口启动测试的样例就变成下面的样子。

```
curl --data "test_set=smoking" http://apiman.com/api_testing
```

很显然改进后的 Web 接口在易用性上有了很大的提升，并且在需要修改用例集条件的时候，都不需要修改调用代码，而只要修改用例集对应的组合条件即可。

那么，下面就来看下实现通过用例集名来启动测试的接口需要完成哪些功能。

❏ 实现一个用例集保存流程。

❏ 实现一个用例集执行接口。

14.4.1 用例集保存

首先，需要设计一个 testset 表，用来保存用例集与组合条件的关系，该表的字段结构如下。

```
{
        "name": 用例集名,
        "db_str": MongoDB 连接串,
```

```
        "test_name": 测试用例名 ,
        "test_priority": 测试用例优先级 ,
        "category": 测试用例分类 ,
        "tag": 测试用例标签 ,
        "version": 测试用例版本号
    }
```

接着，需要新建一个页面来创建并保存用例集信息。为此需要添加一组 Web 访问的代码，具体见如下代码。

```
@app.route('/testset')
def test_set():
    return render_template('testset.html')
```

其中，testset.html 模板文件的内容如下。

```html
<html>
<head>
    <title>APIMAN 接口测试工具 </title>
    <style>
        ul li {
            margin : 5px;
        }
        li span {
            display: inline-block;
            width:100px;
        }
        li input {
            width:250px;
        }
    </style>
    <script></script>
</head>
<body>
<form action="/testset" method="post"
    enctype="application/x-www-form-urlencoded" target="_blank">
    <h2>新建用例集 </h2>
    <ul>
        <li><span>用例集名: </span><input type="text" name="name"></li>
        <li><span>DB 连接串: </span><input type="text" name="db_str"
                        placeholder=" 如: mongo://localhost:27017/apiman"></li>
        <li><span>测试用例名: </span><input type="text" name="test_name" placeholder=
" 支持模糊查询 "></li>
            <li><span>用 例 优 先 级: </span><input type="text" name="test_priority"
placeholder=" 如: 1"></li>
        <li><span>用例分类: </span><input type="text" name="category" placeholder=
" 如: 登录模块 "></li>
            <li><span>用例标签: </span><input type="text" name="tag" placeholder=" 如:
冒烟测试 "></li>
```

```
        <li><span>用例版本号: </span><input type="text" name="version" placeholder=
" 如: 1"></li>
    </ul>
    <input type="submit" value=" 提交 ">
</form>
</body>
</html>
```

完成代码后在浏览器中访问 http://127.0.0.1:8000/testset，其效果如图 14-14 所示。

图 14-14　测试用例集创建

图 14-14 中用户填写完用例集相关信息之后，通过单击"提交"按钮，即可把数据提交给 Web 服务器。该表单提交的地址为 /testset，提交的方式为 POST；因此后台需要添加一个可以处理该请求的函数，为此需要修改代码为如下所示。

```
@app.route('/testset', methods=['POST', 'GET'])
def test_set():
    if request.method=='GET':
        return render_template('testset.html')
    elif request.method=='POST':
        data = request.form
        result = save_test_set(data)
        if result:
            return json.dumps({"msg": u" 保存用例集成功 "})


def save_test_set(data):
    test_set = {
        "name": data.get('name'),
        "db_str": data.get('db_str'),
        "test_name": data.get('test_name'),
        "test_priority": data.get('test_priority'),
        "category": data.get('category'),
        "tag": data.get('tag'),
        "version": data.get('version')
```

```
    }
    return write_mongo(collection="testset", record=test_set)
```

上述代码中，通过修改使得 test_set 函数可以同时处理 GET 和 POST 请求。对于 GET 请求会返回用例集保存界面，而对于 POST 请求则会获取请求数据并保存用例集信息到 DB 中。

14.4.2　用例集执行

在可以保存用例集之后，就要开始考虑如何去运行某个特定的用例集。按照之前的设计，需要重新开发一个接口来专门用于用例集的测试，为此我们同样需要添加一套 Web 访问的代码，URL 与处理函数映射的代码如下。

```
@app.route('/api_testing', methods=['POST', 'GET'])
def api_testing():
    if request.method=='POST':
        test_set = request.form.get('test_set')
    else:
        test_set = request.args.get('test_set')
```

上述代码中，新建了一个 /api_testing 的接口来执行用例集测试，另外，这个接口可以同时支持 GET 和 POST 方法，并且会根据情况来相应地获取 test_set 参数。

接着，需要根据传递的 test_set 参数来获取对应的用例集条件，相关代码如下。

```
def get_condition_by_test_set(test_set):
    condition = {'name' : test_set}
    r = read_mongo(collection='testset', condition=condition)
    if r:
        return r[0]
```

最后，还需要把获取到的用例集条件传递给具体的执行函数，通过该函数来启动整个用例集的测试。完整的调用代码如下。

```
@app.route('/api_testing', methods=['POST', 'GET'])
def api_testing():
    if request.method=='POST':
        test_set = request.form.get('test_set')
    else:
        test_set = request.args.get('test_set')
    condition = get_condition_by_test_set(test_set)
    if condition:
        result = do_testing_with_db(condition)
    else:
        result = {'error_code': -5, 'error_msg': u'获取测试数据失败！'}
    return json.dumps(result)
```

上述代码中，把获取到的用例集条件传递给了 do_testing_with_db 函数，该函数是前期 API 工具中已经实现好的功能函数，所以这里可以直接调用。

完成所有代码之后，就可以通过新增的接口来启动用例集测试了。一般情况下，调用该接口的方式可以用如下的 GET 形式。

```
curl http://apiman.com:8000/api_testing?test_set=smoking
```

或者是下面的 POST 形式。

```
curl --data "test_set=smoking" http://apiman.com/api_testing
```

现在，我们的 API 工具就可以很方便地集成到持续开发流程中了，只要在构建流程之后调用一下用例集测试接口即可。

说明　由于篇幅有限，本章仅对相关的必要知识进行介绍与使用，对于 CSS、JS、HTML 等技术未做相关介绍和过多引用，对于不熟悉相关知识的读者还需要自行查阅资料。

关于本章中的全部实例代码，请至 GitHub 站点进行下载，完整的下载地址为 https://github.com/five3/python-Selenium-book/tree/master/apiman。本章所介绍的这个版本的工具还是一个雏形，如果读者准备在生产环境中正式使用，还需要对其进行更多的完善和优化；同时后期也会同步优化该 API 工具，想要及时获取最新版的读者，可以加入在 testqa.cn 上的"Python Web 自动化测试设计与实现"小组获取最新版本更新消息。

第 15 章
HTTP Mock 开发

CHAPTER
15

Mock 是指一种模仿对象的行为，在计算机中特指模仿程序对象的行为，具体到我们的 Web API 就是模仿 Web API 的行为。之所以需要这样一种模仿的行为，是因为我们暂时性地无法获取到真实的对象行为，例如，所需服务还没开发完成、所需服务为客户生产环境服务无法提供测试环境、真实对象很难被创建、真实对象行为不可控等。

由于这些原因，可能就会导致我们在测试 Web API 时陷入困境。如果没有经过充分的测试，我们的产品代码是不能完成上线操作的。为了解决这类测试问题，所以就引入了 Mock 的概念，使用 Mock 对象来模拟真实对象或者服务的行为；并且 Mock 对象的逻辑非常简单，即对于特定的输入它们总会返回特定的输出，而输入和输出之间直接通过映射关系对应好就可以了，并没有真实的业务逻辑存在。

15.1 HTTP Mock 介绍

了解 Mock 的概念之后，再来具体说说 HTTP Mock。简单来说就是基于 HTTP 的 Mock 行为，即这个 Mock 的对象是一个 Web 服务。之前介绍过的 Web API 就是一种 Web 服务，所以也可以把 HTTP Mock 直接理解为模仿 Web API 的程序。

例如，现在需要开发一个支付的接口，这个接口会去调用银行的转账接口，之后会返回对应的调用结果，我们再根据银行接口的返回内容进行相应的处理。如果在测试环境下，我们在调试或者单元测试时也调用真实的银行接口，容易造成一些脏数据和不必要的麻烦。

此时就可以开发一个模仿银行转账接口的 HTTP Mock，它的主要功能就是接收 HTTP 请求，根据请求的 URL 返回其对应的固定内容。我们只要在测试环境里把银行接口的请求 URL 替换为定制的 HTTP Mock 地址的 URL 即可达到测试的效果。

15.2   HTTP Mock 分析

为了能够模仿 Web API 服务的功能，HTTP Mock 需要有一个最基本的功能，那就是需要能够提供一个基础的 Web 服务的能力。即首先它可以接收 HTTP 请求，其次它可以获取到请求 URL 的具体路径和请求数据，最后它可以返回任意类型的响应内容。

针对 HTTP Mock 所需的基本功能，再结合第 14 章中介绍的 Web 服务，我们可以很容易得知，直接使用 Web 框架就可以满足我们的所有基本需求；我们只要把重点放到请求 URL 和响应内容的映射关系上即可。最简单的 HTTP Mock 程序可以是如下所示的示例。

```python
#!/usr/bin/env python
# -*- coding: utf-8 -*-
import json
from flask import Flask, request
app = Flask(__name__)

@app.route('/')
def index():
    return 'Welcome to HTTP Mocker!'

@app.route('/transfer/')
def transfer():
    data = request.args
    if data:
        return json.dumps({"success" : True})
    else:
        return json.dumps({"success" : False})

if __name__ == '__main__':
    app.run(debug=True)
```

上述代码中只实现了一个 Mock 函数功能，这个 transfer 函数接收 GET 请求，并且在附带请求参数的情况下返回成功，而不带请求参数的时候则返回失败；这里面成功和失败的内容可以任意定制，在实际项目中则需要与被模仿服务的返回内容保持一致。例如，被模仿的服务在请求成功时会返回一个订单号，需要把成功时返回的内容修改为如下形式。

```python
return json.dumps({"success" : True, "orderNo" : "DD20170514112" })
```

同样还可以注意到这个 Mock 函数返回的内容是固定的，如果需要返回不同的内容则需要手动更改代码。另外，Mock 函数中对返回内容的判断条件也是固定的，所以这样的一个功能单一的 Mock 程序在业务扩展上是不够友好的。

如果需要设计一个业务扩展性比较好的 HTTP Mock 程序，那么它应该需要包括哪些功能呢？

首先，它可以根据请求 URL 来确定返回的内容。

其次，它可以根据请求方法来确定返回的内容。

再次，它可以根据请求头来确定返回的内容。

最后，它可以根据请求的参数来确定返回的内容。

也就是说，一个业务扩展性较好的 HTTP Mock，可以依据 HTTP 请求的各个要素来确定具体的返回内容；并且这些请求要素组合与返回内容之间的映射关系可以通过配置来完成，而不应该是通过修改代码来完成。

15.3　HTTP Mock 实现

通过 15.2 节的分析，我们了解了一个功能良好的 HTTP Mock 程序应该具备的基本功能；这些基本功能都是对 HTTP 请求要素进行过滤的操作，通过过滤这些要素来确定 HTTP Mock 是否提供了对应的服务，以及服务应该返回什么内容。本节介绍下如何实现这些基本功能。

15.3.1　根据请求 URL 过滤

假设我们需要 Mock 一个日期接口服务，该服务会根据不同的请求 URL 来返回不同的日期信息，例如，/date/year 返回当前年份，/date/month 返回当前月份等，那么我们的 Mock 程序就需要支持针对不同的 URL 模拟返回对应响应内容。

首先，需要在 Web 服务中获取到请求 URL 的具体值，其实现见如下代码。

```
@app.route('/<path:url>')
def dispatch(url):
    return url
```

代码中通过 '/<path:url>' 路由匹配规则来获得具体的 URL 请求路径并赋值给 url 变量，例如，用户访问 http://localhost:5000/test 则 url 的路径为 test，用户访问 http://localhost:5000/test/for/python 则 url 的路径为 test/for/python。

其次，还需要一个 URL 与返回内容关联的映射表，该映射表主要用来维护 URL 与返回内容之间的对应。例如，针对日期接口的 Mock 程序其映射表结构可以参考下面的样式。

```
MOCK_MAPPING = {
    "date/year": {
        "default": {"year": "2017"}
    },
```

```
    "date/month": {
        "default": {"month": "05"}
    },
    "date/day": {
        "default": {"day": "14"}
    },
    "date/week": {
        "default": {"week": "Sunday"}
    },
    "default": "URL Not Found"
}
```

从映射表中可以看到，每一个 url 都对应了一个默认的返回内容，Mock 程序将会依据这个映射表来对请求做出对应的响应。最后对 URL 支持过滤的完整代码如下所示。

```
#!/usr/bin/env python
# -*- coding: utf-8 -*-
import json
from flask import Flask, request
app = Flask(__name__)
......

@app.route('/<path:url>')
def dispatch(url):
    url = url.rstrip('/')
    if url in MOCK_MAPPING:
        return json.dumps(MOCK_MAPPING[url][ 'default'])
    else:
        return MOCK_MAPPING['default']
if __name__ == '__main__':
app.run(debug=True)
```

上述代码在 dispatch 函数中对请求 url 进行了过滤操作，如果 url 存在于映射表中则返回配置的默认信息，如果 url 不存在则返回 url 未找到。运行上述代码后用户在浏览器中进行 URL 访问及返回的内容如下所示。

```
http://127.0.0.1:5000/
=>  Welcome to HTTP Mocker!

http://127.0.0.1:5000/date/hour
=>  URL Not Found

http://127.0.0.1:5000/date/year
=>  {"year": "2017"}
```

15.3.2　根据请求方法过滤

接下来介绍针对请求方法进行的过滤，同样也以日期接口服务为 Mock 的对象，但是这次只接收 GET 方法的请求，对于非 GET 方法的请求直接返回错信息。相应地，映射关系配置表也需要进行修改，更新后的映射表格式如下。

```
MOCK_MAPPING = {
    "date/year": {
        "GET" : {"year": "2017"},
        "default": "Method Not Support"
    },
    "date/month": {
        "POST": {"month": "05"},
        "default": "Method Not Support"
    },
    "date/day": {
        "GET": {"day": "14"},
        "default": "Method Not Support"
    },
    "date/week": {
        "POST": {"week": "Sunday"},
        "default": "Method Not Support"
    },
    "default": "URL Not Found"
}
```

新的映射表中添加了请求方法的过滤字段，可以针对不同的请求方法设置不同的响应内容，对应地我们的代码程序也需要进行修改，修改后的关键代码如下所示。

```
@app.route('/<path:url>', methods= ['GET', 'POST'])
def dispatch(url):
    url = url.rstrip('/')
    if url in MOCK_MAPPING:
        method_mapping = MOCK_MAPPING[url]
        if request.method in method_mapping:
            return json.dumps(method_mapping[request.method])
        else:
            return method_mapping['default']
    else:
        return MOCK_MAPPING['default']
```

上述代码中首先在 app.route 装饰器里添加了 methods 参数，表示这个 Mock 可以支持模仿哪些请求方法，样例中只支持接收 GET、POST 方法。另外，我们在代码中添加了一层针对请求方法的过滤，如果请求方法在映射表中有配置，则返回对应的配置内容，否则直接返回默认的信息。上述代码执行后在浏览器中访问 URL 和返回的内容如下。

```
http://127.0.0.1:5000/date/hour
=>  URL Not Found

http://127.0.0.1:5000/date/year
=>  {"year": "2017"}
```

```
http://127.0.0.1:5000/date/month
=>  Method Not Support
```

15.3.3 根据请求头过滤

对于请求头的过滤与前面的 URL、请求方法的过滤逻辑稍微有些差别；之前的逻辑是不设置 URL 或请求方法时会返回一个通用的内容，设置后会返回针对的内容；而请求头在不设置的情况下会返回默认内容，设置的情况下如果匹配成功也返回默认内容，而匹配失败的情况下则返回错误信息表示 Mock 调用失败。具体可以通过表 15-1 来理解。

表 15-1　HTTP Mock 过滤规则

过滤对象	不设置	匹配成功	匹配失败
请求 URL	返回通用返回值	返回配置内容	返回通用返回值
请求方法	返回通用返回值	返回配置内容	返回通用返回值
请求头	返回配置内容	返回配置内容	返回通用返回值

也就是说，请求 URL 和请求方法必须得配置才能有针对性的内容，而请求头只有配置匹配失败时才返回通用内容。针对过滤请求头的功能我们又对映射表进行了改进，得到如下的新格式。

```
MOCK_MAPPING = {
    "date/year": {
        "GET" : {
        "headers":{
            "user-agent": "",
            "host": "localhost:5000"
        },
        "response": {"year": "2017"},
        "default": "No Mock Header Matched"
        },
    "POST" : {
        "headers":{},
        "response": {"year": "2017"},
        "default": "No Mock Header Matched"
    },
        "default": "Method Not Support"
    },
        "default": "URL Not Found"
}
```

同时我们的代码也要进行相应的更新，修改后的支持请求头过滤的关键代码如下。

```
req_headers = request.headers
if url in MOCK_MAPPING:
```

```
        method_mapping = MOCK_MAPPING[url]
        if request.method in method_mapping:
            resp_mapping = method_mapping[request.method]
            if 'headers' in resp_mapping and \
            resp_mapping['headers']:
                headers = resp_mapping['headers']
                for k, v in headers.items():
                    if k in req_headers:
                        if v and v.strip():
                            req_v = req_headers[k].strip().lower()
                            if req_v != v.strip().lower():
                                return resp_mapping['default']
                    else:
                        return resp_mapping['default']
            return json.dumps(resp_mapping['response'])
        else:
            return method_mapping['default']
    else:
        return MOCK_MAPPING['default']
```

上述代码中添加了对 headers 的检查，如果映射关系中配置了 headers 信息，则会遍历所有配置的 header，如果配置的 header 头不存在则返回默认信息，如果存在则继续检查 header 值是否相等，header 值不匹配则返回默认信息；如果映射关系中没有 headers 信息或者所有 header 头都存在，且有内容的 header 值都匹配则返回对应的配置信息。根据代码的逻辑我们在运行之后到浏览器中访问 URL 并获取返回结果如下。

```
无 headers 配置
http://localhost:5000/date/year
=> {"year": "2017"}

headers={} 或 headers={"Connection" : ""}
http://localhost:5000/date/year
=> {"year": "2017"}

headers={"Connection" : "keep-alive"}
http://localhost:5000/date/year
=> {"year": "2017"}

headers={"Connection" : "2keep-alive2"}
http://localhost:5000/date/year
=> No Mock Header Matched
```

15.3.4　根据请求数据过滤

最后要介绍的是对请求数据的过滤，即对请求发送过来的数据内容进行过滤，符合配置内容的请求会有对应的返回内容，否则返回默认的内容。请求数据的过滤逻辑与请求头的过滤逻辑一样，即它不是必选的配置，没有该配置的时候也能获取对应的返回内容；而一旦配置之后又没有匹配成功则会返回默认值。

按照惯例需要对映射配置表进行更新，这次需要添加请求数据字段，新的映射表的格式如下。

```
MOCK_MAPPING = {
    "date/year": {
        "GET" : {
        "headers":{
            "user-agent": ""
        },
        "data":{
            "current": true
        },
        "response": {"year": "2017"},
        "default": "No Mock Header Matched"
        },
    "POST" : {
        "headers":{
        },
        "data":{
        },
        "response": {"year": "2017"},
        "default": "No Mock Header Matched"
    },
        "default": "Method Not Support"
    },
        "default": "URL Not Found"
}
```

新增 data 字段的配置和使用逻辑与请求头基本上是一致的，所以关于请求数据的过滤代码也非常相似，只是在细节上比请求头要多处理些内容。例如，POST 请求时的数据可能会有多种不同形式，我们需要进行针对性的处理。由于支持请求数据过滤的代码较多，我们来分段进行介绍，如下代码展示的是针对 POST 请求数据的不同类型进行请求数据获取的流程。

```
url_encode = 'application/x-www-form-urlencoded'
from_data = 'multipart/form-data'
data = resp_mapping['data']
if request.method == 'POST':
    content_type = req_headers.get['Content-Type']
    if content_type.startswith(url_encode):
        req_data = request.form
    elif content_type.startswith(from_data):
        req_data = request.form
        req_file = request.files
    else:
        req_data = request.data
```

```
            if data.strip() != req_data:
            return resp_mapping['default']
    else:
        req_data = request.args
```

从代码中可以看到，如果请求为 POST 类型，则会判断其 Content-Type 内容；如果为 x-www-form-urlencoded，则从 form 对象中获取请求数据；如果为 multipart/form-data，则从 form 和 files 对象获取请求数据，否则直接从 data 对象中获取原始的请求数据文本；而如果请求类型不是 POST，则会从 args 对象中获取请求参数。

在获取到请求数据之后，还要对请求数据进行检查和匹配，具体的匹配代码如下。

```
for k, v in data.items():
    if k in req_data:
        if v and v.strip():
            req_v = req_data[k].strip().lower()
            if req_v != v.strip().lower():
                return resp_mapping['default']
    elif k in req_file:
        file_obj = req_file[k]
        if v.strip() != file_obj.filename:
            return resp_mapping['default']
    else:
        return resp_mapping['default']
return json.dumps(resp_mapping['response'])
```

上述代码中先遍历映射配置表中的 data 数据，并检查配置的数据项在请求数据 req_data 中是否存在，如果存在则进一步检查该配置的数据项是否有内容，数据项有内容则需要进行匹配，匹配不成功则返回默认内容。数据项如果在请求数据 req_data 中不存在，则会在上传文件数据 req_file 中进行检查，如果数据项存在于 req_file 中，则会检查其内容是否为对应文件对象的 filename，文件名不一致则返回默认内容；仅当映射配置表中没有请求数据过滤或请求数据过滤正确的情况下才会返回对应的配置内容。

到这里为止，关于 HTTP Mock 简单实现的介绍已经结束，本节中的 HTTP Mock 只是一个样例，如果想要在日常测试工作中正式使用该工具，还需要进一步完善其功能。例如，映射配置表可以存放在数据库中，同时可以提供简单的 UI 界面来添加映射规则和数据。本节的完整代码可以从 https://github.com/five3/python-Selenium-book 下载。

参考文献

[1] http://www.seleniumhq.org/.

[2] http://www.aosabook.org/en/selenium.html/.

[3] http://selenium-python.readthedocs.io/api.html/.

[4] http://www.ruanyifeng.com/blog/2014/05/restful_api.html/.

[5] http://docs.jinkan.org/docs/flask/.

[6] http://docs.python-requests.org/zh_CN/latest/user/quickstart.html/.

[7] https://www.docker.com/.

结束语

　　不知不觉中已经完成了本书的全部内容，这本书在内容上除了包含 Web 自动化测试的相关技术外，在开头也使用了相对的篇幅介绍了如何去实践自动化测试，理解自动化测试的真正目的与意义，避免盲目学习和使用自动化测试技术。

　　而在自动化测试技术方面，除了介绍 UI 自动化测试工具 Selenium 之外，还介绍了 Web API 工具的开发与简易 Web 服务的开发，并且围绕这些技术的相关基础知识也在各章节中进行了穿插介绍。

　　最后，如果读者既喜欢 Python，又从事或期望从事自动化测试的相关工作，那么本书可能是你入门或者实践过程中的一个好伙伴。本书中的所有样例代码均可在 GitHub(https://github.com/five3/python-Selenium-book) 上进行访问和下载。另外，对于已经成型的工具或框架，将会额外归档在独立的仓库，并在后期进行持续升级。同时基于本书作者还建立了相关的技术小组，读者可以加入小组来共同学习和提高测试技能。